导弹应用力学基础

（第2版）

王宏力　单　斌　杨　波　王新国　薛　亮　编著

U0382382

西北工业大学出版社

西　安

【内容简介】 本书融汇理论力学、飞行力学和空气动力学等相关知识，介绍导弹运动学和动力学的基础知识，建立导弹常用坐标系及其相互转换关系，分析作用在导弹上的力和力矩，研究导弹的几种特殊运动，确立导弹运动方程和传递函数，为开展导弹控制制导研究提供必需的力学基础知识。

本书可作为高等学校导弹控制工程专业本科生和研究生的教材，也可供从事有关导弹力学技术研究工作的工程技术人员参考。

图书在版编目(CIP)数据

导弹应用力学基础/王宏力等编著．—2版．—西安：西北工业大学出版社，2021.8

ISBN 978-7-5612-7949-6

Ⅰ．①导… Ⅱ．①王… Ⅲ．①导弹-应用力学-基本知识 Ⅳ．①TJ760.1

中国版本图书馆CIP数据核字(2021)第177338号

DAODAN YINGYONG LIXUE JICHU

导弹应用力学基础

责任编辑： 孙　倩	**策划编辑：** 杨　军
责任校对： 朱辰浩	**装帧设计：** 李　飞
出版发行： 西北工业大学出版社	
通信地址： 西安市友谊西路127号	邮编：710072
电　　话： (029)88493844，88491757	
网　　址： www.nwpup.com	
印 刷 者： 陕西金德佳印务有限公司	
开　　本： 787 mm×1 092 mm	1/16
印　　张： 9	
字　　数： 236千字	
版　　次： 2015年6月第1版　2021年8月第2版	2021年8月第1次印刷
定　　价： 49.00元	

如有印装问题请与出版社联系调换

第 2 版前言

导弹作为精确制导武器，日益受到世界各国的高度重视，在现代战争中得到了越来越广泛的应用。控制与制导是导弹武器的核心技术之一，为了分析导弹控制制导问题，必须研究导弹的力学特性和运动规律，这就涉及理论力学、飞行力学和空气动力学等多个学科专业相关知识。结合导弹控制与制导工程应用，对所需力学知识进行整合优化，发展形成了导弹应用力学基础，具有鲜明的交叉融合特性和导弹工程应用背景。

本书是笔者在多年教学工作的基础上，参考国内外相关资料，并结合有关教学和科研成果整理、编写而成的。

全书共分为 6 章：第 1 章介绍导弹运动学基础知识，包括质点的合成运动和刚体的一般运动；第 2 章介绍导弹动力学基础知识，包括力系的简化、惯性力和刚体动力学方程；第 3 章介绍导弹常用的 6 种坐标系及其相互转换关系；第 4 章分析作用在导弹上的力和力矩，包括火箭发动机推力、控制力和控制力矩、空气动力和空气动力矩、地球引力和地球自转惯性力；第 5 章分析导弹飞行中所受到的干扰，研究弹体弹性振动、液体推进剂晃动和发动机摆动等 3 种特殊运动；第 6 章研究建立导弹运动方程及传递函数的一般方法。

其中，第 1 章和第 2 章由杨波编写，第 3 章由薛亮编写，第 4 章由王新国编写，第 5 章和第 6 章由王宏力、单斌编写。全书由王宏力定稿。

2015 年出版了第 1 版，在多期教学实践的基础上不断改进完善形成第 2 版：将导弹运动所涉及的刚体定点运动独立成节，展开系统研究；为更好地解决导弹空气动力学的基础，增大气基本理论，介绍有翼导弹空气动力矩；每章增加思考题，便于学生检查对所学知识的理和掌握情况。

在编写本书时，得到有关部门、应用单位和兄弟院校专家学者的关心，感谢他们为本书编供了许多宝贵的意见和建议；同时，感谢学校教务部门对本书出版所给予的极大支持和

限于水平，书中存在的不妥之处，恳请广大读者批评指正。

编　者

2021 年 3 月于火箭军工程大学

第 1 版前言

导弹作为精确制导武器，日益受到世界各国的高度重视，在现代战争中得到了越来越广泛的应用。控制与制导是导弹武器的核心技术之一，为了分析导弹控制制导问题，必须研究导弹的力学特性和运动规律，这就涉及理论力学、飞行力学、空气动力学等多个学科专业相关知识。结合导弹控制与制导工程应用，对所需力学知识进行整合优化，发展形成了导弹应用力学基础，具有鲜明的交叉融合特性和导弹工程应用背景。

本书是笔者在多年教学工作的基础上，参考国内外相关资料，并结合有关教学和科研成果整理、编写而成的。

全书共分为 6 章：第 1 章介绍了导弹运动学基础知识，包括质点的合成运动和刚体的一般运动；第 2 章介绍了导弹动力学基础知识，包括力系的简化、惯性力和刚体动力学方程；第 3 章介绍了导弹常用的 6 种坐标系及其相互转换关系；第 4 章分析了作用在导弹上的力和力矩，包括火箭发动机推力、控制力和控制力矩、空气动力和空气动力矩、地球引力和地球自转惯性力；第 5 章分析了导弹飞行中所受到的干扰，研究了弹体弹性振动、液体晃动、发动机摆动等 3 种特殊运动；第 6 章研究了建立导弹运动方程及传递函数的一般方法。

其中，第 1 章由杨波编写，第 2 章由王新国编写，第 3 章由单斌编写，第 4 章由郭志斌编写，第 5 章和第 6 章由王宏力编写。全书由王宏力定稿。

在编写本书时，得到有关部门、应用单位和兄弟院校专家学者的关心，感谢他们为本书编写提供了许多宝贵的意见和建议；同时，感谢学校教务部门对本书出版所给予的极大支持和帮助。

限于水平，书中存在的不妥之处，恳请广大读者批评指正。

编　者

2014 年 12 月于火箭军工程大学

目　　录

第1章　导弹运动学基础

运动学研究物体在空间的位置随时间的变化情况，即物体的运动，其纯粹从几何的观点来研究物体的机械运动，而不涉及引起物体运动的物理原因。为了分析导弹在空中的飞行运动特性，需要首先研究导弹飞行运动学中的基础理论。

本章采用静、动两种坐标系，描述同一动点的运动，分析两种结果之间的相互关系，建立点的速度合成定理和加速度合成定理；应用运动分解与合成的方法，分析和研究工程中常见而又比较复杂的几种刚体运动形式——平面运动、定点运动和一般运动。

1.1　质点的合成运动

当描述某一物体的运动时，必须要选择参照物，固定在参照物上的坐标系称为参考系。采用不同的参考系来描述同一物体的运动，其结果可能是不相同的。而物体的运动本身是客观的、绝对的，并不因所选取的参考系改变而改变，只不过是相对不同的参考系所表现出来的运动情况不同而已，这就是运动的绝对性与描述运动的相对性。

例如，列车沿直线行驶时，车上的观察者看列车轮缘上一点 M 在作圆周运动，但地面上的观察者却看到点 M 在沿旋轮线运动，如图1-1所示。这就表明，同一个物体（质点）相对于不同的参考系来说，运动可能是不相同的。但是，这些不同的运动之间是有联系的。可以看出，轮缘上点 M 相对于地面的旋轮线运动，是由点 M 相对于车身的圆周运动与车身相对于地面的平动组合而成的。将这种刚体（或质点）运动的组合称为合成运动。其中所谓平动，是指当刚体运动时，刚体上任一直线始终与它的初始位置保持平行。不难发现，刚体平动时，刚体上各点在空间的轨迹彼此相同，而且速度、加速度也彼此相同。这就说明，研究刚体的平动可以归结为研究刚体内一个点的运动。

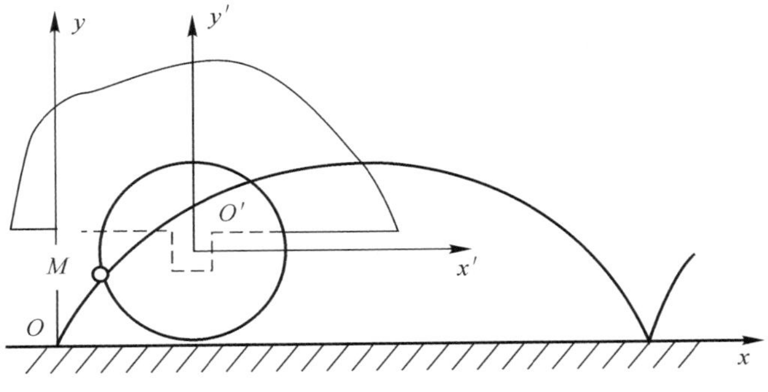

图1-1　列车轮缘上点的运动分析

在工程中，常常利用合成运动的概念，将一种复杂运动看成是两种简单运动的组合，为此可以先研究这些简单运动，然后再将它们合成起来，从而使复杂问题的研究得到简化。那么，这些复杂运动与简单运动所分别对应的运动量之间存在何种关系呢？这就是下面要研究的质点速度合成定理以及加速度合成定理所解决的问题。

1.1.1 点的速度合成

1. 绝对运动、相对运动和牵连运动

在工程上，通常把固结在地面上或固结在相对地面保持静止的物体上的坐标系称为静坐标系，简称静系；把固结在相对地面有运动的物体上的坐标系称为动坐标系，简称动系。其中，动点相对于静坐标系的运动称为绝对运动，动点相对于动坐标系的运动称为相对运动，动坐标系相对于静坐标系的运动称为牵连运动。

以图 1-1 为例，为了描述轮缘上一点 M 的运动，取动系 $O'x'y'$ 与车厢固结，静系 Oxy 与地面固结。不难发现，点 M 的绝对运动是旋轮线运动，相对运动是圆周运动，牵连运动是随车厢的直线平动。显然，动点的绝对运动是由其相对运动和牵连运动合成而来的。

2. 绝对运动量、相对运动量和牵连运动量

动点相对于静坐标系运动的位移、速度和加速度，称为动点的绝对位移、绝对速度和绝对加速度，分别用 $\boldsymbol{r}_a$，$\boldsymbol{v}_a$ 和 $\boldsymbol{a}_a$ 表示。

动点相对于动坐标系运动的位移、速度和加速度，称为动点的相对位移、相对速度和相对加速度，分别用 $\boldsymbol{r}_r$，$\boldsymbol{v}_r$ 和 $\boldsymbol{a}_r$ 表示。

为了定义牵连运动量，首先给出牵连点的概念。所谓牵连点，是指在某瞬时，动系上与动点 M 相重合的那个点。由此可知，牵连点并不是动点本身，而是动系上的一个点。

牵连点的位移、速度和加速度，称为动点的牵连位移、牵连速度和牵连加速度，分别用 $\boldsymbol{r}_e$，$\boldsymbol{v}_e$ 和 $\boldsymbol{a}_e$ 表示。

关于牵连运动量需要注意以下两点：

(1)牵连点不一定在固结动系的刚体上，因此牵连点一定要理解为某瞬时在空间中与动点相重合的那个点。

(2)由于动点的相对运动，不同瞬时的牵连点也是不同的，因此，在一般情况下，动点在不同瞬时的牵连速度、牵连加速度通常是不同的。

3. 点的速度合成定理

点的速度合成定理反映了动点的绝对速度、相对速度和牵连速度之间的关系。

如图 1-2 所示，设曲线 AB 随着动坐标系在静坐标系 $Oxyz$ 中运动(这里，动坐标系与曲线 AB 相固结，图中未画出动坐标系)，动点 M 在动坐标系中沿曲线 AB 作相对运动。

设在瞬时 t，动点 M 在曲线 AB 上的图示位置，经过时间间隔 Δt 后，曲线 AB 随动系运动到 A_1B_1。在瞬时 t，AB 上与动点 M 相重合的点(牵连点)沿弧 $\overset{\frown}{MM_1}$ 运动到 M_1，而动点 M 则沿弧 $\overset{\frown}{MM'}$ 运动到了 M'。由定义可知，矢量 $\overrightarrow{MM'}$ 是点 M 的绝对位移，$\overrightarrow{M_1M'}$ 是相对位移，$\overrightarrow{MM_1}$ 则是牵连位移，显然根据矢量合成公式，它们有如下关系：

$$\overrightarrow{MM'} = \overrightarrow{MM_1} + \overrightarrow{M_1M'} \tag{1-1}$$

即动点的绝对位移等于牵连位移与相对位移的矢量和。将式(1-1)两边同除以 Δt，再取极限，得

$$\lim_{\Delta t \to 0} \frac{\overrightarrow{MM'}}{\Delta t} = \lim_{\Delta t \to 0} \frac{\overrightarrow{MM_1}}{\Delta t} + \lim_{\Delta t \to 0} \frac{\overrightarrow{M_1M'}}{\Delta t} \tag{1-2}$$

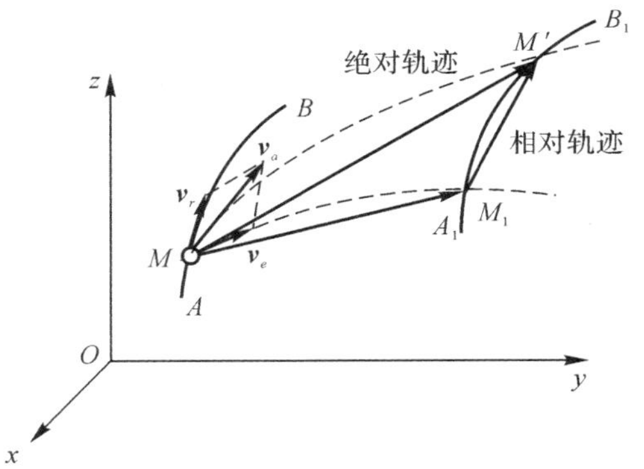

图 1-2　速度合成定理的证明

根据速度的定义，式(1-2)中等号左侧就是动点 M 在瞬时 t 的绝对速度，等号右侧第一项表示瞬时 t 曲线 AB 上与动点 M 相重合的那一点(即牵连点)的速度(即牵连速度)，等号右侧第二项表示动点在瞬时 t 相对于动系的速度(即相对速度)，即

$$\boldsymbol{v}_{\mathrm{a}}=\lim_{\Delta t\to 0}\frac{\overrightarrow{MM'}}{\Delta t},\quad \boldsymbol{v}_{\mathrm{e}}=\lim_{\Delta t\to 0}\frac{\overrightarrow{MM_1}}{\Delta t},\quad \boldsymbol{v}_{\mathrm{r}}=\lim_{\Delta t\to 0}\frac{\overrightarrow{M_1M'}}{\Delta t}$$

将以上结果代入式(1-2)可得

$$\boldsymbol{v}_{\mathrm{a}}=\boldsymbol{v}_{\mathrm{e}}+\boldsymbol{v}_{\mathrm{r}} \tag{1-3}$$

式(1-3)就是点的速度合成定理。它表明，在任一瞬时，动点的绝对速度等于牵连速度与相对速度的矢量和。也就是说，动点的绝对速度可由牵连速度与相对速度所构成的平行四边形的对角线来确定。应当指出，上述推导点的速度合成定理时，对牵连运动的形式未加任何限制，因此无论动系作何种运动，该定理都成立。

1.1.2　点的加速度合成

前面所述点的速度合成定理与牵连运动的具体形式无关，而点的加速度合成定理则与牵连运动的形式有关，为此需要将牵连运动分为平动、转动两种情况来分别讨论。

1. 牵连运动为平动时点的加速度合成定理

设动坐标系 $O'x'y'z'$ 相对于静坐标系 $Oxyz$ 作平动，动点 M 相对于动坐标系沿 $\overset{\frown}{AB}$ 运动，如图 1-3 所示。显然，不难得出，动点 M 的绝对加速度、相对加速度、牵连加速度之间的关系为

$$\boldsymbol{a}_{\mathrm{a}}=\boldsymbol{a}_{\mathrm{e}}+\boldsymbol{a}_{\mathrm{r}} \tag{1-4}$$

式(1-4)就是牵连运动为平动时点的加速度合成定理。它表明，当牵连运动为平动时，在任一瞬时，动点的绝对加速度等于牵连加速度与相对加速度的矢量和。也就是说，当牵连运动为平动时，动点的绝对加速度可以由牵连加速度与相对加速度所构成的平行四边形的对角线来确定。

2. 牵连运动为转动时点的加速度合成定理

如图 1-4 所示，设 $Oxyz$ 为静坐标系，$O'x'y'z'$ 为动坐标系，不妨假设动坐标系以角速度 $\boldsymbol{\omega}$ 绕定轴 Oz 转动，其转动角加速度为 $\boldsymbol{\alpha}$，则动点 M 的相对速度、相对加速度分别为

$$\boldsymbol{v}_{\mathrm{r}}=\frac{\mathrm{d}x'}{\mathrm{d}t}\boldsymbol{i}'+\frac{\mathrm{d}y'}{\mathrm{d}t}\boldsymbol{j}'+\frac{\mathrm{d}z'}{\mathrm{d}t}\boldsymbol{k}' \tag{1-5}$$

$$\boldsymbol{a}_{\mathrm{r}}=\frac{\mathrm{d}^2x'}{\mathrm{d}t^2}\boldsymbol{i}'+\frac{\mathrm{d}^2y'}{\mathrm{d}t^2}\boldsymbol{j}'+\frac{\mathrm{d}^2z'}{\mathrm{d}t^2}\boldsymbol{k}' \tag{1-6}$$

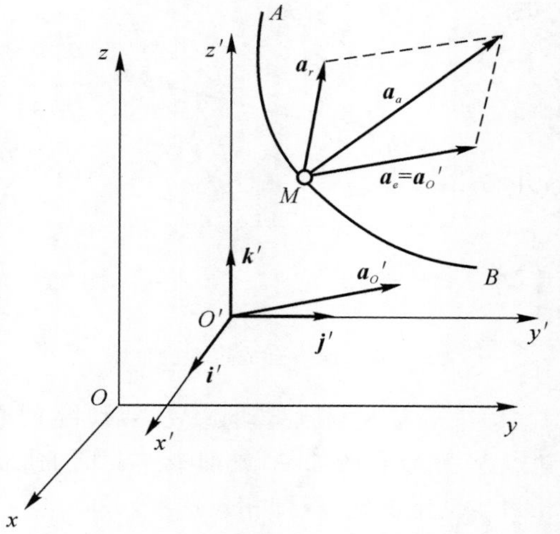

图 1-3　牵连运动为平动时的加速度合成定理证明

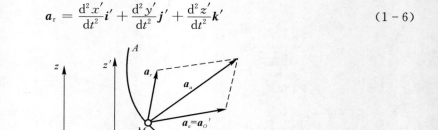

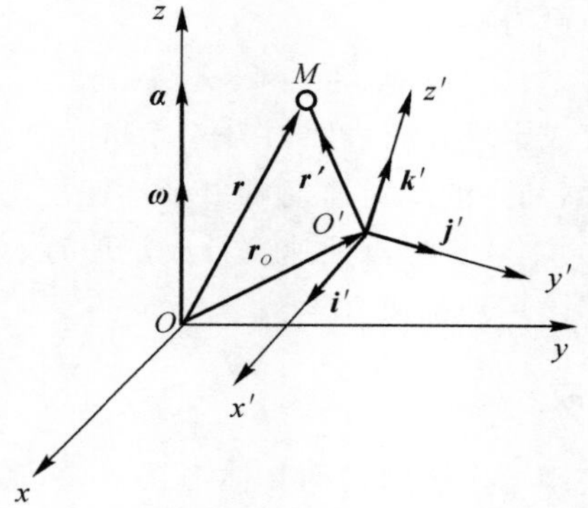

图 1-4　牵连运动为转动时的加速度合成定理证明

动点 M 的牵连速度、牵连加速度为动系上与动点 M 相重合的点的速度、加速度，而牵连运动为绕轴 Oz 的转动，则根据定轴转动刚体上点的速度以及加速度计算公式可得

$$\boldsymbol{v}_{\mathrm{e}}=\boldsymbol{\omega}\times\boldsymbol{r} \tag{1-7}$$

$$\boldsymbol{a}_{\mathrm{e}}=\boldsymbol{\alpha}\times\boldsymbol{r}+\boldsymbol{\omega}\times\boldsymbol{v}_{\mathrm{e}} \tag{1-8}$$

根据加速度的定义以及速度合成定理，可将动点 M 的绝对加速度写为

$$\boldsymbol{a}_{\mathrm{a}}=\frac{\mathrm{d}\boldsymbol{v}_{\mathrm{a}}}{\mathrm{d}t}=\frac{\mathrm{d}\boldsymbol{v}_{\mathrm{e}}}{\mathrm{d}t}+\frac{\mathrm{d}\boldsymbol{v}_{\mathrm{r}}}{\mathrm{d}t} \tag{1-9}$$

将式(1-7)对时间求导可得

$$\frac{\mathrm{d}\boldsymbol{v}_{\mathrm{e}}}{\mathrm{d}t}=\frac{\mathrm{d}}{\mathrm{d}t}(\boldsymbol{\omega}\times\boldsymbol{r})=\frac{\mathrm{d}\boldsymbol{\omega}}{\mathrm{d}t}\times\boldsymbol{r}+\boldsymbol{\omega}\times\frac{\mathrm{d}\boldsymbol{r}}{\mathrm{d}t}=\boldsymbol{\alpha}\times\boldsymbol{r}+\boldsymbol{\omega}\times\boldsymbol{v}_{\mathrm{a}}=\boldsymbol{\alpha}\times\boldsymbol{r}+\boldsymbol{\omega}\times\boldsymbol{v}_{\mathrm{e}}+\boldsymbol{\omega}\times\boldsymbol{v}_{\mathrm{r}}$$

根据上式，再结合式(1-8)可得

$$\frac{\mathrm{d}\boldsymbol{v}_{\mathrm{e}}}{\mathrm{d}t}=\boldsymbol{a}_{\mathrm{e}}+\boldsymbol{\omega}\times\boldsymbol{v}_{\mathrm{r}} \tag{1-10}$$

由此可见，当牵连运动为转动时，牵连速度 $\boldsymbol{v}_e$ 对时间的导数等于牵连加速度 $\boldsymbol{a}_e$ 和一个附加项 $\boldsymbol{\omega}\times\boldsymbol{v}_r$ 的矢量和，这个附加项反映了相对运动对牵连速度变化的影响。

由于牵连运动为定轴转动，所以式(1－5)中 $\boldsymbol{i}',\boldsymbol{j}',\boldsymbol{k}'$ 为方向不断变化的变矢量，则将式(1－5)对时间求导可得

$$\frac{\mathrm{d}\boldsymbol{v}_r}{\mathrm{d}t}=\left(\frac{\mathrm{d}^2x'}{\mathrm{d}t^2}\boldsymbol{i}'+\frac{\mathrm{d}^2y'}{\mathrm{d}t^2}\boldsymbol{j}'+\frac{\mathrm{d}^2z'}{\mathrm{d}t^2}\boldsymbol{k}'\right)+\left(\frac{\mathrm{d}x'}{\mathrm{d}t}\frac{\mathrm{d}\boldsymbol{i}'}{\mathrm{d}t}+\frac{\mathrm{d}y'}{\mathrm{d}t}\frac{\mathrm{d}\boldsymbol{j}'}{\mathrm{d}t}+\frac{\mathrm{d}z'}{\mathrm{d}t}\frac{\mathrm{d}\boldsymbol{k}'}{\mathrm{d}t}\right)$$

将式(1－6)代入上式，并利用泊桑公式可得

$$\frac{\mathrm{d}\boldsymbol{v}_r}{\mathrm{d}t}=\boldsymbol{a}_r+\left(\frac{\mathrm{d}x'}{\mathrm{d}t}\boldsymbol{\omega}\times\boldsymbol{i}'+\frac{\mathrm{d}y'}{\mathrm{d}t}\boldsymbol{\omega}\times\boldsymbol{j}'+\frac{\mathrm{d}z'}{\mathrm{d}t}\boldsymbol{\omega}\times\boldsymbol{k}'\right)=\boldsymbol{a}_r+\boldsymbol{\omega}\times\left(\frac{\mathrm{d}x'}{\mathrm{d}t}\boldsymbol{i}'+\frac{\mathrm{d}y'}{\mathrm{d}t}\boldsymbol{j}'+\frac{\mathrm{d}z'}{\mathrm{d}t}\boldsymbol{k}'\right)$$

从而，根据上式，并结合式(1－5)可得

$$\frac{\mathrm{d}\boldsymbol{v}_r}{\mathrm{d}t}=\boldsymbol{a}_r+\boldsymbol{\omega}\times\boldsymbol{v}_r \tag{1-11}$$

由此可见，当牵连运动为转动时，相对速度 $\boldsymbol{v}_r$ 对时间的导数等于相对加速度 $\boldsymbol{a}_r$ 和一个附加项 $\boldsymbol{\omega}\times\boldsymbol{v}_r$ 的矢量和，这个附加项反映了相对运动对相对速度变化的影响。

将式(1－10)与式(1－11)代入式(1－9)，得

$$\boldsymbol{a}_a=\boldsymbol{a}_e+\boldsymbol{a}_r+2\boldsymbol{\omega}\times\boldsymbol{v}_r \tag{1-12}$$

令

$$\boldsymbol{a}_c=2\boldsymbol{\omega}\times\boldsymbol{v}_r \tag{1-13}$$

式中，$\boldsymbol{a}_c$ 称为科里奥利加速度，简称科氏加速度。于是，式(1－12)变为

$$\boldsymbol{a}_a=\boldsymbol{a}_e+\boldsymbol{a}_r+\boldsymbol{a}_c \tag{1-14}$$

式(1－14)就是牵连运动为定轴转动时点的加速度合成定理。其实可以证明，当牵连运动为任意转动时，式(1－14)都成立，它是点的加速度合成定理的普遍形式。它表明，当牵连运动为转动时，动点在每一瞬时的绝对加速度等于牵连加速度、相对加速度与科氏加速度的矢量和。

除了牵连运动为转动，动点的绝对运动和相对运动也都有可能是曲线运动，则动点的绝对加速度和相对加速度可能各有其切向和法向分量，此时式(1－14)可以写为

$$\boldsymbol{a}_a^{\tau}+\boldsymbol{a}_a^{n}=\boldsymbol{a}_e^{\tau}+\boldsymbol{a}_e^{n}+\boldsymbol{a}_r^{\tau}+\boldsymbol{a}_r^{n}+\boldsymbol{a}_c \tag{1-15}$$

由于地球在绕地轴不断地自转，当导弹相对于地球运动时，在一些情况下就需要考虑因地球自转引起的科氏加速度。例如，以惯性空间为静坐标系，以地心为原点建立一个与地球相固连的连体坐标系，当考虑地球绕地轴自转时，该连体坐标系显然为动坐标系。那么，当导弹飞行时，导弹相对动坐标系有相对运动(记相对速度为 $\boldsymbol{v}_r$)；而地球相对惯性空间在不断地自转，则动坐标系相对静坐标系存在牵连角速度 $\boldsymbol{\omega}$(即地球自转角速度)。从而，根据式(1－13)可知，在牵连角速度矢量方向与导弹相对速度矢量方向不重合的情况下，导弹飞行时存在科氏加速度。

1.2　刚体的平面运动

在理想情况下，导弹飞行的时候应该在射击平面内飞行，此时需要将导弹视为刚体，研究刚体的运动学问题。当导弹在射击平面内飞行时，其所作的运动属于刚体的平面运动，这种运动可以由前面学习的简单运动合成而来。

1.2.1 刚体平面运动的基本概念

1.刚体平面运动的定义

当刚体运动时，如果刚体内任一点到某一固定平面的距离始终保持不变，则这种运动称为刚体的平面运动。

刚体的平面运动是工程中最常见的一种运动，例如沿直线轨道滚动的车轮（见图1-5）和曲柄连杆机构中连杆 AB 的运动（见图1-6）都是刚体平面运动的实例。

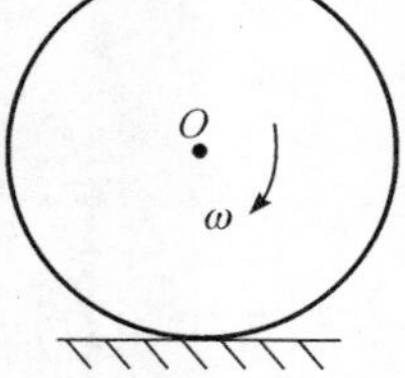

图1-5　沿直线轨道滚动的车轮

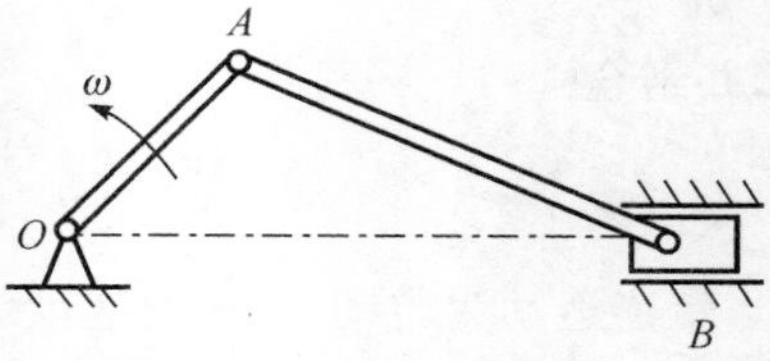

图1-6　曲柄连杆机构

2.刚体平面运动的简化

设有一刚体作平面运动，刚体内任一点到固定平面Ⅰ的距离始终保持不变。现取一个平行于固定平面Ⅰ的平面Ⅱ截割刚体，得到一平面图形 S，如图1-7所示。

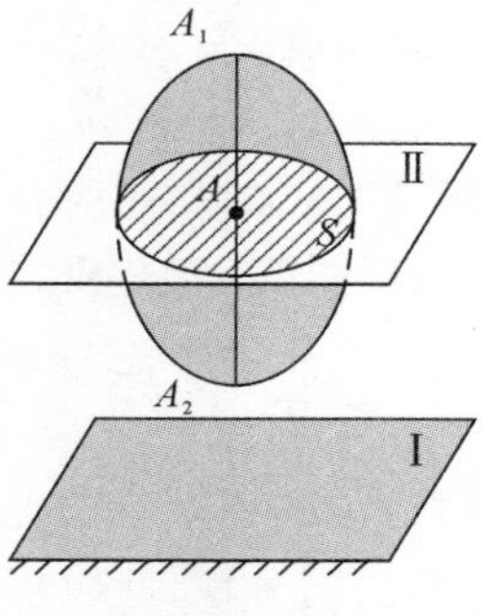

图1-7　平面运动刚体与平面图形

当刚体作平面运动时，平面图形 S 始终在平面Ⅱ内运动。因此，把平面Ⅱ称为平面图形 S 的自身平面。如果在平面图形 S 上任取一点 A，过点 A 作垂直于图形 S 的直线 A_1A_2，显然，直线 A_1A_2 的运动是平动，直线 A_1A_2 上各点的运动与图形 S 上点 A 的运动完全相同。因此，图形 S 上点 A 的运动就可以代表直线 A_1A_2 上所有各点的运动。由此可知，图形 S 上各点的运动就可以代表整个刚体的运动。于是，刚体的平面运动就可以简化为平面图形 S 在平面Ⅱ内的运动。也就是说，把对刚体平面运动的研究简化为对平面图形 S 在它自身平面内的运动来研究。

3.刚体平面运动的方程

由上述简化可知，确定了平面图形 S 任意瞬时 t 的位置，也就确定了平面运动刚体的运动规律。为此，只须确定平面图形 S 内任一线段 AB 的位置即可。在图形 S 所在平面内取静坐标系 Oxy，如图1-8所示，则线段 AB 的位置可由线段上的一点 A 的坐标（x_A，y_A）和线段 AB 对于 x 轴的转角 φ 来表示。

所选点 A 称为基点。当图形 S 在平面内运动时，基点 A 的坐标（x_A，y_A）和 φ 都随时间而变

化，即

$$\left.\begin{aligned} x_A &= f_1(t) \\ y_A &= f_2(t) \\ \varphi &= f_3(t) \end{aligned}\right\} \tag{1-16}$$

这就是刚体平面运动的运动方程，简称刚体平面运动方程。通过式(1－16)可以完全确定平面运动刚体的运动学特征。

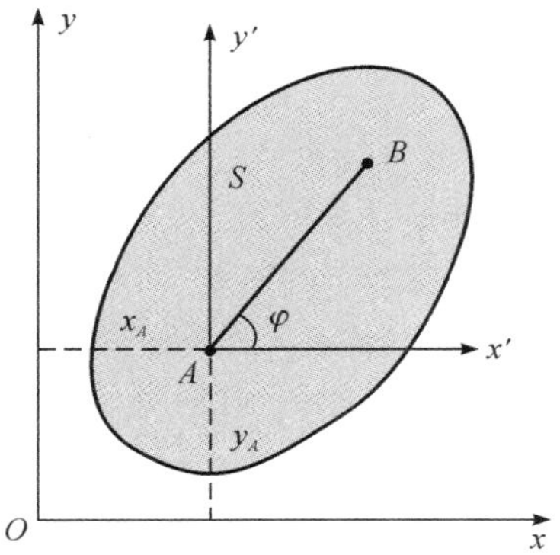

图 1－8　平面图形 S 位置的描述

4. 平面运动的分解

从式(1－16)可以看到两种特殊情况：

(1)当 φ 为常数时，即 φ 保持不变，则图形 S 上任意一线段 AB 的方位始终与其原来的位置相平行，即此时刚体作平动；

(2)当 x_A，y_A 均为常数时，即点 A 保持不动，则此时刚体作定轴转动。

由此可见，刚体的平面运动包含了刚体的基本运动的两种形式：平动和转动。也就是说，平面图形的运动可以分解为平动和转动。这样，就可以用质点的合成运动相关理论来研究刚体的平面运动。

对于平面图形 S 的运动，如图 1－8 所示，取基点 A 为原点建立动坐标系 $Ax'y'$，动系 $Ax'y'$ 只是在其原点 A 与平面图形 S 相铰接，而动坐标轴 x'，y' 的方向则分别始终与固定坐标轴 x，y 保持平行，因此动系 $Ax'y'$ 是一个平动坐标系。于是，平面图形 S 的绝对运动(相对于静系 Oxy 的运动)就是我们所研究的平面运动，它的相对运动(相对于动系 $Ax'y'$ 的运动)是绕基点 A 的转动，它的牵连运动(动系 $Ax'y'$ 相对于静系 Oxy 的运动)是随基点 A 的平动。因此可以说，平面图形 S 的运动可以分解为随基点的平动和绕基点的转动，即刚体的平面运动可以分解为随基点的平动和绕基点的转动。或者说，刚体的平面运动可以视为平动与转动的合成。

1.2.2　平面运动刚体内点的速度计算

1. 基点法

前面已经说明，平面图形的运动可以分解为随基点的平动(牵连运动)和绕基点的转动(相对运动)。因此，可以用质点的合成运动理论来分析平面图形内各点速度之间的关系。

设在某瞬时，平面图形上点 A 的速度为 $\boldsymbol{v}_A$，平面图形的转动角速度为 ω，如图 1－9 所示，求平面图形内任一点 B 的速度 $\boldsymbol{v}_B$。

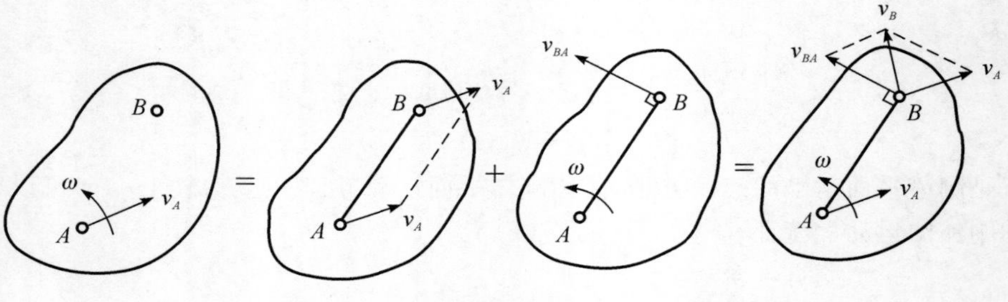

图 1-9　基点法求解平面图形内任一点的速度

由于点 A 的运动已知，所以选取点 A 为基点，点 B 为动点，铰接在点 A 的平动坐标系为动系。因此，点 B 的运动就可看成是牵连运动为平动、相对运动为绕基点的圆周运动这两种运动的合成，其绝对运动是平面曲线运动。根据点的速度合成定理，则可得点 B 的绝对速度为

$$\boldsymbol{v}_B = \boldsymbol{v}_e + \boldsymbol{v}_r$$

由于点 B 的牵连运动是动坐标系随基点 A 的平动，所以牵连速度为

$$\boldsymbol{v}_e = \boldsymbol{v}_A$$

而由于点 B 的相对运动是以基点 A 为圆心、AB 为半径的圆周运动，所以点 B 的相对速度就是点 B 绕点 A 转动的速度，用 $\boldsymbol{v}_{BA}$ 表示，即

$$\boldsymbol{v}_r = \boldsymbol{v}_{BA}$$

其大小为 $AB \cdot \omega$，方向垂直于 AB，指向由 ω 的转向确定。因此，点 B 的速度可表示为

$$\boldsymbol{v}_B = \boldsymbol{v}_A + \boldsymbol{v}_{BA} \tag{1-17}$$

式(1-17)表明，平面图形内任一点的速度等于基点的速度与该点绕基点转动的速度的矢量和。这种求平面图形内任一点速度的方法称为基点法，也称为速度合成法。

2. 速度投影法

式(1-17)表明了平面图形上任意两点的速度之间的关系。根据此式，还可以得出同一刚体上两点速度的另一种关系。

将式(1-17)向 AB 连线上投影，如图 1-10 所示，则

$$\boldsymbol{v}_B \cos\beta = \boldsymbol{v}_A \cos\theta + \boldsymbol{v}_{BA} \cos 90^\circ$$

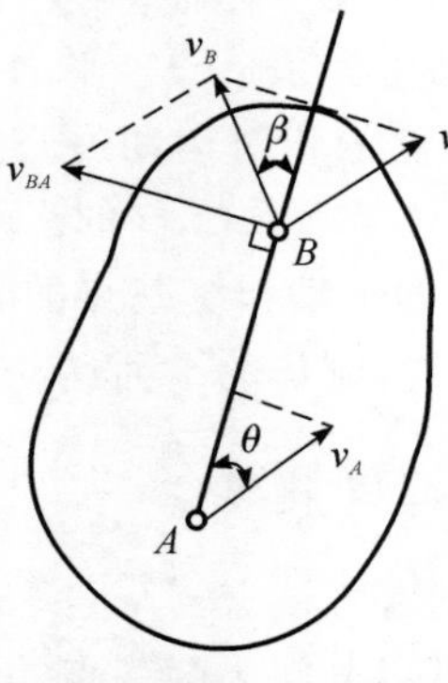

图 1-10　速度投影法求解平面图形内任一点的速度

即

$$\boldsymbol{v}_B \cos\beta = \boldsymbol{v}_A \cos\theta \quad 或 \quad (\boldsymbol{v}_B)_{AB} = (\boldsymbol{v}_A)_{AB} \tag{1-18}$$

这就是速度投影定理，即平面图形上任意两点的速度在这两点连线上的投影彼此相等。这个定理反映了刚体的特性，因为刚体上任意两点之间的距离始终保持不变，所以任意两点的速度在其连线上的投影必须相等。否则，这两点的距离就要改变，那就不成为刚体了。这个定理不仅适用于刚体的平面运动，而且也适用于刚体其他任何形式的运动。

在利用基点法与速度投影法求解速度时，应注意以下几点：

(1)由于式(1-17)就是点的速度合成定理用于平面运动刚体的结果，所以在式(1-17)中对于 $\boldsymbol{v}_A$，$\boldsymbol{v}_B$ 和 $\boldsymbol{v}_{BA}$ 的大小、方向 6 个量，如果知道其中任意 4 个量，便可求出其余两个未知量。求解的一个显著特点是基点与待求点在同一刚体上。具体求解时可用几何法，也可用解析法。如果应用几何法作速度平行四边形时，一定要保证绝对速度 $\boldsymbol{v}_B$ 沿着对角线；如果应用解析法将式(1-17)向坐标轴投影时，由于式(1-17)是一个矢量合成关系式，所以满足合矢量投影定理。

(2)一般来说，尽可能选运动已知点作为基点。

(3)速度投影定理式(1-18)只表明了平面图形上任意两点的绝对速度之间的关系，而不包含相对速度，即不包含平面图形的转动角速度 ω。因此，式(1-18)不能用于求平面图形的转动角速度 ω。但它也带来了方便：如果已知平面图形上一点速度的大小和方向，又知另一点速度的方向，则可在平面图形转动角速度 ω 未知的情况下，求出另一点的速度。由于式(1-18)是一个代数方程，所以只能求解一个未知量。

一般来说，利用基点法或速度投影法的解题步骤如下：

(1)根据题意分析各刚体的运动形式，判断哪些刚体作平动，哪些刚体作定轴转动，哪些刚体作平面运动；

(2)选取作平面运动的刚体作为研究对象，选取运动已知点作为基点，进行速度分析(即研究平面运动刚体上哪一点速度的大小和方向是已知的，哪一点速度的大小和方向是未知的)，判断问题是否可解；

(3)应用基点法公式(1-17)或速度投影定理公式(1-18)求解未知量。

1.2.3　平面运动刚体内点的加速度计算

平面运动刚体内点的加速度分析与前面速度分析方法相似，本节同样利用基点法来求解平面图形内任一点的加速度。设已知某瞬时平面图形内某一点 A 的加速度为 $\boldsymbol{a}_A$，平面图形的转动角速度为 ω，角加速度为 α，如图 1-11 所示。

根据前面所述，平面图形 S 的运动可以分解为随同基点 A 的平动(牵连运动)和绕基点 A 的转动(相对运动)，因此平面图形内任一点 B 的加速度 $\boldsymbol{a}_B$(即点 B 的绝对加速度 $\boldsymbol{a}_{\mathrm{a}}$)可以用牵连运动为平动时的点的加速度合成定理求出，即

$$\boldsymbol{a}_B = \boldsymbol{a}_{\mathrm{e}} + \boldsymbol{a}_{\mathrm{r}} \tag{1-19}$$

由于牵连运动是平动，则

$$\boldsymbol{a}_{\mathrm{e}} = \boldsymbol{a}_A \tag{1-20}$$

而点 B 的相对加速度 $\boldsymbol{a}_{\mathrm{r}}$ 是点 B 绕基点 A 作圆周运动的加速度，用 $\boldsymbol{a}_{BA}$ 表示，即

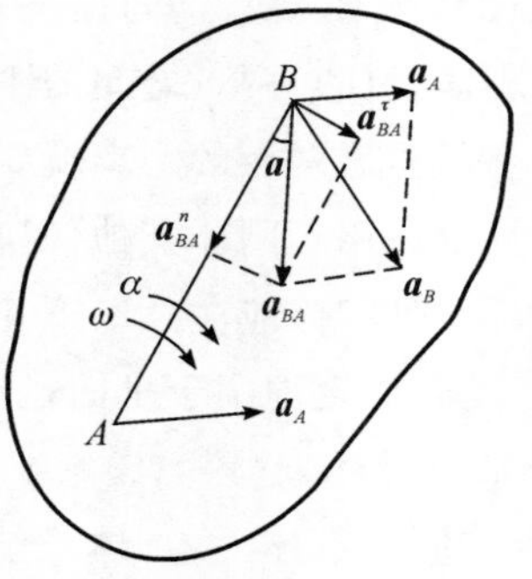

图 1-11 基点法求解平面图形内任一点的加速度

$$\boldsymbol{a}_{\mathrm{r}} = \boldsymbol{a}_{BA} \tag{1-21}$$

显然，$\boldsymbol{a}_{BA}$ 由相对切向加速度和相对法向加速度所组成，即

$$\boldsymbol{a}_{BA} = \boldsymbol{a}_{BA}^{\tau} + \boldsymbol{a}_{BA}^{\mathrm{n}} \tag{1-22}$$

其中，相对切向加速度的大小为

$$a_{BA}^{\tau} = AB \cdot \alpha$$

其方向与连线 AB 垂直，指向由 α 的方向确定。而相对法向加速度的大小为

$$a_{BA}^{\mathrm{n}} = AB \cdot \omega^2$$

其方向沿着连线 AB，且指向基点 A。

于是，根据上面的分析，将式(1-20)～式(1-22)代入式(1-19)，得

$$\boldsymbol{a}_B = \boldsymbol{a}_A + \boldsymbol{a}_{BA}^{\tau} + \boldsymbol{a}_{BA}^{\mathrm{n}} \tag{1-23}$$

式(1-23)表明，平面图形内任一点的加速度，等于随基点平动的加速度与该点相对于基点转动的切向加速度和法向加速度的矢量和。这种求平面图形内任一点加速度的方法即为基点法，也称为加速度合成法。

在利用基点法求解加速度时，应注意以下几点：

(1)由于式(1-23)中涉及的量较多，在具体计算时，一般采用解析法求解比较方便，即通过矢量方程的投影式求解未知量。

(2)式(1-23)中有 4 个矢量，每个矢量都有大小、方向两个量，则共有 8 个量。但式(1-23)只是一个平面矢量关系式，因此利用该式只能得到两个投影式，则只有知道其中 6 个量，才能解出其余的两个未知量。

(3)在分析式(1-23)中各个量时应注意，要分析该式中各种加速度的大小和方向，画出加速度的矢量图。通常 $\boldsymbol{a}_A$ 的大小和方向、$\boldsymbol{a}_{BA}^{\mathrm{n}}$ 的方向以及 $\boldsymbol{a}_{BA}^{\tau}$ 的大小和方向都是已知的，对于方向已知的量，要画出其正确指向；对于方位已知而指向未知的量，可先假设指向；对于大小和方向都未知的量，可分解成正交的两个分量，并假定指向。

(4)在很多情况下，点 A 和点 B 都可能是曲线运动，因此式(1-23)还可以写成

$$\boldsymbol{a}_B^{\tau} + \boldsymbol{a}_B^{\mathrm{n}} = \boldsymbol{a}_A^{\tau} + \boldsymbol{a}_A^{\mathrm{n}} + \boldsymbol{a}_{BA}^{\tau} + \boldsymbol{a}_{BA}^{\mathrm{n}} \tag{1-24}$$

如果点 B 的加速度的大小和方向均未知时，式(1-23)还可写成

$$\boldsymbol{a}_{Bx} + \boldsymbol{a}_{By} = \boldsymbol{a}_A^{\tau} + \boldsymbol{a}_A^{\mathrm{n}} + \boldsymbol{a}_{BA}^{\tau} + \boldsymbol{a}_{BA}^{\mathrm{n}} \tag{1-25}$$

但是，不论是式(1－24)还是式(1－25)，它们都只能求两个未知量。

(5)在进行加速度分析之前，一般先进行速度分析，求出平面图形转动的角速度大小 ω(在某些情况下，例如圆轮作纯滚动时，还可通过将 ω 对时间求导而求得平面图形的角加速度大小 α)。这样，相对于基点作圆周运动的法向加速度 $a_{BA}^{n} = AB \cdot \omega^2$ 就是已知量了(在某些情况下，$a_{BA}^{\tau} = AB \cdot \alpha$ 也可以成为已知量)。

1.3　刚体的定点运动

导弹在飞行过程中，其质心所作的运动是多种简单运动的合成，利用 1.1 节中的知识可以解决导弹质心的相关运动问题。但是，导弹在飞行过程中还存在着绕质心的转动，即飞行姿态发生变化，此时需要将导弹视为刚体。如果暂时先不考虑质心的运动，那么导弹此时绕质心的转动就可以视为刚体的定点运动。

当刚体运动时，如果刚体上有一点始终保持静止不动，则称这种运动为刚体的定点运动。图 1－12 中陀螺所作的运动就是刚体的定点运动。

图 1－12　刚体定点运动的实例

1.3.1　定点运动刚体的位置描述

研究刚体的定点运动所遇到的首要问题是如何确定刚体的位置，下面首先来说明定点运动刚体的位置需要几个独立参数才能唯一地确定。如图 1－13 所示，设某一刚体绕定点 O 运动，取固定参考系 $Ox_0y_0z_0$，则刚体的位置可由刚体内通过点 O 的任一直线 OL 的位置以及刚体绕 OL 的转角来确定。而直线 OL 的位置可由 3 个方向角 α_1，α_2 和 α_3 来描述。但是，这 3 个方向角不是彼此独立的，因为它们之间始终满足如下的约束关系，即

$$\cos^2\alpha_1 + \cos^2\alpha_2 + \cos^2\alpha_3 = 1 \tag{1-26}$$

因此，唯一地确定 OL 位置的独立参数应该只有两个。如果再给出刚体绕 OL 转动的转角 α_4，则这个刚体的位置就完全确定了。由此可见，确定定点运动刚体的位置需要 3 个独立的参数。这 3 个独立的参数可以有多种选择，现在介绍比较常用的欧拉角法与方向余弦矩阵法。

1. 欧拉角法描述定点运动刚体的位置

设某一刚体相对固定参考系 $Ox_0y_0z_0$ 绕点 O 运动(见图 1－14)，为描述刚体的位置，现在刚体上固连一坐标系 $Ox_3y_3z_3$，称此坐标系为刚体的连体坐标系。显然，该连体坐标系为动坐标系(简称动系)。这样就可以用刚体的连体坐标系 $Ox_3y_3z_3$ 相对于固定参考系(简称定系)$Ox_0y_0z_0$ 的位置来代表刚体的位置。

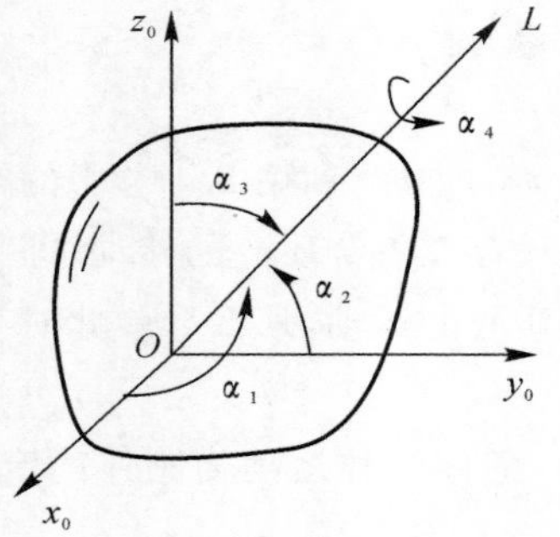

图 1-13　定点运动刚体的位置描述

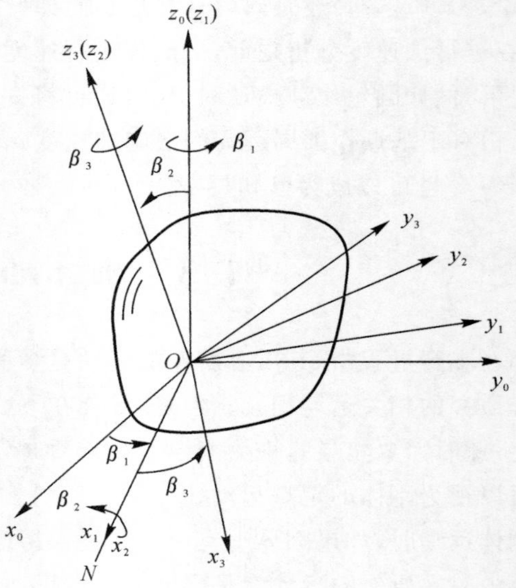

图 1-14　欧拉角的定义

将动坐标平面 Ox_3y_3 与定坐标平面 Ox_0y_0 的交线 ON 称为节线。在此基础上，定义节线 ON 相对坐标轴 Ox_0 的夹角为进动角，记为 β_1；坐标轴 Oz_3 相对坐标轴 Oz_0 的夹角为章动角，记为 β_2；坐标轴 Ox_3 相对节线 ON 的夹角为自转角，记为 β_3。上述 3 个角合称为动系 $Ox_3y_3z_3$ 相对定系 $Ox_0y_0z_0$ 的欧拉角。

显然，这组角规定了动系相对定系的位置，因此可以用欧拉角来描述定点运动刚体的位置。瑞士数学家、自然科学家欧拉(莱昂哈德·欧拉，1707—1783)首先提出用来唯一确定定点运动刚体位置的一组 3 个独立角参量，由进动角、章动角和自转角所组成，欧拉角因此而得名。

由欧拉角的定义看出从坐标系 $Ox_0y_0z_0$ 到坐标系 $Ox_3y_3z_3$ 的位置变化可以通过以下 3 次连续转动来实现：坐标系 $Ox_0y_0z_0$ 首先绕轴 Oz_0 转动角 β_1，到达坐标系 $Ox_1y_1z_1$ 的位置(轴 Ox_1 与节线 ON 重合)；在此基础上，坐标系 $Ox_1y_1z_1$ 绕轴 Ox_1 转动角 β_2，到达坐标系 $Ox_2y_2z_2$ 的位置；最后坐标系 $Ox_2y_2z_2$ 绕轴 Oz_2 转动角 β_3，到达坐标系 $Ox_3y_3z_3$ 的位置。上述 3 次连续转动也叫三—三转动，可形象地表达为

$$Ox_0y_0z_0 \xrightarrow{Oz_0,\beta_1} Ox_1y_1z_1 \xrightarrow{Ox_1,\beta_2} Ox_2y_2z_2 \xrightarrow{Oz_2,\beta_3} Ox_3y_3z_3$$

需要说明的是，虽然从坐标系 $Ox_0y_0z_0$ 到坐标系 $Ox_3y_3z_3$ 的位置变化可以通过三—三转动来实现，但这并不意味着从坐标系 $Ox_0y_0z_0$ 到坐标系 $Ox_3y_3z_3$ 的真实运动(或者说刚体定点运动)就是按照三—三转动的方式来进行的。

当刚体绕定点 O 运动时，其欧拉角 β_1,β_2,β_3 一般都随时间 t 而变化，并可表示为时间 t 的单值连续函数，即

$$\left.\begin{aligned} \beta_1 &= \beta_1(t) \\ \beta_2 &= \beta_2(t) \\ \beta_3 &= \beta_3(t) \end{aligned}\right\} \tag{1-27}$$

显然如果已知这 3 个函数，就可以确定出任一时刻刚体的空间位置。因此，方程组

(1-27)完全描述了刚体的定点运动规律，故称为刚体的定点运动方程。

2. 方向余弦矩阵法描述定点运动刚体的位置

定点运动刚体的位置除了可以用欧拉角法描述外，还可以用方向余弦矩阵法来描述。首先，给出矢量的坐标列阵和坐标方阵的定义。

设任一矢量 $\boldsymbol{a}$ 在坐标系 $Oxyz$ 的 x，y 和 z 轴上的投影分别为 a_1，a_2 和 a_3，则称列阵

$$\{\boldsymbol{a}\} = [a_1 \quad a_2 \quad a_3]^{\mathrm{T}} \tag{1-28}$$

为矢量 $\boldsymbol{a}$ 在坐标系 $Oxyz$ 中的坐标列阵；称反对称矩阵

$$[\tilde{\boldsymbol{a}}] = \begin{bmatrix} 0 & -a_3 & a_2 \\ a_3 & 0 & -a_1 \\ -a_2 & a_1 & 0 \end{bmatrix} \tag{1-29}$$

为矢量 $\boldsymbol{a}$ 在坐标系 $Oxyz$ 中的坐标方阵。显然，矢量与其在某坐标系中的坐标列阵、坐标方阵都是一一对应的，即一个矢量可以用其坐标列阵或坐标方阵来描述。

如图 1-15 所示，设某一刚体相对固定参考系 $Ox_iy_iz_i$ 绕点 O 运动，坐标系 $Ox_jy_jz_j$ 为该刚体的连体坐标系，则坐标系 $Ox_jy_jz_j$ 的位置(或方位)可以用该坐标系的 3 根轴在固定参考系 $Ox_iy_iz_i$ 中的各方向余弦来描述。为此，设轴 Ox_j，Oy_j，Oz_j 在固定参考系 $Ox_iy_iz_i$ 中的方向余弦分别为(c_{11}，c_{21}，c_{31})，(c_{12}，c_{22}，c_{32}) 和(c_{13}，c_{23}，c_{33})，并把这些方向余弦排列成

$$\boldsymbol{C}^{ij} = \begin{bmatrix} c_{11} & c_{12} & c_{13} \\ c_{21} & c_{22} & c_{23} \\ c_{31} & c_{32} & c_{33} \end{bmatrix} \tag{1-30}$$

则矩阵 $\boldsymbol{C}^{ij}$ 称为坐标系 $Ox_jy_jz_j$ 相对坐标系 $Ox_iy_iz_i$ 的方向余弦矩阵。

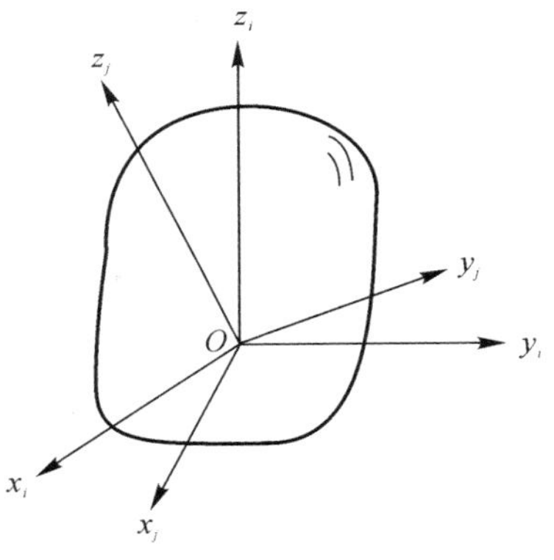

图 1-15　定点运动刚体与固定参考系、连体坐标系

由此定义可看出：坐标系 $Ox_jy_jz_j$ 相对坐标系 $Ox_iy_iz_i$ 的方向余弦矩阵 $\boldsymbol{C}^{ij}$ 中的第一、第二、第三列分别是沿坐标轴 Ox_j，Oy_j，Oz_j 正向的单位矢量 $\boldsymbol{e}_1^j$，$\boldsymbol{e}_2^j$，$\boldsymbol{e}_3^j$ 在坐标系 $Ox_iy_iz_i$ 中的坐标列阵。显然，可以用 $\boldsymbol{C}^{ij}$ 来描述连体坐标系 $Ox_jy_jz_j$ 相对固定参考系 $Ox_iy_iz_i$ 的位置，即可以用方向余弦矩阵来描述作定点运动的刚体的位置。

方向余弦矩阵不仅可用来描述作定点运动的刚体的位置，而且由于其本身的一些重要性质，使得方向余弦矩阵在刚体运动学和动力学中具有非常广泛的应用。现在介绍方向余弦矩阵的一些重要性质。

性质1 方向余弦矩阵为正交矩阵，其行列式的值等于1，即

$$\boldsymbol{C}^{ij}=(\boldsymbol{C}^{ij})^{\mathrm{T}}=\boldsymbol{C}^{ji},\quad \det\boldsymbol{C}^{ij}=1$$

性质2 任一矢量 $\boldsymbol{a}$ 在坐标系 $Ox_iy_iz_i$ 和坐标系 $Ox_jy_jz_j$ 中的坐标列阵（坐标方阵）之间满足关系：

$$\{\boldsymbol{a}\}_i=\boldsymbol{C}^{ij}\{\boldsymbol{a}\}_j,\quad [\tilde{\boldsymbol{a}}]_i=\boldsymbol{C}^{ij}[\tilde{\boldsymbol{a}}]_j(\boldsymbol{C}^{ij})^{\mathrm{T}}$$

式中，$\{\boldsymbol{a}\}_i$ 和 $\{\boldsymbol{a}\}_j$ 分别表示矢量 $\boldsymbol{a}$ 在坐标系 $Ox_iy_iz_i$ 和坐标系 $Ox_jy_jz_j$ 中的坐标列阵；$[\tilde{\boldsymbol{a}}]_i$ 和 $[\tilde{\boldsymbol{a}}]_j$ 分别表示矢量 $\boldsymbol{a}$ 在坐标系 $Ox_iy_iz_i$ 和坐标系 $Ox_jy_jz_j$ 中的坐标方阵。

性质3 任意3个坐标系 $Ox_iy_iz_i$，$Ox_jy_jz_j$ 和 $Ox_ky_kz_k$ 之间的方向余弦矩阵满足：

$$\boldsymbol{C}^{ik}=\boldsymbol{C}^{ij}\boldsymbol{C}^{jk}$$

上述性质的证明可查阅矩阵论相关资料，这里省略。

3. 欧拉角与方向余弦矩阵之间的关系

如前所述，欧拉角和方向余弦矩阵都可以用来确定定点运动刚体的位置，因此欧拉角和方向余弦矩阵之间必然存在某种对应关系，下面就来建立这种关系。

如图1-14所示，刚体的连体坐标系 $Ox_3y_3z_3$ 相对固定参考系 $Ox_0y_0z_0$ 的欧拉角为 β_1,β_2,β_3，从坐标系 $Ox_0y_0z_0$ 到坐标系 $Ox_3y_3z_3$ 的位置变化可以基于欧拉角通过“三一三转动”来实现，即

$$Ox_0y_0z_0\xrightarrow{Oz_0,\beta_1}Ox_1y_1z_1\xrightarrow{Ox_1,\beta_2}Ox_2y_2z_2\xrightarrow{Oz_2,\beta_3}Ox_3y_3z_3$$

根据方向余弦矩阵的性质3，有

$$\boldsymbol{C}^{03}=\boldsymbol{C}^{01}\boldsymbol{C}^{12}\boldsymbol{C}^{23}\tag{1-31}$$

其中，$\boldsymbol{C}^{ij}$ 表示坐标系 $Ox_jy_jz_j$ 相对坐标系 $Ox_iy_iz_i$ 的方向余弦矩阵（$i=0,1,2;j=1,2,3$）。由图1-14所示的几何关系可以看出，轴 x_1,y_1,z_1 在坐标系 $Ox_0y_0z_0$ 中的方向余弦分别为 $(\cos\beta_1,\sin\beta_1,0)$，$(-\sin\beta_1,\cos\beta_1,0)$ 和 $(0,0,1)$，于是坐标系 $Ox_1y_1z_1$ 相对坐标系 $Ox_0y_0z_0$ 的方向余弦矩阵为

$$\boldsymbol{C}^{01}=\begin{bmatrix}\cos\beta_1 & -\sin\beta_1 & 0\\ \sin\beta_1 & \cos\beta_1 & 0\\ 0 & 0 & 1\end{bmatrix}\tag{1-32}$$

同理

$$\boldsymbol{C}^{12}=\begin{bmatrix}1 & 0 & 0\\ 0 & \cos\beta_2 & -\sin\beta_2\\ 0 & \sin\beta_2 & \cos\beta_2\end{bmatrix},\quad \boldsymbol{C}^{23}=\begin{bmatrix}\cos\beta_3 & -\sin\beta_3 & 0\\ \sin\beta_3 & \cos\beta_3 & 0\\ 0 & 0 & 1\end{bmatrix}\tag{1-33}$$

将式(1-32)、式(1-33)代入式(1-31)，经计算后可得

$$\boldsymbol{C}^{03}=\begin{bmatrix}\cos\beta_1\cos\beta_3-\sin\beta_1\cos\beta_2\sin\beta_3 & -\cos\beta_1\sin\beta_3-\sin\beta_1\cos\beta_2\cos\beta_3 & \sin\beta_1\sin\beta_2\\ \sin\beta_1\cos\beta_3+\cos\beta_1\cos\beta_2\sin\beta_3 & \cos\beta_1\cos\beta_2\cos\beta_3-\sin\beta_1\sin\beta_3 & -\cos\beta_1\sin\beta_2\\ \sin\beta_2\sin\beta_3 & \sin\beta_2\cos\beta_3 & \cos\beta_2\end{bmatrix}\tag{1-34}$$

式(1-34)就是利用欧拉角表示出的刚体连体坐标系相对固定参考系的方向余弦矩阵表达式。如果已知刚体的连体坐标系相对固定参考系的欧拉角，则利用式(1-34)就可以计算出刚体的连体坐标系相对固定参考系的方向余弦矩阵。反过来，如果已知刚体的连体坐标系相

对固定参考系的方向余弦矩阵，只需反解矩阵方程(1-34)，就可得到确定欧拉角的几个表达式，即

$$\left.\begin{array}{ll}\cos\beta_2 = c_{33}, & \sin\beta_2 = \pm\sqrt{1-c_{33}^2} \\ \cos\beta_1 = -\dfrac{c_{23}}{\sin\beta_2}, & \sin\beta_1 = \dfrac{c_{13}}{\sin\beta_2} \\ \cos\beta_3 = \dfrac{c_{23}}{\sin\beta_2}, & \sin\beta_3 = \dfrac{c_{31}}{\sin\beta_2}\end{array}\right\} \tag{1-35}$$

式中，c_{ij} 表示方向余弦矩阵 $\boldsymbol{C}^{03}$ 中的第 i 行第 j 列元素($i,j=1,2,3$)。注意，利用式(1-35)求得的欧拉角将是多组解，但各组解所描述的刚体位置是相同的，因此往往根据需要，只选择其中的一组解。

根据由式(1-35)可以看出：当 $\beta_2=0$ 或 π 时，计算 β_1 和 β_3 将很困难。β_2 的这些特殊值称为欧拉角的奇点。实际上，当 $\beta_2=0$ 或 π 时，图 1-14 中的两坐标平面 Ox_3y_3 和 Ox_0y_0 相重合，从而使得节线 ON 和角 β_1，β_3 均无法确定。因此，欧拉角存在奇点是欧拉角用来描述定点运动刚体位置的一个缺陷。

1.3.2　定点运动刚体的角速度与角加速度

大学物理中曾经给出定轴转动刚体的角速度概念，现在将进一步给出定点运动刚体的角速度概念，其实前一概念可以视为后一概念的特殊情形。

为此，需要首先介绍一个有关定点运动刚体的重要定理——欧拉定理：作定点运动刚体的任何位移，可以由此刚体绕着过该定点的某根轴经过一次转动来实现。如图 1-16 所示，某一刚体相对参考系 $Ox_0y_0z_0$ 绕点 O 运动，设在瞬时 t，刚体处于位置 1；在瞬时 $t+\Delta t$，刚体处于位置 2。根据欧拉定理可知，刚体由位置 1 到位置 2 的变化，可以由该刚体绕着某一轴线 ON 旋转某一角度 $\Delta\theta$ 来实现，轴线 ON 称为刚体转动的欧拉轴，角度 $\Delta\theta$ 称为欧拉转角。

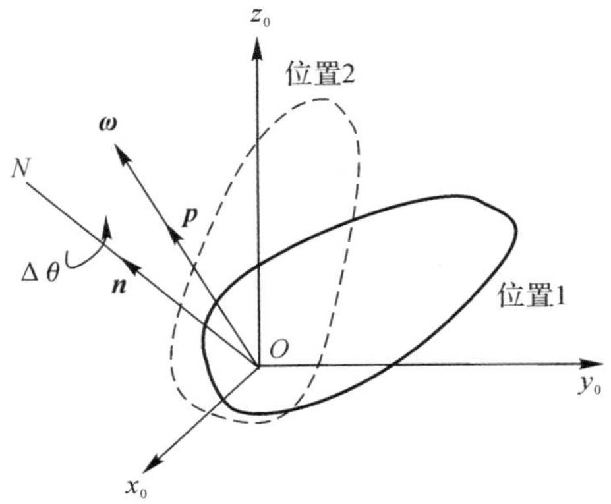

图 1-16　定点运动刚体的角速度与瞬轴

沿轴线 ON 作一单位矢量 $\boldsymbol{n}$(即欧拉轴单位矢量)，并把转角 $\Delta\theta$ 的正向规定为与单位矢量 $\boldsymbol{n}$ 构成右手旋向的转向。定义：

$$\boldsymbol{\omega} = \lim_{\Delta t\to 0}\frac{\Delta\theta\boldsymbol{n}}{\Delta t} \tag{1-36}$$

为定点运动刚体在瞬时 t 的角速度。式(1-36)还可写成

$$\boldsymbol{\omega} = \lim_{\Delta t \to 0} \frac{\Delta\theta}{\Delta t} \cdot \lim_{\Delta t \to 0} \boldsymbol{n} \tag{1-37}$$

当 $\Delta t \to 0$ 时，刚体的位置 2 无限趋近于位置 1，这时欧拉轴单位矢量 $\boldsymbol{n}$ 将趋于一极限位置，这一极限位置的单位矢量称为刚体在瞬时 t 的瞬轴单位矢量，并用符号 $\boldsymbol{p}$ 来表示，记为

$$\boldsymbol{p} = \lim_{\Delta t \to 0} \boldsymbol{n} \tag{1-38}$$

将瞬轴单位矢量 $\boldsymbol{p}$ 所在的直线称为定点运动刚体的瞬轴。再引入符号：

$$\omega = \lim_{\Delta t \to 0} \frac{\Delta\theta}{\Delta t} \tag{1-39}$$

于是式(1-37)可以写为

$$\boldsymbol{\omega} = \omega \boldsymbol{p} \tag{1-40}$$

根据式(1-40)可以看出，定点运动刚体的角速度矢量始终是沿着瞬轴的。

定点运动刚体的角速度描述了刚体绕定点转动的快慢，而为了描述其角速度变化的快慢，还需要引入角加速度的概念。

设定点运动刚体在瞬时 t 的角速度为 $\boldsymbol{\omega}$，而在瞬时 $t + \Delta t$ 时的角速度为 $\boldsymbol{\omega} + \Delta\boldsymbol{\omega}$，这样在瞬时 t 定点运动刚体角速度变化的快慢可用极限 $\lim\limits_{\Delta t \to 0} \dfrac{\Delta\boldsymbol{\omega}}{\Delta t}$ 来描述，为此定义

$$\boldsymbol{\varepsilon} = \lim_{\Delta t \to 0} \frac{\Delta\boldsymbol{\omega}}{\Delta t} \tag{1-41}$$

为定点运动刚体在瞬时 t 时的角加速度。考虑到 $\lim\limits_{\Delta t \to 0} \dfrac{\Delta\boldsymbol{\omega}}{\Delta t} = \dfrac{\mathrm{d}\boldsymbol{\omega}}{\mathrm{d}t}$，因此，式(1-41)还可以写成

$$\boldsymbol{\varepsilon} = \frac{\mathrm{d}\boldsymbol{\omega}}{\mathrm{d}t} \tag{1-42}$$

这就是说，定点运动刚体的角加速度等于其角速度对时间的导数。

1.3.3 定点运动刚体上任一点的速度和加速度

1. 定点运动刚体上点的速度计算

设某一刚体相对参考系 $Ox_0y_0z_0$ 绕点 O 运动，点 M 是该刚体上的任意一点(见图 1-17)，现在来推导点 M 的速度表达式。

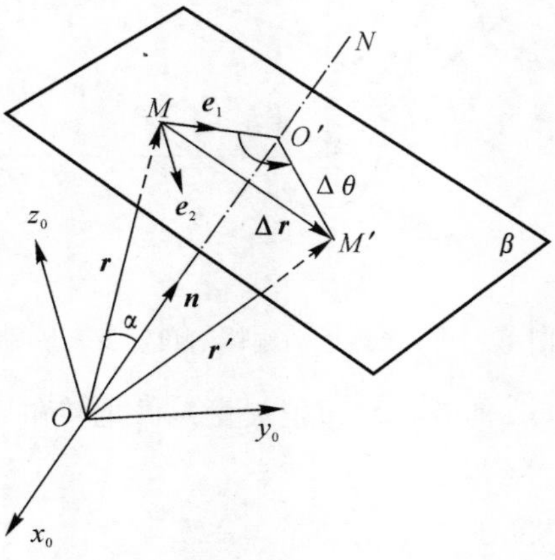

图 1-17 定点运动刚体上点的速度分析

为此，设任一瞬时 t，点 M 的矢径为 $\boldsymbol{r}$；在瞬时 $t+\Delta t$，点 M 运动至点 M' 的位置，其矢径变为 $\boldsymbol{r}'=\boldsymbol{r}+\Delta\boldsymbol{r}$。根据欧拉定理可知，刚体从 t 时刻的位置到 $t+\Delta t$ 时刻的位置的变化，可以由该刚体绕某一轴线 ON 旋转某一角度 $\Delta\theta$ 来实现。这也就是说使有向线段 $\overrightarrow{OM}$（即矢径 $\boldsymbol{r}$）绕轴线 ON 旋转角度 $\Delta\theta$，即可到达 $\overrightarrow{OM'}$ 的位置。过点 M 作与轴线 ON 相垂直的平面 β，其垂足为点 O'，显然点 M' 也在平面 β 内。沿轴线 ON 作一单位矢量 $\boldsymbol{n}$（即欧拉轴单位矢量），再过点 M 分别作单位矢量 $\boldsymbol{e}_1=\dfrac{\overrightarrow{MO'}}{|\overrightarrow{MO'}|}$ 和 $\boldsymbol{e}_2=\dfrac{\boldsymbol{n}\times\boldsymbol{r}}{|\boldsymbol{n}\times\boldsymbol{r}|}$，显然这两个单位矢量也都在平面 β 内，它们与 $\Delta\boldsymbol{r}$ 的夹角分别为 $\dfrac{\pi-\Delta\theta}{2}$ 和 $\dfrac{\Delta\theta}{2}$，这样 $\Delta\boldsymbol{r}$ 可表示为

$$\Delta\boldsymbol{r}=|\Delta\boldsymbol{r}|\cos\frac{\pi-\Delta\theta}{2}\boldsymbol{e}_1+|\Delta\boldsymbol{r}|\cos\frac{\Delta\theta}{2}\boldsymbol{e}_2=|\Delta\boldsymbol{r}|\left(\sin\frac{\Delta\theta}{2}\frac{\overrightarrow{MO'}}{|\overrightarrow{MO'}|}+\cos\frac{\Delta\theta}{2}\frac{\boldsymbol{n}\times\boldsymbol{r}}{|\boldsymbol{n}\times\boldsymbol{r}|}\right) \tag{1-43}$$

设 $\boldsymbol{r}$ 与 $\boldsymbol{n}$ 的夹角为 α，这样就有

$$|\boldsymbol{n}\times\boldsymbol{r}|=|\boldsymbol{r}|\sin\alpha \tag{1-44}$$

在直角三角形 $OO'M$ 中，有

$$|\overrightarrow{MO'}|=|\boldsymbol{r}|\sin\alpha \tag{1-45}$$

$$|\overrightarrow{OO'}|=|\boldsymbol{r}|\cos\alpha \tag{1-46}$$

$$\overrightarrow{MO'}=\overrightarrow{OO'}-\overrightarrow{OM}=|\overrightarrow{OO'}|\boldsymbol{n}-\boldsymbol{r}=|\boldsymbol{r}|\cos\alpha\boldsymbol{n}-\boldsymbol{r} \tag{1-47}$$

在等腰三角形 $O'MM'$ 中有

$$|\Delta\boldsymbol{r}|=2|\overrightarrow{MO'}|\sin\frac{\Delta\theta}{2}=2|\boldsymbol{r}|\sin\alpha\sin\frac{\Delta\theta}{2} \tag{1-48}$$

将式(1-44)、式(1-45)、式(1-47)和式(1-48)代入式(1-43)，整理后得

$$\Delta\boldsymbol{r}=2\sin^2\frac{\Delta\theta}{2}(|\boldsymbol{r}|\cos\alpha\boldsymbol{n}-\boldsymbol{r})+\sin\Delta\theta\boldsymbol{n}\times\boldsymbol{r} \tag{1-49}$$

将式(1-49)代入点 M 的速度的定义式：

$$\boldsymbol{v}=\lim_{\Delta t\to0}\frac{\Delta\boldsymbol{r}}{\Delta t} \tag{1-50}$$

得到

$$\boldsymbol{v}=\lim_{\Delta t\to0}\frac{2\sin^2\dfrac{\Delta\theta}{2}(|\boldsymbol{r}|\cos\alpha\boldsymbol{n}-\boldsymbol{r})+\sin\Delta\theta\boldsymbol{n}\times\boldsymbol{r}}{\Delta t}=$$

$$2\lim_{\Delta t\to0}\frac{\sin\dfrac{\Delta\theta}{2}}{\Delta t}\lim_{\Delta t\to0}\sin\frac{\Delta\theta}{2}(|\boldsymbol{r}|\lim_{\Delta t\to0}\cos\alpha\lim_{\Delta t\to0}\boldsymbol{n}-\boldsymbol{r})+(\lim_{\Delta t\to0}\frac{\sin\Delta\theta\boldsymbol{n}}{\Delta t})\times\boldsymbol{r}=$$

$$\lim_{\Delta t\to0}\frac{\sin\dfrac{\Delta\theta}{2}}{\dfrac{\Delta\theta}{2}}\lim_{\Delta t\to0}\frac{\Delta\theta}{\Delta t}\lim_{\Delta t\to0}\sin\frac{\Delta\theta}{2}(|\boldsymbol{r}|\lim_{\Delta t\to0}\cos\alpha\lim_{\Delta t\to0}\boldsymbol{n}-\boldsymbol{r})+\left(\lim_{\Delta t\to0}\frac{\sin\Delta\theta}{\Delta\theta}\lim_{\Delta t\to0}\frac{\Delta\theta\boldsymbol{n}}{\Delta t}\right)\times\boldsymbol{r}$$

$$\tag{1-51}$$

考虑到 $\lim\limits_{\Delta t\to 0}\dfrac{\sin\dfrac{\Delta\theta}{2}}{\dfrac{\Delta\theta}{2}}=1$，$\lim\limits_{\Delta t\to 0}\dfrac{\Delta\theta}{\Delta t}=\omega$，$\lim\limits_{\Delta t\to 0}\sin\dfrac{\Delta\theta}{2}=0$，$\lim\limits_{\Delta t\to 0}\boldsymbol{n}=\boldsymbol{p}$，$\lim\limits_{\Delta t\to 0}\cos\alpha=\cos\alpha'$（$\alpha'$ 表示 $\boldsymbol{r}$ 与 $\boldsymbol{p}$ 的夹角），$\lim\limits_{\Delta t\to 0}\dfrac{\sin\Delta\theta}{\Delta\theta}=1$，$\lim\limits_{\Delta t\to 0}\dfrac{\Delta\theta\boldsymbol{n}}{\Delta t}=\boldsymbol{\omega}$ 后，式(1-51)可化简为

$$\boldsymbol{v}=\boldsymbol{\omega}\times\boldsymbol{r} \tag{1-52}$$

式(1-52)即为定点运动刚体上的任意一点 M 的速度表达式。考虑到式(1-40)后，式(1-52)还可以写成

$$\boldsymbol{v}=\omega\boldsymbol{p}\times\boldsymbol{r} \tag{1-53}$$

由式(1-53)可以得出两个重要的推论：

(1)定点运动刚体的瞬轴上的各点速度均为零。

(2)如果定点运动刚体在某瞬时的角速度不为零，则在该瞬时刚体上速度为零的点一定在刚体的瞬轴上。

有时为了便于计算，需将速度矢量式(1-52)写成矩阵形式，其在参考系 $Ox_0y_0z_0$ 中的矩阵形式为

$$\{\boldsymbol{v}\}_0=[\tilde{\boldsymbol{\omega}}]_0\{\boldsymbol{r}\}_0 \tag{1-54}$$

式中，$\{\boldsymbol{v}\}_0$，$\{\boldsymbol{r}\}_0$ 分别表示速度 $\boldsymbol{v}$ 和矢径 $\boldsymbol{r}$ 在参考坐标系 $Ox_0y_0z_0$ 中的坐标列阵；$[\tilde{\boldsymbol{\omega}}]_0$ 表示角速度 $\boldsymbol{\omega}$ 在参考系 $Ox_0y_0z_0$ 中的坐标方阵。速度矢量式(1-52)也可写成在连体坐标系中的矩阵形式，即

$$\{\boldsymbol{v}\}=[\tilde{\boldsymbol{\omega}}]\{\boldsymbol{r}\} \tag{1-55}$$

式中，$\{\boldsymbol{v}\}$，$\{\boldsymbol{r}\}$ 分别表示速度 $\boldsymbol{v}$ 和矢径 $\boldsymbol{r}$ 在连体坐标系中的坐标列阵；$[\tilde{\boldsymbol{\omega}}]$ 表示角速度 $\boldsymbol{\omega}$ 在连体坐标系中的坐标方阵。鉴于列阵 $\{\boldsymbol{r}\}$ 为常列阵，而列阵 $\{\boldsymbol{r}\}_0$ 则为时变的列阵，因此在计算定点运动刚体上的点的速度时，应用式(1-55)往往比应用式(1-54)更为方便。

2. 定点运动刚体上点的加速度计算

将式(1-52)对时间求导，可得定点运动刚体上任意一点的加速度表达式，即

$$\boldsymbol{a}=\frac{\mathrm{d}\boldsymbol{v}}{\mathrm{d}t}=\frac{\mathrm{d}\boldsymbol{\omega}}{\mathrm{d}t}\times\boldsymbol{r}+\boldsymbol{\omega}\times\frac{\mathrm{d}\boldsymbol{r}}{\mathrm{d}t}=\boldsymbol{\varepsilon}\times\boldsymbol{r}+\boldsymbol{\omega}\times\boldsymbol{v}=\boldsymbol{\varepsilon}\times\boldsymbol{r}+\boldsymbol{\omega}\times(\boldsymbol{\omega}\times\boldsymbol{r}) \tag{1-56}$$

加速度矢量式(1-56)在参考系 $Ox_0y_0z_0$ 中的矩阵形式为

$$\{\boldsymbol{a}\}_0=([\tilde{\boldsymbol{\varepsilon}}]_0+[\tilde{\boldsymbol{\omega}}]_0[\tilde{\boldsymbol{\omega}}]_0)\{\boldsymbol{r}\}_0 \tag{1-57}$$

式中，$\{\boldsymbol{a}\}_0$ 表示加速度 $\boldsymbol{a}$ 在参考系 $Ox_0y_0z_0$ 中的坐标列阵；$[\tilde{\boldsymbol{\varepsilon}}]_0$ 表示角加速度 $\boldsymbol{\varepsilon}$ 在参考系 $Ox_0y_0z_0$ 中的坐标方阵。同样可以将矢量表达式(1-56)写成在连体坐标系中的矩阵形式，即

$$\{\boldsymbol{a}\}=([\tilde{\boldsymbol{\varepsilon}}]+[\tilde{\boldsymbol{\omega}}][\tilde{\boldsymbol{\omega}}])\{\boldsymbol{r}\} \tag{1-58}$$

式中，$\{\boldsymbol{a}\}$ 表示加速度 $\boldsymbol{a}$ 在连体坐标系中的坐标列阵；$[\tilde{\boldsymbol{\varepsilon}}]$ 表示角加速度 $\boldsymbol{\varepsilon}$ 在连体坐标系中的坐标方阵。

1.3.4 以方向余弦矩阵和欧拉角表示定点运动刚体的角速度

1. 以方向余弦矩阵表示定点运动刚体的角速度

利用前面学习的方向余弦矩阵与欧拉角可以分别表示定点运动刚体的角速度。如图

1－18所示，设某刚体向相对固定坐标系 $Ox_0y_0z_0$ 绕点 O 运动，其转动角速度为 $\boldsymbol{\omega}$，坐标系 $Oxyz$ 是刚体的连体坐标系。点 M 为刚体上的任意一点，其矢径为 $\boldsymbol{r}$，则根据前面的知识可将点 M 的速度表达为

$$\boldsymbol{v} = \boldsymbol{\omega} \times \boldsymbol{r} \tag{1-59}$$

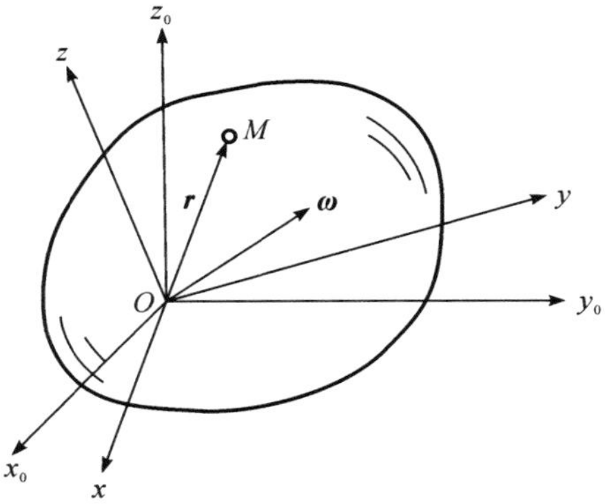

图 1－18　定点运动刚体的角速度与任一点的矢径

将式(1－59)写成在固定坐标系 $Ox_0y_0z_0$ 中的矩阵形式，即

$$\{\boldsymbol{v}\}_0 = [\tilde{\boldsymbol{\omega}}]_0\{\boldsymbol{r}\}_0 \tag{1-60}$$

考虑到 $\boldsymbol{v} = \dot{\boldsymbol{r}}$ 这样就有 $\boldsymbol{v}_0 = \dot{\boldsymbol{r}}_0$，于是式(1－60) 可以写成

$$\{\dot{\boldsymbol{r}}\}_0 = [\tilde{\boldsymbol{\omega}}]_0\{\boldsymbol{r}\}_0 \tag{1-61}$$

又考虑到

$$\{\boldsymbol{r}\}_0 = \boldsymbol{C}\{\boldsymbol{r}\} \tag{1-62}$$

式中，$\boldsymbol{C}$ 表示连体坐标系相对固定坐标系的方向余弦矩阵；$\{\boldsymbol{r}\}$ 表示矢量 $\boldsymbol{r}$ 在连体坐标系中的坐标列阵。这样式(1－61)可以进一步写成

$$\{\dot{\boldsymbol{r}}\}_0 = [\tilde{\boldsymbol{\omega}}]_0\boldsymbol{C}\{\boldsymbol{r}\} \tag{1-63}$$

将式(1－62)对时间求导，得

$$\{\dot{\boldsymbol{r}}\}_0 = \dot{\boldsymbol{C}}\{\boldsymbol{r}\} \tag{1-64}$$

比较式(1－63)和式(1－64)后，得

$$[\tilde{\boldsymbol{\omega}}]_0\boldsymbol{C}\{\boldsymbol{r}\} = \dot{\boldsymbol{C}}\{\boldsymbol{r}\} \tag{1-65}$$

即

$$([\tilde{\boldsymbol{\omega}}]_0\boldsymbol{C} - \dot{\boldsymbol{C}})\{\boldsymbol{r}\} = 0 \tag{1-66}$$

考虑到点 M 是刚体上的任意一点，这样列阵 $\{r\}$ 具有任意性，则为了使式(1－66)成立，需满足

$$[\tilde{\boldsymbol{\omega}}]_0\boldsymbol{C} - \dot{\boldsymbol{C}} = 0 \tag{1-67}$$

即

$$[\tilde{\boldsymbol{\omega}}]_0\boldsymbol{C} = \dot{\boldsymbol{C}} \tag{1-68}$$

式(1－68)两边右乘 $\boldsymbol{C}^{\mathrm{T}}$，并考虑到 $\boldsymbol{C}\boldsymbol{C}^{\mathrm{T}} = [\boldsymbol{E}]$ 后，可得

$$[\tilde{\boldsymbol{\omega}}]_0 = \dot{\boldsymbol{C}}\boldsymbol{C}^{\mathrm{T}} \tag{1-69}$$

而根据方向余弦矩阵的性质 2，有

$$[\tilde{\boldsymbol{\omega}}]_0 = \boldsymbol{C}[\tilde{\boldsymbol{\omega}}]\boldsymbol{C}^{\mathrm{T}} \tag{1-70}$$

式中，$[\tilde{\boldsymbol{\omega}}]$ 表示刚体的角速度矢量 $\boldsymbol{\omega}$ 在连体坐标系中的坐标方阵。比较式(1-69)和式(1-70)后，得

$$\boldsymbol{C}[\tilde{\boldsymbol{\omega}}]\boldsymbol{C}^{\mathrm{T}} = \dot{\boldsymbol{C}}\boldsymbol{C}^{\mathrm{T}} \tag{1-71}$$

式(1-71)两边左乘 $\boldsymbol{C}^{\mathrm{T}}$ 后，再右乘 $\boldsymbol{C}$，得

$$[\tilde{\boldsymbol{\omega}}] = \boldsymbol{C}^{\mathrm{T}}\dot{\boldsymbol{C}} \tag{1-72}$$

式(1-69)和式(1-72)即为刚体角速度的方向余弦矩阵形式的表达式。

由式(1-69)可以得到刚体角速度矢量 $\boldsymbol{\omega}$ 在固定坐标系 Ox_0，Oy_0 和 Oz_0 轴上的投影分别为

$$\left.\begin{aligned} \omega_x^0 &= c_{21}\dot{c}_{31} + c_{22}\dot{c}_{32} + c_{23}\dot{c}_{33} \\ \omega_y^0 &= c_{31}\dot{c}_{11} + c_{32}\dot{c}_{12} + c_{33}\dot{c}_{13} \\ \omega_z^0 &= c_{11}\dot{c}_{21} + c_{12}\dot{c}_{22} + c_{13}\dot{c}_{23} \end{aligned}\right\} \tag{1-73}$$

式中，c_{ij} 表示方向余弦矩阵 $\boldsymbol{C}$ 中的第 i 行第 j 列元素($i,j = 1,2,3$)。

同理，由式(1-72)可以得到刚体角速度矢量 $\boldsymbol{\omega}$ 在连体坐标系 Ox，Oy 和 Oz 轴上的投影分别为

$$\left.\begin{aligned} \omega_x &= c_{13}\dot{c}_{12} + c_{23}\dot{c}_{22} + c_{33}\dot{c}_{32} \\ \omega_y &= c_{11}\dot{c}_{13} + c_{21}\dot{c}_{23} + c_{31}\dot{c}_{33} \\ \omega_z &= c_{12}\dot{c}_{11} + c_{22}\dot{c}_{21} + c_{32}\dot{c}_{31} \end{aligned}\right\} \tag{1-74}$$

2. 以欧拉角表示定点运动刚体的角速度

下面研究如何利用欧拉角来表示定点运动刚体的角速度。设刚体的连体坐标系 $Oxyz$ 相对固定坐标系 $Ox_0y_0z_0$ 的欧拉角为 β_1，β_2，β_3，则由式(1-34)可知连体坐标系相对固定坐标系的方向余弦矩阵中各元素的欧拉角表达式为

$$c_{11} = \cos\beta_1\cos\beta_3 - \sin\beta_1\cos\beta_2\sin\beta_3 \tag{1-75}$$

$$c_{12} = -\cos\beta_1\sin\beta_3 - \sin\beta_1\cos\beta_2\cos\beta_3 \tag{1-76}$$

$$c_{13} = \sin\beta_1\sin\beta_2 \tag{1-77}$$

$$c_{21} = \sin\beta_1\cos\beta_3 + \cos\beta_1\cos\beta_2\sin\beta_3 \tag{1-78}$$

$$c_{22} = \cos\beta_1\cos\beta_2\cos\beta_3 - \sin\beta_1\sin\beta_3 \tag{1-79}$$

$$c_{23} = -\cos\beta_1\sin\beta_2 \tag{1-80}$$

$$c_{31} = \sin\beta_2\sin\beta_3 \tag{1-81}$$

$$c_{32} = \sin\beta_2\cos\beta_3 \tag{1-82}$$

$$c_{33} = \cos\beta_2 \tag{1-83}$$

将式(1-75)～式(1-83)对时间求导后，得到 $\dot{c}_{11}$，$\dot{c}_{12}$，…，$\dot{c}_{33}$ 的表达式，再将这些表达式以及式(1-75)～式(1-83)一起代入式(1-73)后，可得刚体的角速度矢量 $\boldsymbol{\omega}$ 在固定坐标系中的表达式为

$$\left.\begin{aligned} \omega_x^0 &= \dot{\beta}_2\cos\beta_1 + \dot{\beta}_3\sin\beta_1\sin\beta_2 \\ \omega_y^0 &= \dot{\beta}_2\sin\beta_1 + \dot{\beta}_3\cos\beta_1\sin\beta_2 \\ \omega_z^0 &= \dot{\beta}_1 + \dot{\beta}_3\cos\beta_2 \end{aligned}\right\} \tag{1-84}$$

同理，可以得到刚体的角速度矢量 $\boldsymbol{\omega}$ 在连体坐标系中的表达式为

$$\left.\begin{aligned}\omega_x &= \dot\beta_1\sin\beta_2\sin\beta_3+\dot\beta_2\cos\beta_3\\ \omega_y &= \dot\beta_1\sin\beta_2\cos\beta_3-\dot\beta_2\sin\beta_3\\ \omega_z &= \dot\beta_1\cos\beta_2+\dot\beta_3\end{aligned}\right\} \tag{1-85}$$

式(1-84)和式(1-85)就是刚体角速度的欧拉角形式表达式。如果已知某定点运动刚体的运动规律为

$$\left.\begin{aligned}\beta_1 &= \beta_1(t)\\ \beta_2 &= \beta_2(t)\\ \beta_3 &= \beta_3(t)\end{aligned}\right\} \tag{1-86}$$

则由式(1-85)可以求出刚体的转动角速度。求解逆问题时，如果已知刚体角速度，需求出刚体的运动规律，这时可由式(1-85)反解得到欧拉角的微分方程组，在已知 $\omega_x(t)$，$\omega_y(t)$，$\omega_z(t)$ 和初始欧拉角 $\beta_1(0)$，$\beta_2(0)$，$\beta_3(0)$ 的情况下，通过数值积分即可得到不同时刻的欧拉角的数值解。

1.3.5　定点运动刚体的运动合成

1. 定点运动刚体的角速度合成定理

在 1.1 节中，曾经介绍过点的速度合成定理，该定理给出了同一动点相对不同参考系的速度之间的关系。下面以定点运动刚体为例，来介绍同一刚体相对不同参考系的角速度之间的关系——角速度合成定理。

如图 1-19 所示，某刚体相对固定坐标系 $Ox_0y_0z_0$ 绕点 O 运动，另有一动坐标系 $Oxyz$ 也相对固定坐标系绕点 O 运动。设在任一瞬时 t，该刚体相对固定坐标系和动坐标系的角速度分别为 $\boldsymbol{\omega}_a$ 和 $\boldsymbol{\omega}_r$，在该瞬时动坐标系相对固定坐标系的角速度为 $\boldsymbol{\omega}_e$，则分别称 $\boldsymbol{\omega}_a$ 和 $\boldsymbol{\omega}_r$ 为瞬时 t 刚体的绝对角速度和相对角速度，称 $\boldsymbol{\omega}_e$ 为瞬时 t 牵连角速度。下面就来建立三种角速度 $\boldsymbol{\omega}_a$，$\boldsymbol{\omega}_r$ 和 $\boldsymbol{\omega}_e$ 之间的关系。

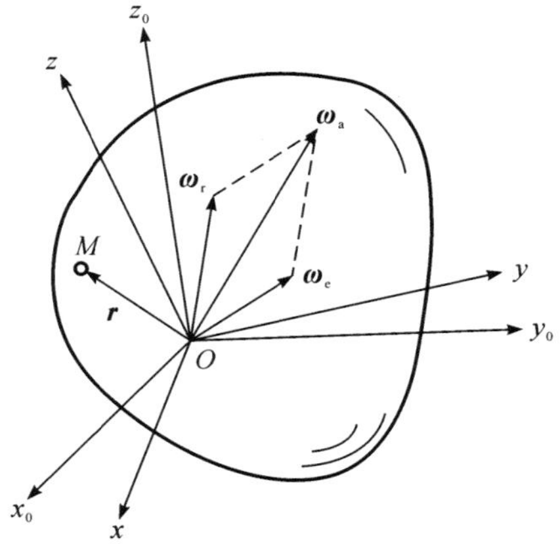

图 1-19　定点运动刚体的三种角速度

设点 M 为刚体上的任意一点，该点的矢径为 $\boldsymbol{r}$，则根据式(1-59)可得瞬时 t 点 M 的绝对速度、相对速度和牵连速度分别为

$$\boldsymbol{v}_a=\boldsymbol{\omega}_a\times\boldsymbol{r} \tag{1-87}$$

$$\boldsymbol{v}_{\mathrm{r}} = \boldsymbol{\omega}_{\mathrm{r}} \times \boldsymbol{r} \tag{1-88}$$

$$\boldsymbol{v}_{\mathrm{e}} = \boldsymbol{\omega}_{\mathrm{e}} \times \boldsymbol{r} \tag{1-89}$$

根据点的速度合成定理，有

$$\boldsymbol{v}_{\mathrm{a}} = \boldsymbol{v}_{\mathrm{e}} + \boldsymbol{v}_{\mathrm{r}} \tag{1-90}$$

将式(1-87)～式(1-89)代入式(1-90)，得到

$$\boldsymbol{\omega}_{\mathrm{a}} \times \boldsymbol{r} = \boldsymbol{\omega}_{\mathrm{e}} \times \boldsymbol{r} + \boldsymbol{\omega}_{\mathrm{r}} \times \boldsymbol{r} \tag{1-91}$$

即

$$(\boldsymbol{\omega}_{\mathrm{a}} - \boldsymbol{\omega}_{\mathrm{e}} - \boldsymbol{\omega}_{\mathrm{r}}) \times \boldsymbol{r} = 0 \tag{1-92}$$

由于点 M 为定点运动刚体上的任意一点，所以其矢径 $\boldsymbol{r}$ 具有任意性，这样由式(1-92)可以得出

$$\boldsymbol{\omega}_{\mathrm{a}} - \boldsymbol{\omega}_{\mathrm{e}} - \boldsymbol{\omega}_{\mathrm{r}} = 0 \tag{1-93}$$

即

$$\boldsymbol{\omega}_{\mathrm{a}} = \boldsymbol{\omega}_{\mathrm{e}} + \boldsymbol{\omega}_{\mathrm{r}} \tag{1-94}$$

式(1-94)表明：在任一瞬时，刚体的绝对角速度等于牵连角速度和相对角速度的矢量和，这就是定点运动刚体的角速度合成定理。

2. 矢量的绝对导数与相对导数

在后面的内容中，将涉及与刚体相固连的矢量对时间的求导计算问题，因此这里先介绍一下此问题的解决办法。

刚体上任意两点之间的有向线段称为该刚体的连体矢量(或简称为连体矢量)。如图1-20所示，设某刚体相对固定参考系 $Ox_0y_0z_0$ 绕点 O 运动，有向线段 $\overrightarrow{AB}$ 是该刚体的任一连体矢量。

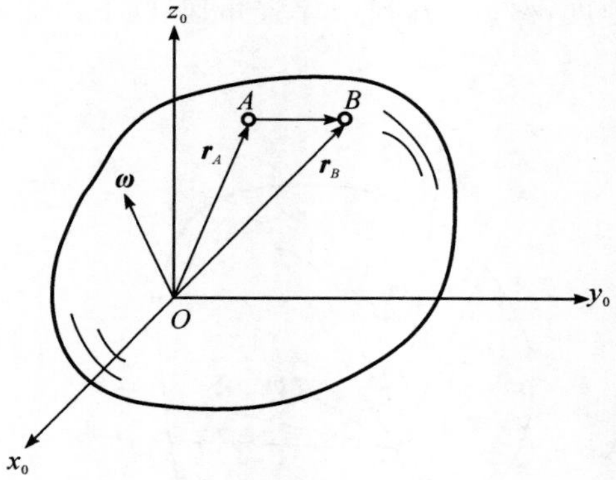

图 1-20　刚体的连体矢量

考虑到在任意时刻均有

$$\overrightarrow{AB} = \boldsymbol{r}_B - \boldsymbol{r}_A \tag{1-95}$$

式中，$\boldsymbol{r}_A$ 和 $\boldsymbol{r}_B$ 分别表示点 A 和点 B 的矢径。将式(1-95)对时间求导，得

$$\frac{\mathrm{d}\,\overrightarrow{AB}}{\mathrm{d}t} = \frac{\mathrm{d}\boldsymbol{r}_B}{\mathrm{d}t} - \frac{\mathrm{d}\boldsymbol{r}_A}{\mathrm{d}t} = \boldsymbol{v}_B - \boldsymbol{v}_A = \boldsymbol{\omega} \times \boldsymbol{r}_B - \boldsymbol{\omega} \times \boldsymbol{r}_A = \boldsymbol{\omega} \times (\boldsymbol{r}_B - \boldsymbol{r}_A) = \boldsymbol{\omega} \times \overrightarrow{AB} \tag{1-96}$$

式(1－96)表明:刚体的连体矢量对时间的导数等于刚体的角速度与该连体矢量的叉积。该式就是刚体的连体矢量对时间的求导计算公式。

同一矢量相对不同参考坐标系的变化率往往是不同的,那么这些变化率之间有什么关系呢?下面就来讨论这个问题。

设动坐标系 $Oxyz$ 相对固定坐标系 $Ox_0y_0z_0$ 绕点 O 运动,其运动的角速度为 $\boldsymbol{\omega}$,设有一变矢量 $\boldsymbol{a}$,该矢量在固定坐标系和动坐标系中表达式分别为

$$\boldsymbol{a} = a_1^0\boldsymbol{e}_1^0 + a_2^0\boldsymbol{e}_2^0 + a_3^0\boldsymbol{e}_3^0 \tag{1-97}$$

$$\boldsymbol{a} = a_1\boldsymbol{e}_1 + a_2\boldsymbol{e}_2 + a_3\boldsymbol{e}_3 \tag{1-98}$$

式中,$\boldsymbol{e}_1^0$,$\boldsymbol{e}_2^0$ 和 $\boldsymbol{e}_3^0$ 分别表示沿轴 Ox_0,Oy_0 和 Oz_0 正向的单位矢量;$\boldsymbol{e}_1$,$\boldsymbol{e}_2$ 和 $\boldsymbol{e}_3$ 分别表示沿轴 Ox,Oy 和 Oz 正向单位矢量。称矢量 $\boldsymbol{a}$ 相对固定坐标系的变化率为矢量 $\boldsymbol{a}$ 的绝对导数,记作 $\dfrac{\mathrm{d}\boldsymbol{a}}{\mathrm{d}t}$,故

$$\frac{\mathrm{d}\boldsymbol{a}}{\mathrm{d}t} = \frac{\mathrm{d}a_1^0}{\mathrm{d}t}\boldsymbol{e}_1^0 + \frac{\mathrm{d}a_2^0}{\mathrm{d}t}\boldsymbol{e}_2^0 + \frac{\mathrm{d}a_3^0}{\mathrm{d}t}\boldsymbol{e}_3^0 \tag{1-99}$$

称矢量 $\boldsymbol{a}$ 相对动坐标系的变化率为矢量 $\boldsymbol{a}$ 的相对导数,记作 $\dfrac{\tilde{\mathrm{d}}\boldsymbol{a}}{\mathrm{d}t}$,故

$$\frac{\tilde{\mathrm{d}}\boldsymbol{a}}{\mathrm{d}t} = \frac{\mathrm{d}a_1}{\mathrm{d}t}\boldsymbol{e}_1 + \frac{\mathrm{d}a_2}{\mathrm{d}t}\boldsymbol{e}_2 + \frac{\mathrm{d}a_3}{\mathrm{d}t}\boldsymbol{e}_3 \tag{1-100}$$

下面来研究矢量 $\boldsymbol{a}$ 的绝对导数和相对导数之间的关系。将式(1－98)取绝对导数,得

$$\frac{\mathrm{d}\boldsymbol{a}}{\mathrm{d}t} = \frac{\mathrm{d}a_1}{\mathrm{d}t}\boldsymbol{e}_1 + \frac{\mathrm{d}a_2}{\mathrm{d}t}\boldsymbol{e}_2 + \frac{\mathrm{d}a_3}{\mathrm{d}t}\boldsymbol{e}_3 + a_1\frac{\mathrm{d}\boldsymbol{e}_1}{\mathrm{d}t} + a_2\frac{\mathrm{d}\boldsymbol{e}_2}{\mathrm{d}t} + a_3\frac{\mathrm{d}\boldsymbol{e}_3}{\mathrm{d}t} \tag{1-101}$$

考虑到矢量 $\boldsymbol{e}_1$,$\boldsymbol{e}_2$ 和 $\boldsymbol{e}_3$ 是与动坐标系 $Oxyz$ 相固连的(即动坐标系的连体矢量),因此有

$$\frac{\mathrm{d}\boldsymbol{e}_1}{\mathrm{d}t} = \boldsymbol{\omega} \times \boldsymbol{e}_1 \tag{1-102}$$

$$\frac{\mathrm{d}\boldsymbol{e}_2}{\mathrm{d}t} = \boldsymbol{\omega} \times \boldsymbol{e}_2 \tag{1-103}$$

$$\frac{\mathrm{d}\boldsymbol{e}_3}{\mathrm{d}t} = \boldsymbol{\omega} \times \boldsymbol{e}_3 \tag{1-104}$$

将式(1－102)～式(1－104)代入式(1－101)后,得到

$$\frac{\mathrm{d}\boldsymbol{a}}{\mathrm{d}t} = \frac{\mathrm{d}a_1}{\mathrm{d}t}\boldsymbol{e}_1 + \frac{\mathrm{d}a_2}{\mathrm{d}t}\boldsymbol{e}_2 + \frac{\mathrm{d}a_3}{\mathrm{d}t}\boldsymbol{e}_3 + \boldsymbol{\omega}(a_1\boldsymbol{e}_1 + a_2\boldsymbol{e}_2 + a_3\boldsymbol{e}_3) \tag{1-105}$$

考虑到式(1－98)和式(1－100)后,式(1－105)可进一步写成

$$\frac{\mathrm{d}\boldsymbol{a}}{\mathrm{d}t} = \frac{\tilde{\mathrm{d}}\boldsymbol{a}}{\mathrm{d}t} + \boldsymbol{\omega} \times \boldsymbol{a} \tag{1-106}$$

式(1－106)表明:变矢量的绝对导数等于其相对导数再加上动坐标系的角速度与该矢量的叉积。这就是绝对导数与相对导数的关系。

3. 定点运动刚体的角加速度合成定理

前面介绍了定点运动刚体的角速度合成定理,该定理说明了同一刚体相对不同参考系的角速度之间的关系。那么同一刚体相对不同参考系的角加速度之间存在什么样的关系呢?下面将研究这一问题。

如图 1－21 所示,设某刚体与动坐标系 $Oxyz$ 相对固定参考系 $Ox_0y_0z_0$ 绕点 O 运动,刚体

的绝对角速度和相对角速度分别为 $\boldsymbol{\omega}_a$ 和 $\boldsymbol{\omega}_r$，牵连角速度为 $\boldsymbol{\omega}_e$。仿照绝对角速度、相对角速度和牵连角速度的定义，分别称刚体相对固定参考系和动坐标系的角加速度为刚体的绝对角加速度和相对角加速度，称动坐标系相对固定参考系的角加速度为牵连角加速度。

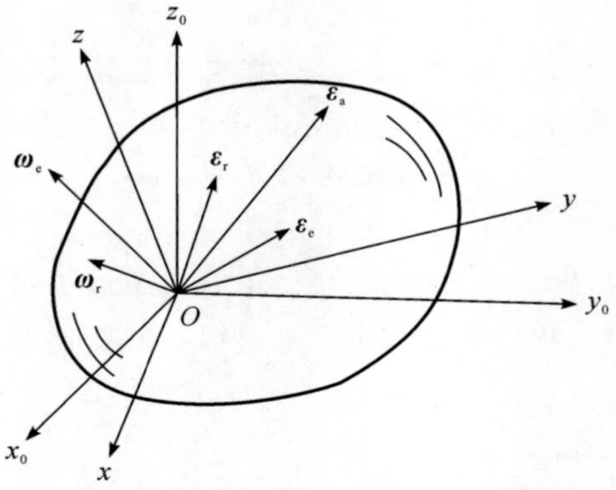

图 1-21　定点运动刚体的三种角加速度

将绝对角加速度、相对角加速度和牵连角加速度分别用符号 $\boldsymbol{\varepsilon}_a$，$\boldsymbol{\varepsilon}_r$ 和 $\boldsymbol{\varepsilon}_e$ 来表示，则根据角加速度与角速度的关系有

$$\boldsymbol{\varepsilon}_a = \frac{\mathrm{d}\boldsymbol{\omega}_a}{\mathrm{d}t} \tag{1-107}$$

$$\boldsymbol{\varepsilon}_r = \frac{\tilde{\mathrm{d}}\boldsymbol{\omega}_r}{\mathrm{d}t} \tag{1-108}$$

$$\boldsymbol{\varepsilon}_e = \frac{\mathrm{d}\boldsymbol{\omega}_e}{\mathrm{d}t} \tag{1-109}$$

根据定点运动刚体的角速度合成定理有

$$\boldsymbol{\omega}_a = \boldsymbol{\omega}_e + \boldsymbol{\omega}_r \tag{1-110}$$

对式(1-110)求绝对导数，得

$$\frac{\mathrm{d}\boldsymbol{\omega}_a}{\mathrm{d}t} = \frac{\mathrm{d}\boldsymbol{\omega}_e}{\mathrm{d}t} + \frac{\mathrm{d}\boldsymbol{\omega}_r}{\mathrm{d}t} \tag{1-111}$$

即

$$\boldsymbol{\varepsilon}_a = \boldsymbol{\varepsilon}_e + \frac{\mathrm{d}\boldsymbol{\omega}_r}{\mathrm{d}t} \tag{1-112}$$

根据绝对导数与相对导数之间的关系，有

$$\frac{\mathrm{d}\boldsymbol{\omega}_r}{\mathrm{d}t} = \frac{\tilde{\mathrm{d}}\boldsymbol{\omega}_r}{\mathrm{d}t} + \boldsymbol{\omega}_e \times \boldsymbol{\omega}_r \tag{1-113}$$

即

$$\frac{\mathrm{d}\boldsymbol{\omega}_r}{\mathrm{d}t} = \boldsymbol{\varepsilon}_r + \boldsymbol{\omega}_e \times \boldsymbol{\omega}_r \tag{1-114}$$

将式(1-114)代入式(1-112)，得到

$$\boldsymbol{\varepsilon}_a = \boldsymbol{\varepsilon}_e + \boldsymbol{\varepsilon}_r + \boldsymbol{\omega}_e \times \boldsymbol{\omega}_r \tag{1-115}$$

式(1-115)表明：刚体的绝对角加速度等于牵连角加速度加相对角加速度再加上牵连角速度与相对角速度的叉积。这就是定点运动刚体的角加速度合成定理，该定理说明了同一刚体相对不同参考系的角加速度之间的关系。

1.4 刚体的一般运动

在 1.3 节中，如果不考虑导弹质心的运动，那么导弹绕质心的转动可以视为刚体的定点运动。实际上，导弹飞行时所做的运动既有平动，也有转动，还有更为复杂的运动形式，此时我们称导弹做的是刚体的一般运动。

1.4.1 刚体一般运动的定义及分解

刚体运动时，若其运动学条件不受任何限制，则称这种运动为刚体的一般运动，如导弹、飞机和潜艇的运动等。

如图 1-22 所示，设某刚体相对固定参考系 $O_0x_0y_0z_0$ 作一般运动，在刚体上任选一点 O 作为基点，以基点 O 为原点建立一个与刚体相固连的坐标系 $Oxyz$，称此坐标系为刚体的连体坐标系；同时，以基点 O 为原点建立一个相对固定参考系作平动的坐标系 $Ox'y'z'$（即坐标系的 x'，y'，z' 三个轴与固定参考系 $O_0x_0y_0z_0$ 对应的三个轴始终保持平行），称此坐标系为平动坐标系。

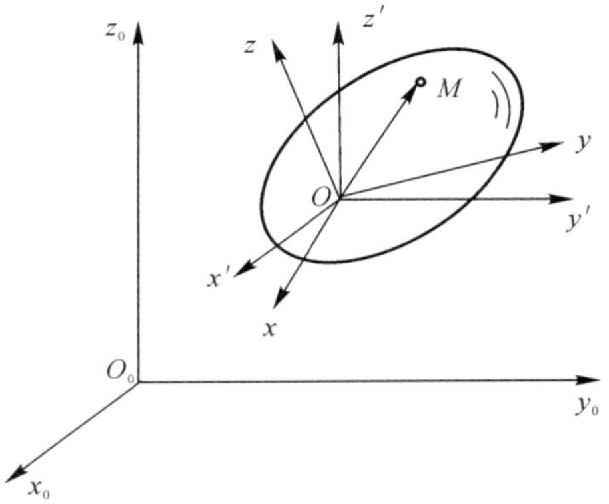

图 1-22　刚体一般运动的分解分析

根据 1.1 节中的知识可知，图 1-22 中刚体的绝对运动为相对于固定参考系 $O_0x_0y_0z_0$ 的一般运动，其相对运动为相对于动系 $Ox'y'z'$ 绕点 O 的转动，牵连运动则为动系 $Ox'y'z'$ 相对于固定参考系 $O_0x_0y_0z_0$ 的平动。

因此，不难得到刚体一般运动的分解结论：刚体相对于固定参考系 $O_0x_0y_0z_0$ 的一般运动（即绝对运动）可以分解为随动系 $Ox'y'z'$ 的平动（即牵连运动）和相对于动系 $Ox'y'z'$ 绕点 O 的转动（即相对运动）。其中，刚体相对于动系 $Ox'y'z'$ 绕点 O 的转动实际上属于刚体的定点运动，此时就可以按照前面介绍的刚体定点运动的运动学理论来处理，这里不再赘述。

1.4.2 刚体一般运动的运动学方程

为了描述某一般运动刚体相对固定参考系 $O_0x_0y_0z_0$ 的位置（见图 1-22），与前面一样，在刚体上任选一点 O 作为基点，以基点 O 为原点，分别建立连体坐标系 $Oxyz$ 和平动坐标系 $Ox'y'z'$（相对固定参考系 $O_0x_0y_0z_0$ 作平动）。这样，基点 O 的位置可由该点在固定参考系 $O_0x_0y_0z_0$ 中的直角坐标（x_O，y_O，z_O）来描述，而连体坐标系 $Oxyz$ 相对平动坐标系 $Ox'y'z'$ 的位置可由连体坐标系相对平动坐标系的欧拉角 α_1，α_2，α_3 来描述。

因此，作一般运动的刚体其位置可由 6 个独立的广义坐标 $x_O, y_O, z_O, \alpha_1, \alpha_2, \alpha_3$ 来确定，由此可见，作一般运动的刚体有 6 个自由度。当刚体运动时，这 6 个广义坐标一般都随时间 t 而变化，并可表示为时间 t 的单值连续函数，即

$$\left.\begin{aligned} x_O &= x_O(t) \\ y_O &= y_O(t) \\ z_O &= z_O(t) \\ \alpha_1 &= \alpha_1(t) \\ \alpha_2 &= \alpha_2(t) \\ \alpha_3 &= \alpha_3(t) \end{aligned}\right\} \tag{1-116}$$

如已知这 6 个函数，就可以确定出任一时刻刚体的空间位置。因此，式(1－116)完全描述了刚体一般运动的运动学规律，故称之为刚体的一般运动方程。

1.4.3 一般运动刚体上任一点的速度计算

设点 M 是一般运动刚体上的任意一点(见图 1－22)，根据点的速度合成定理可得点 M 的绝对速度为

$$\boldsymbol{v}_M = \boldsymbol{v}_e + \boldsymbol{v}_r \tag{1-117}$$

式中，$\boldsymbol{v}_M$，$\boldsymbol{v}_e$ 和 $\boldsymbol{v}_r$ 分别表示点 M 的绝对速度、牵连速度和相对速度。

考虑到点 M 的牵连运动为平动(即动系 $Ox'y'z'$ 相对固定参考系 $O_0x_0y_0z_0$ 作平动)，故点 M 的牵连速度等于基点 O 相对于固定参考系的速度，即

$$\boldsymbol{v}_e = \boldsymbol{v}_O \tag{1-118}$$

考虑到刚体相对动系 $Ox'y'z'$ 的运动是绕点 O 的定点运动，故点 M 的相对速度为

$$\boldsymbol{v}_r = \boldsymbol{\omega} \times \boldsymbol{\rho} \tag{1-119}$$

式中，$\boldsymbol{\rho}$ 为点 M 相对点 O 的矢径；$\boldsymbol{\omega}$ 为刚体相对于动系的转动角速度。考虑到动系相对固定参考系作平动，因此 $\boldsymbol{\omega}$ 也是刚体相对于固定参考系的转动角速度。将式(1－118)和式(1－119)代入式(1－117)，可得点 M 的绝对速度为

$$\boldsymbol{v}_M = \boldsymbol{v}_O + \boldsymbol{\omega} \times \boldsymbol{\rho} \tag{1-120}$$

式(1－120)就是一般运动刚体上任一点的速度表达式。由于基点 O 和点 M 在刚体上的选取是任意的，因此式(1－120)也是一般运动刚体上任意两点的速度之间的关系式。有时为了便于计算，需将矢量式(1－120)写成固定坐标系或连体坐标系中的矩阵形式，其中在固定坐标系 $O_0x_0y_0z_0$ 中的矩阵形式为

$$\{\boldsymbol{v}_M\}_0 = [\boldsymbol{v}_O]_0 + [\tilde{\boldsymbol{\omega}}]_0\{\boldsymbol{\rho}\}_0 \tag{1-121}$$

式中，$\{\boldsymbol{v}_M\}_0$，$\{\boldsymbol{v}_O\}_0$，$\{\boldsymbol{\rho}\}_0$ 分别表示矢量 $\boldsymbol{v}_M$，$\boldsymbol{v}_O$ 和 $\boldsymbol{\rho}$ 在固定坐标系 $O_0x_0y_0z_0$ 中的坐标列阵；$[\tilde{\boldsymbol{\omega}}]_0$ 表示矢量 $\boldsymbol{\omega}$ 在固定坐标系中的坐标方阵。

相应地，矢量式(1－120)在连体坐标系 $Oxyz$ 中的矩阵形式为

$$\{\boldsymbol{v}_M\} = \{\boldsymbol{v}_O\} + [\tilde{\boldsymbol{\omega}}]\{\boldsymbol{\rho}\} \tag{1-122}$$

式中，$\{\boldsymbol{v}_M\}$，$\{\boldsymbol{v}_O\}$，$\{\boldsymbol{\rho}\}$ 分别表示矢量 $\boldsymbol{v}_M$，$\boldsymbol{v}_O$ 和 $\boldsymbol{\rho}$ 在连体坐标系 $Oxyz$ 中的坐标列阵；$\{\tilde{\boldsymbol{\omega}}\}$ 表示矢量 $\boldsymbol{\omega}$ 在连体坐标系中的坐标方阵。

将式(1－120)沿连线 OM 投影可得

$$[\boldsymbol{v}_M]_{OM} = [\boldsymbol{v}_O]_{OM} + [\boldsymbol{\omega} \times \boldsymbol{\rho}]_{OM} \tag{1-123}$$

式中，$[\boldsymbol{v}_M]_{OM}$，$[\boldsymbol{v}_O]_{OM}$，$[\boldsymbol{\omega} \times \boldsymbol{\rho}]_{OM}$ 分别表示矢量 $\boldsymbol{v}_M$，$\boldsymbol{v}_O$ 和 $\boldsymbol{\omega} \times \boldsymbol{\rho}$ 在连线 OM 上的投影。考虑到矢量 $\boldsymbol{\omega} \times \boldsymbol{\rho}$ 垂直于连线 OM，故有

$$[\boldsymbol{\omega} \times \boldsymbol{\rho}]_{OM} = 0 \tag{1-124}$$

从而，式(1-123)可进一步写成

$$[\boldsymbol{v}_M]_{OM}=[\boldsymbol{v}_O]_{OM} \tag{1-125}$$

式(1-125)表明刚体上任意两点的速度在其连线上的投影相等。此结论即为速度投影定理。

1.4.4　一般运动刚体上任一点的加速度计算

如图 1-22 所示，前面已经分析，一般运动刚体上任一点 M 的牵连运动为平动(即动系 $Ox'y'z'$ 相对固定参考系 $O_0x_0y_0z_0$ 作平动)，则根据牵连运动为平动时点的加速度合成定理可得点 M 的绝对加速度为

$$\boldsymbol{a}_M=\boldsymbol{a}_{\mathrm{e}}+\boldsymbol{a}_{\mathrm{r}} \tag{1-126}$$

式中，$\boldsymbol{a}_M$，$\boldsymbol{a}_{\mathrm{e}}$ 和 $\boldsymbol{a}_{\mathrm{r}}$ 分别表示点 M 的绝对加速度、牵连加速度和相对加速度。

由于点 M 的牵连运动为平动，所以点 M 的牵连加速度等于基点 O 相对于固定参考系的加速度，即

$$\boldsymbol{a}_{\mathrm{e}}=\boldsymbol{a}_O \tag{1-127}$$

考虑到刚体相对动系 $Ox'y'z'$ 的运动是绕点 O 的定点运动，故点 M 的相对加速度为

$$\boldsymbol{a}_{\mathrm{r}}=\boldsymbol{\varepsilon}\times\boldsymbol{\rho}+\boldsymbol{\omega}\times(\boldsymbol{\omega}\times\boldsymbol{\rho}) \tag{1-128}$$

式中，$\boldsymbol{\varepsilon}$ 为刚体相对动系转动的角加速度。考虑到动系相对固定参考系作平动，因此 $\boldsymbol{\varepsilon}$ 也是刚体相对于固定参考系转动的角加速度。

将式(1-127)和式(1-128)代入式(1-126)，可得点 M 的绝对加速度为

$$\boldsymbol{a}_M=\boldsymbol{a}_O+\boldsymbol{\varepsilon}\times\boldsymbol{\rho}+\boldsymbol{\omega}\times(\boldsymbol{\omega}\times\boldsymbol{\rho}) \tag{1-129}$$

式(1-129)就是一般运动刚体上任一点的加速度表达式。由于基点 O 和点 M 的选取是任意的，因此，该式也是一般运动刚体上任意两点的加速度之间的关系式。

将矢量式(1-129)写成在固定坐标系 $O_0x_0y_0z_0$ 的中的矩阵形式为

$$\{\boldsymbol{a}_M\}_0=\{\boldsymbol{a}_O\}_0+([\tilde{\boldsymbol{\varepsilon}}]_0+[\tilde{\boldsymbol{\omega}}]_0[\tilde{\boldsymbol{\omega}}]_0)\{\boldsymbol{\rho}\}_0 \tag{1-130}$$

式中，$\{\boldsymbol{a}_M\}_0$，$\{\boldsymbol{a}_O\}_0$ 分别表示矢量 $\boldsymbol{a}_M$ 和 $\boldsymbol{a}_O$ 在固定坐标系 $O_0x_0y_0z_0$ 中的坐标列阵；$[\tilde{\boldsymbol{\varepsilon}}]_0$ 表示矢量 $\boldsymbol{\varepsilon}$ 在固定坐标系中的坐标方阵。

相应地，将矢量式(1-129)写成在连体坐标系 $Oxyz$ 中的矩阵形式则为

$$\{\boldsymbol{a}_M\}=\{\boldsymbol{a}_O\}+([\tilde{\boldsymbol{\varepsilon}}]+[\tilde{\boldsymbol{\omega}}][\tilde{\boldsymbol{\omega}}])\{\boldsymbol{\rho}\} \tag{1-131}$$

式中，$\{\boldsymbol{a}_M\}$，$\{\boldsymbol{a}_O\}$ 分别表示矢量 $\boldsymbol{a}_M$ 和 $\boldsymbol{a}_O$ 在连体坐标系 $Oxyz$ 中的坐标列阵；$[\tilde{\boldsymbol{\varepsilon}}]$ 表示矢量 $\boldsymbol{\varepsilon}$ 在连体坐标系中的坐标方阵。

思　考　题

1. 第一次世界大战期间，德国制造了一种超级大炮，最大射程 131 km，其从德法边界的克雷彼地区能够打到法国巴黎，被称为“巴黎大炮”。那么，从德国克雷彼射向法国巴黎，为什么炮弹总是向北偏离目标 ?
2. 假设导弹由赤道上某一点分别向南、北方向射击时，试分析科氏加速度对导弹落点或射程的影响。
3. 对于作定点运动的刚体，其位置确定通常需要几个独立的参数？并解释原因。
4. 为什么说欧拉角用来描述定点运动刚体的位置存在缺陷?
5. 为什么定点运动刚体的角速度矢量始终是沿着瞬轴的?
6. 设△OAB 由图 1-23(a)所示的位置绕点 O 运动至图 1-23(b)所示位置，图中坐标系

$Ox_0y_0z_0$ 和坐标系 $Oxyz$ 分别为固定坐标系和△OAB 的连体坐标系。求△OAB 运动至图 1-23(b)所示位置时，其连体坐标系相对固定坐标系的欧拉角。

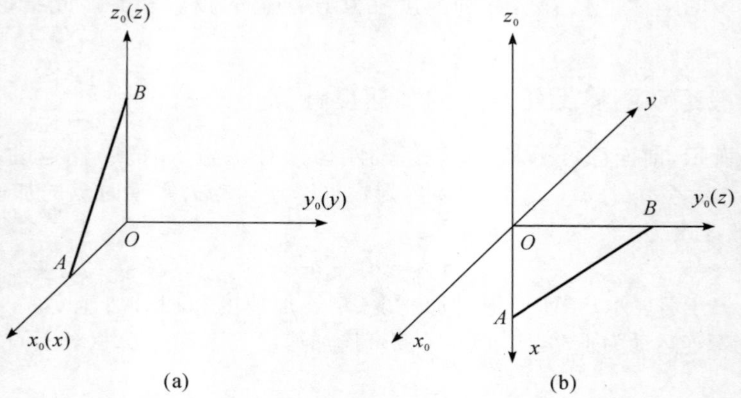

图 1-23

7. 如图 1-24 所示，四面体 $OABC$ 相对固定坐标系 $Ox_0y_0z_0$ 绕点 O 运动，设初始时四面体棱边 OA,OB 和 OC 分别沿轴 x_0，y_0 和 z_0，然后四面体依次绕棱 OA,OB 和 OC 分别转 α，β 和 γ 达到最终位置。求四面体终位置相对于初始位置的方向余弦矩阵 $\mathbf{C}^{03}$。

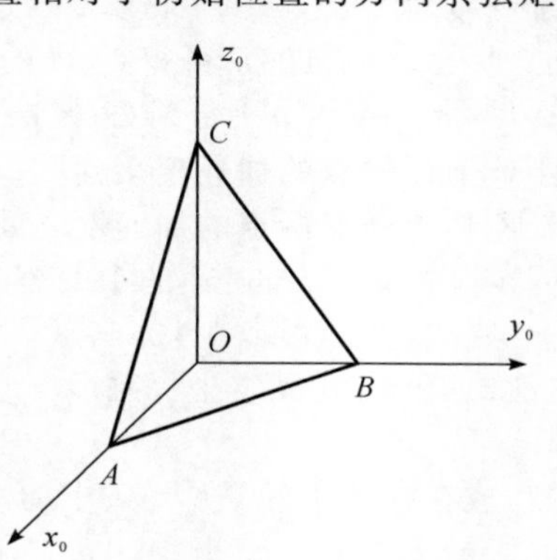

图 1-24

8. 如图 1-25 所示，底半径为 R、半顶角为 α 的圆锥体在地平面作纯滚动。圆锥体中轴线 OO' 绕轴 Oz_0 转动的角速度为 ω，其方向沿 z_0 轴负向，$O'B$ 与 $O'A$ 夹角为 θ，求圆锥体底面圆周上点 B 的速度。

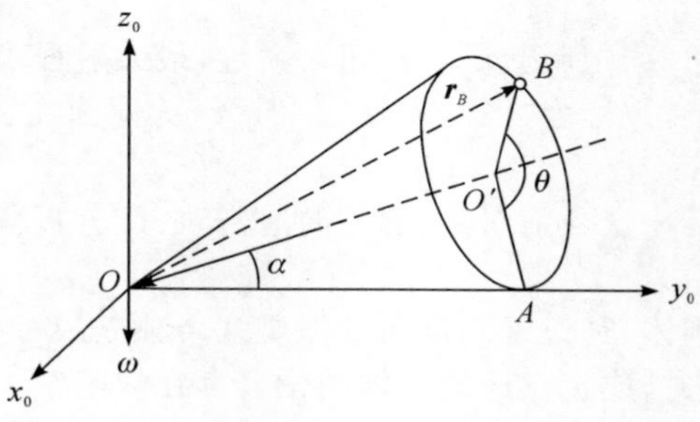

图 1-25

第 2 章　导弹动力学基础

第 1 章研究的刚体运动学问题，仅仅从几何方面研究物体的运动，并没有讨论物体为什么会这样运动。本章将研究刚体运动的变化与作用在刚体上的力之间的关系，这就是动力学所要研究的问题。动力学是静力学和运动学内容的拓展，静力学、运动学是研究动力学的基础。

随着科学技术的发展，工程技术中的动力学问题越来越多，在导弹的运动分析中，需要建立力与运动之间的关系，即导弹动力学方程，因此学习和掌握动力学基本理论对研究导弹运动是非常重要的。本章将导弹视为刚体，重点研究和解决刚体动力学问题。

2.1　力系的简化

物理中求合力的方法，如平行四边形法、三角形法等，只适用于平面汇交力系这种特殊力系的简化，而无法解决一般力系的简化问题。为了清晰表述一般力系的作用效果，需要研究一般力系的简化方法。作用在导弹上的力系实际上是一个空间力系，为理解和研究问题方便，本节从易到难，即先研究平面力系简化方法，再研究空间力系简化方法，空间力系简化的研究方法与平面力系基本相同，但是由于各力的作用线分布在空间，因而在具体研究空间力系的简化问题时，还须将平面力系问题中的一些概念、理论和方法进行推广和引申。

2.1.1　平面力系的简化

1. 平面力偶理论

(1)力对点之矩(力矩)。如图 2-1 所示，平面上作用有一力 $\boldsymbol{F}$，在同平面内任取一点 O，点 O 称为矩心，矩心到力的作用线的垂直距离 h 称为力臂，则平面问题中力对点之矩的定义如下：

力对点之矩是一个代数量，其绝对值等于力的大小和力臂的乘积，其正负按下述方法确定：力使物体绕矩心逆时针方向转动时为正，反之为负，记作

$$M_O(\boldsymbol{F}) = \pm Fh \tag{2-1}$$

由定义可知，力矩是相对于某一矩心而言的，离开了矩心，力矩就没有意义。而矩心的位置可以是力作用面内任一点，并非一定是刚体内固定的转动中心。一般而言，矩心位置选取不同，力矩也就不同。

如图 2-1 所示，从几何上看，力 $\boldsymbol{F}$ 对点 O 之矩在数值上等于 $\triangle ABO$ 面积的两倍。

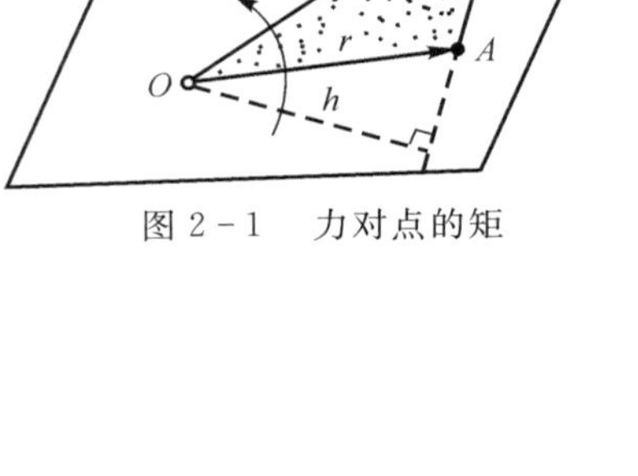

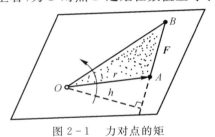

图 2-1　力对点的矩

显然，当力的作用线过矩心时，则它对矩心的力矩为零；当力沿其作用线移动时，力对点之矩保持不变，力矩的常用单位为 N·m(牛·米）或 kN·m(千牛·米)。

在计算力系的合力对某点之矩时，常用到所谓的合力矩定理，即平面力系的合力对某点 O 之矩等于各分力对同一点之矩的代数和。

设平面力系（$\boldsymbol{F}_1,\boldsymbol{F}_2,\cdots,\boldsymbol{F}_n$）的合力为 $\boldsymbol{F}_{\mathrm{R}}$，根据合力矩定理则有

$$M_O(\boldsymbol{F}_{\mathrm{R}})=\sum_{i=1}^{n}M_O(\boldsymbol{F}_i) \tag{2-2}$$

(2) 平面力偶和力偶矩。大小相等、方向相反且不共线的一对平行力 $\boldsymbol{F},\boldsymbol{F}'$ 组成的力系称为力偶，记为($\boldsymbol{F},\boldsymbol{F}'$)；这对平行力构成的平面称为力偶作用面；如果力偶作用面始终在一个平面内，则称该力偶为平面力偶；这对平行力之间的距离 d 称为力偶臂，如图 2-2 所示。

力偶在实际应用中经常遇到，例如导弹滚控装置(见图 2-3)，再如汽车司机转动方向盘[见图2-4(a)]、钳工用丝锥攻螺纹[见图2-4(b)]以及日常生活中人们用手指旋转钥匙、拧水龙头等都是施加力偶的实例。

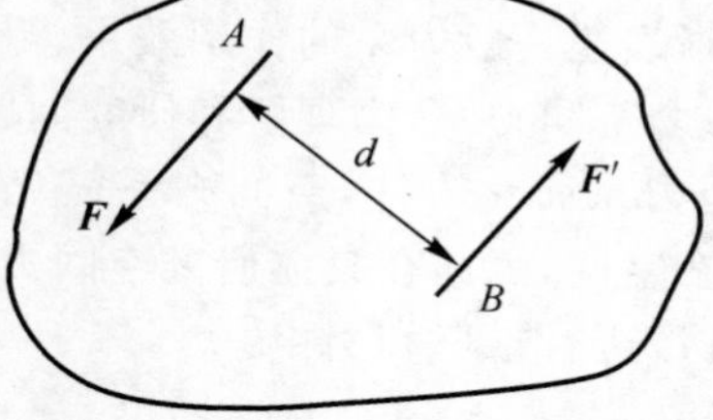

图 2-2　平面力偶

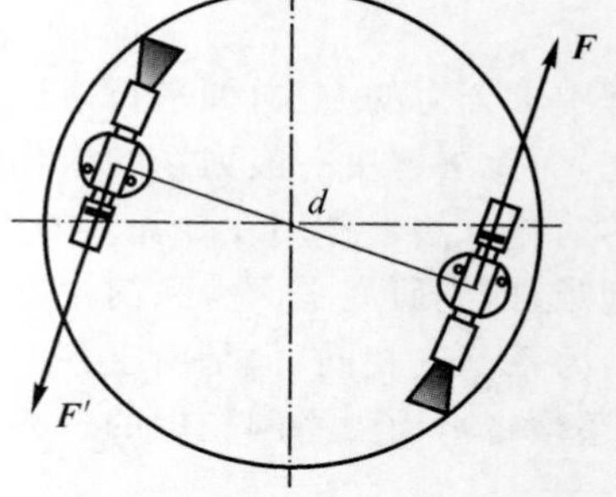

图 2-3　导弹滚控装置示意图

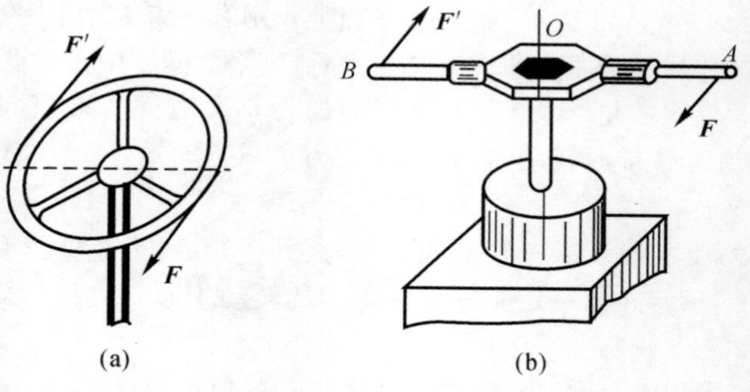

图 2-4　生活中常见的力偶实例

力偶是由两个力组成的，它对刚体的作用效应就是这两个力分别对刚体作用效应的叠加。由于组成力偶的两个力等值、反向，那么它们的矢量和必为零，它们在任一轴上的投影之和也必为零，所以力偶无平移效应，而只能有纯转动效应。这表明，力偶不可能与一个力等效，也不能与一个力平衡。因此，在力学中，除了力之外，力偶也是一个基本的力学要素。

平面力偶对刚体的转动效应，可用力偶矩来度量，即用力偶的两个力对其作用面内某点之矩的代数和来度量。设有平面力偶($\boldsymbol{F},\boldsymbol{F}'$)，其力偶臂为 d，如图 2-5 所示，则该平面力偶对点 O 之矩为

$$M_O(\boldsymbol{F},\boldsymbol{F}') = M_O(\boldsymbol{F}) + M_O(\boldsymbol{F}') = F\,\overline{aO} - F'\,\overline{bO} = F(\overline{aO} - \overline{bO}) = Fd$$

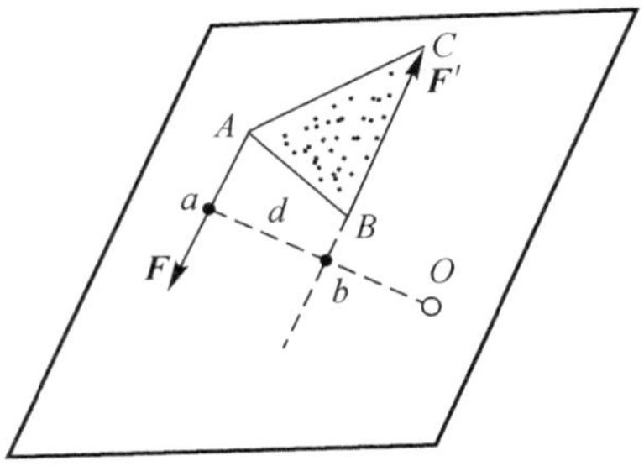

图 2-5　力偶矩示意图

矩心 O 是任选的，可见平面力偶的作用效应决定于力的大小、力偶臂的长短以及力偶的转向，与矩心的位置无关。在力学中，把力和力偶臂的乘积并冠以正负号称为力偶矩，记作 $M(\boldsymbol{F},\boldsymbol{F}')$，简记为 M，则有

$$M(\boldsymbol{F},\boldsymbol{F}') = M = \pm Fd \tag{2-3}$$

于是有结论：力偶矩是一个代数量，其绝对值等于力的大小和力偶臂的乘积，正负号表示力偶的转向，通常规定逆时针转向为正，反之为负。力偶矩的单位与力矩相同。

平面力偶等效定理：作用在刚体上同一平面内的两个力偶，如果力偶矩相等，则两力偶彼此等效。

由这一定理可得关于平面力偶性质的两个推论。

推论 1　平面力偶可在其作用面内任意转移，而不改变它对刚体的作用效果。换句话说，平面力偶对刚体的作用效果与它在作用面内的位置无关，如图 2-6(a)(b) 所示。

推论 2　只要保持力偶矩的大小和力偶的转向不变，可以同时改变力偶中力的大小和力偶臂的长短，而不改变力偶对刚体的作用，如图 2-6(c)(d) 所示。

可见，平面力偶中力的大小和力偶臂的长短都不是力偶的特征量，力偶矩才是力偶作用效果的唯一度量。因此，常用图 2-6(e) 所示的符号表示力偶，其中 M 表示力偶矩的大小，带箭头的圆弧表示力偶的转向。

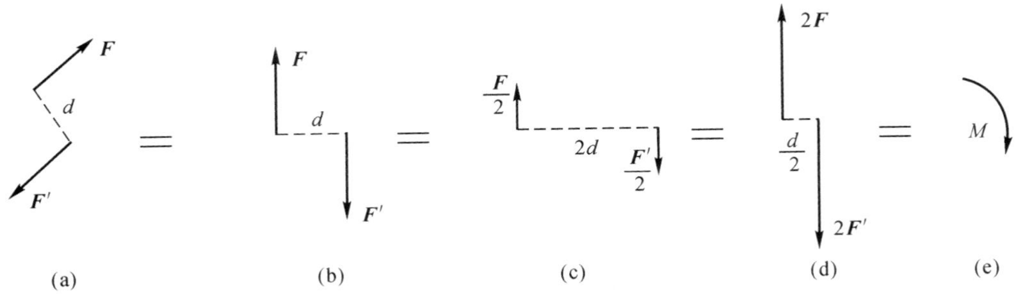

图 2-6　力偶等效的示意图

(3) 平面力偶系的简化。设平面力偶系由 n 个力偶组成，其力偶矩分别为 $M_1, M_2, \cdots, M_n$，现求其合成结果，如图 2-7 所示(为方便作图起见，取 $n=2$，这并不失一般性)。

根据力偶的性质，保持各力偶矩不变，同时调整其力的大小与力偶臂的长短，使它们有相同的臂长 d，由于 $M_i = F_i d_i = F_{pi} d$，所以调整后各力的大小为

$$F_{pi} = F_i \frac{d_i}{d} \quad (i = 1,2,\cdots,n)$$

再将各力偶在平面内平移、转动，使各对力的作用线分别共线[见图 2-7(b)]，然后求各共线力系的代数和，每个共线力系得一合力，故有两个合力，而这两个合力大小相等、方向相反且相距为 d，构成一个合力偶。如图 2-7(c) 所示，其力偶矩为

$$M = \sum_{i=1}^{n} F_{pi} d = \sum_{i=1}^{n} F_i d_i = \sum_{i=1}^{n} M_i = F_R d \tag{2-4}$$

故有结论：平面力偶系可以用一个力偶等效替换，其力偶矩等于原来平面力偶系各分力偶矩的代数和。

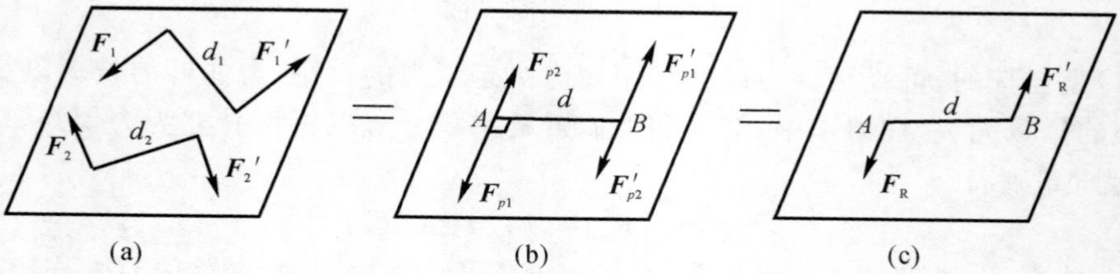

图 2-7　合力偶计算示意图

为了研究力系对刚体总的作用效果，并研究其平衡条件，需要对力系进行简化，即用最简单的力系等效替换原来的复杂力系。力系向一点简化是一种较为简便并具有普遍性的力系简化方法，其理论基础是力线平移定理。

2. 力线平移定理

定理　作用在刚体上点 A 的力 $\boldsymbol{F}$，可以平移到刚体上的任意一点 B，但必须同时在此力线与 B 所决定的平面内附加一个力偶，这个附加力偶的矩等于原来的力 $\boldsymbol{F}$ 对新作用点 B 的矩。

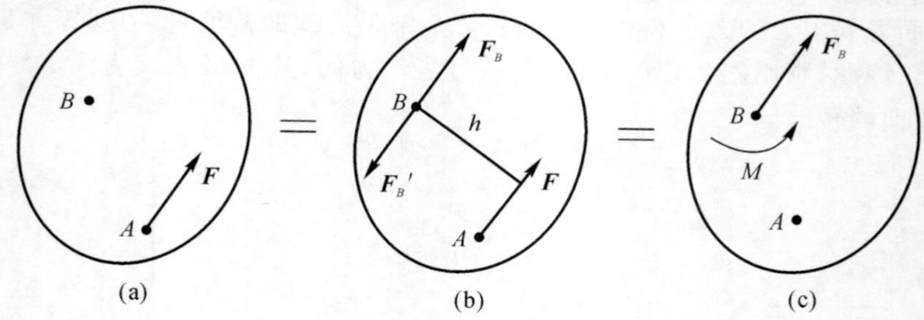

图 2-8　力线平移定理示意图

由力线平移定理，可以将一个力分解为一个力和一个力偶(见图 2-8)，反之，也可以将一个力和一个力偶合成为一个力，合成过程为图 2-8 的逆过程。

力线平移定理在理论上和实践上都有重要的意义。在理论上，它建立了力和力偶这两个基本要素之间的联系；在实践上，它是力系向一点简化的理论依据，同时还可用来分析一些力学现象。例如，用丝锥攻螺纹时，操作规程规定，必须用两手同时握扳手，而且用力要均匀，以期丝锥只产生转动，绝不允许只用一只手去转动扳手。读者可借助于图 2-9，应用力线平移定理，自行分析其原因。

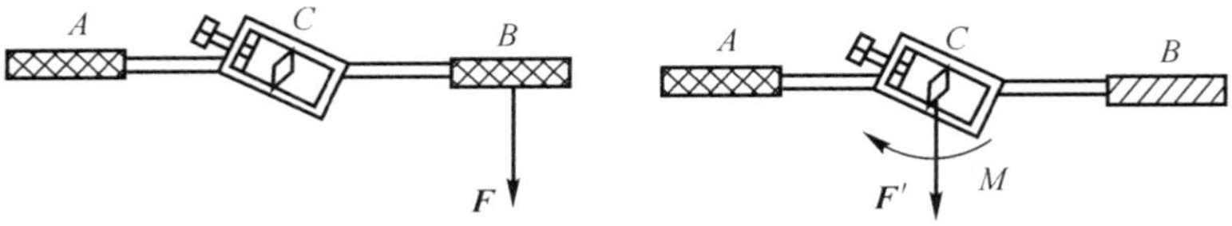

图 2－9　力线平移定理应用实例

3. 平面力系向作用面内一点简化

设刚体上作用有一平面力系($\boldsymbol{F}_1,\boldsymbol{F}_2,\cdots,\boldsymbol{F}_n$)，如图 2－10(a) 所示。现应用平面力系向一点简化的方法来简化原力系，具体做法如下：

(1) 在力系所在平面内任选一点 O，称为简化中心，借助力线平移定理，将力系中诸力向点 O 平移。这样，原力系便分解为两个简单力系，一个是汇交于点 O 的平面汇交力系($\boldsymbol{F}_1',\boldsymbol{F}_2',\cdots,\boldsymbol{F}_n'$)，一个是力偶矩分别为 $M_1,M_2,\cdots,M_n$ 的附加平面力偶系，如图 2－10(b) 所示。

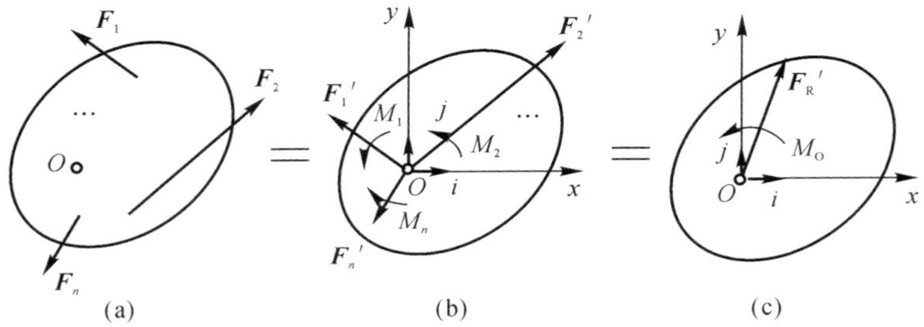

图 2－10　平面力系向一点简化的原理图

(2) 由前述讨论已知，该平面汇交力系可以进一步简化成一合力 $\boldsymbol{F}_R'$，其作用点过简化中心 O，其大小和方向由各分力的矢量和决定，即

$$\boldsymbol{F}_R' = \sum_{i=1}^{n}\boldsymbol{F}'_i = \sum_{i=1}^{n}\boldsymbol{F}_i \tag{2-5}$$

称力矢 $\boldsymbol{F}_R'$ 为原力系的主矢。若以点 O 为原点建立直角坐标系 xOy(见图 2－10)，$\boldsymbol{i},\boldsymbol{j}$ 为沿 Ox，Oy 轴的单位矢量，则主矢的解析表示式为

$$\boldsymbol{F}_R' = \boldsymbol{F}_{Rx}' + \boldsymbol{F}_{Ry}' = \sum_{i=1}^{n}X_i\boldsymbol{i} + \sum_{i=1}^{n}Y_i\boldsymbol{j} \tag{2-6}$$

由此可求出主矢的大小和方向余弦为

$$\left.\begin{aligned} F_R' &= \sqrt{\left(\sum_{i=1}^{n}X_i\right)^2 + \left(\sum_{i=1}^{n}Y_i\right)^2} \\ \cos(\boldsymbol{F}_R',\boldsymbol{i}) &= \frac{\sum_{i=1}^{n}X_i}{F_R'},\quad \cos(\boldsymbol{F}_R',\boldsymbol{j}) = \frac{\sum_{i=1}^{n}Y_i}{F_R'} \end{aligned}\right\} \tag{2-7}$$

(3) 上述平面力偶系可以进一步简化为一个合力偶，该合力偶的力偶矩等于各附加力偶矩的代数和，称之为原力系对点 O 的主矩，记为 M_O，则

$$M_O = \sum_{i=1}^{n}M_i = \sum_{i=1}^{n}M_O(\boldsymbol{F}_i) \tag{2-8}$$

由此，平面力系向作用面内任一点简化，可以得到一个力和一个力偶，该力的作用点通过

简化中心，其大小和方向等于原力系的主矢，该力偶矩等于原力系对简化中心的主矩。

从简化过程不难看出，平面力系的主矢与简化中心的选取无关，是自由矢量；而主矩与简化中心的选取有关。因此，讨论主矩应指明是对哪个简化中心而言的。比如 M_O 中的下标 O 就指明了简化中心是点 O。

2.1.2 空间力系的简化

1. 空间力偶理论

在平面力系问题中讨论力矩概念时曾指出，力对点之矩是力使刚体绕矩心转动效应的度量。在空间力系问题中也会遇到同样的问题。同时，为了度量力使刚体绕某轴转动的效应，还将引入力对轴之矩的概念。

(1) 空间力对点之矩。在研究平面力系问题时，用代数量表示力对点之矩已能充分反映力使物体绕矩心转动的效应，因为此时力对点之矩只与力矩的大小及转向这两个因素有关。但在空间力系中，力系各力与矩心可能构成方位不同的各个平面，此时力对点之矩取决于力与矩心所构成的平面方位、力矩在该平面内的转向及力矩的大小这 3 个要素。这 3 个要素可以用一个矢量来表示。其中，矢量的模表示力对点之矩的大小，矢量的方位与力和矩心所在平面的法线方位相同，矢量的指向按右手螺旋法则确定了力矩的转向。这个矢量称为力对点的矩矢，简称力矩矢，记作 $\boldsymbol{M}_O(\boldsymbol{F})$，如图 2-11 所示。力矩矢大小为

$$|\boldsymbol{M}_O(\boldsymbol{F})| = Fh = 2S_{\triangle OAB}$$

式中，$S_{\triangle OAB}$ 为 $\triangle OAB$ 的面积。由于 $\boldsymbol{M}_O(\boldsymbol{F})$ 的大小及方向与矩心 O 的位置有关，所以力矩矢的始端必须画在矩心上。它属于定位矢量。

若以 $\boldsymbol{r}$ 表示矩心 O 到力作用点 A 的矢径。则由矢量代数的知识得，矢积 $\boldsymbol{r}\times\boldsymbol{F}$ 的模 $|\boldsymbol{r}\times\boldsymbol{F}| = Fr\sin\alpha = Fh = |\boldsymbol{M}_O(\boldsymbol{F})|$，其方向垂直于 $\boldsymbol{r}$ 与 $\boldsymbol{F}$ 所决定的平面并与 $\boldsymbol{M}_O(\boldsymbol{F})$ 的指向一致。故力矩矢也可写成

$$\boldsymbol{M}_O(\boldsymbol{F}) = \boldsymbol{r}\times\boldsymbol{F} \tag{2-9}$$

即力对点之矩矢等于矩心到该力作用点的矢径与该力的矢量积。式(2-9) 称为力矩矢的矢积表达式。

如过矩心 O 作空间直角坐标系 $Oxyz$，如图 2-11 所示，则由于

$$\boldsymbol{r} = x\boldsymbol{i} + y\boldsymbol{j} + z\boldsymbol{k}, \quad \boldsymbol{F} = X\boldsymbol{i} + Y\boldsymbol{j} + Z\boldsymbol{k}$$

于是式(2-9) 可写成所谓的解析表达式，即

$$\boldsymbol{M}_O(\boldsymbol{F}) = \boldsymbol{r}\times\boldsymbol{F} = \begin{vmatrix} \boldsymbol{i} & \boldsymbol{j} & \boldsymbol{k} \\ x & y & z \\ X & Y & Z \end{vmatrix} = (yZ - zY)\boldsymbol{i} + (zX - xZ)\boldsymbol{j} + (xY - yX)\boldsymbol{k} \tag{2-10}$$

式中，单位矢量 $\boldsymbol{i}, \boldsymbol{j}, \boldsymbol{k}$ 前面的 3 个系数分别表示力矩矢 $\boldsymbol{M}_O(\boldsymbol{F})$ 在 3 个坐标轴上的投影，即

$$\left.\begin{aligned} [\boldsymbol{M}_O(\boldsymbol{F})]_x &= yZ - zY \\ [\boldsymbol{M}_O(\boldsymbol{F})]_y &= zX - xZ \\ [\boldsymbol{M}_O(\boldsymbol{F})]_z &= xY - yX \end{aligned}\right\} \tag{2-11}$$

(2) 力对轴之矩。设力 $\boldsymbol{F}$ 作用在可绕 z 轴转动的刚体上的点 A，如图 2-11 所示。选取坐标轴 $Oxyz$，不妨使点 A 位于坐标面 xOy 上，将力 $\boldsymbol{F}$ 分解为平行于 z 轴的分力 $\boldsymbol{F}_z$ 和垂直于 z 轴的分力 $\boldsymbol{F}_{xy}$。由经验可知，只有分力 $\boldsymbol{F}_{xy}$ 才能使刚体绕 z 轴转动。将分力 $\boldsymbol{F}_{xy}$ 的大小与其作用线到 z

轴的垂直距离 h 的乘积 $\boldsymbol{F}_{xy}h$ 冠以正负号来表示力 $\boldsymbol{F}$ 对 z 轴之矩，并记为

$$M_Z(\boldsymbol{F}) = M_O(\boldsymbol{F}_{xy}) = \pm F_{xy}h = 2S_{\triangle OAB} \tag{2-12}$$

于是，可得力对轴之矩的定义如下：力对轴之矩是力使刚体绕该轴转动效果的度量。它是一个代数量，其大小等于力在垂直于该轴平面上的分力对于轴与平面的交点之矩；其正负号按右手螺旋法则确定，拇指与 z 轴一致为正，反之为负。

由定义不难知道，当力的作用线与轴相交或平行时（即力与轴共面），力对该轴之矩为零，当力沿其作用线滑移时，力对轴之矩不变。在日常生活中，开门就是一个很好的例子。当施加于门上的力的作用线过门轴或与门轴平行时，都不能将门打开或关闭。

有必要指出，一般情况下，矩轴并不一定是真正的转轴。

力对轴之矩也可用解析式表示。设力 $\boldsymbol{F}$ 在直角坐标系 $Oxyz$ 的坐标轴上的投影分别为 X，Y，Z，力 $\boldsymbol{F}$ 的作用点 A 的坐标为(x,y,z)，如图 2－12 所示，根据合力矩定理，得

$$M_Z(\boldsymbol{F}) = M_O(\boldsymbol{F}_{xy}) = M_O(\boldsymbol{F}_x) + M_O(\boldsymbol{F}_y) = xY - yX$$

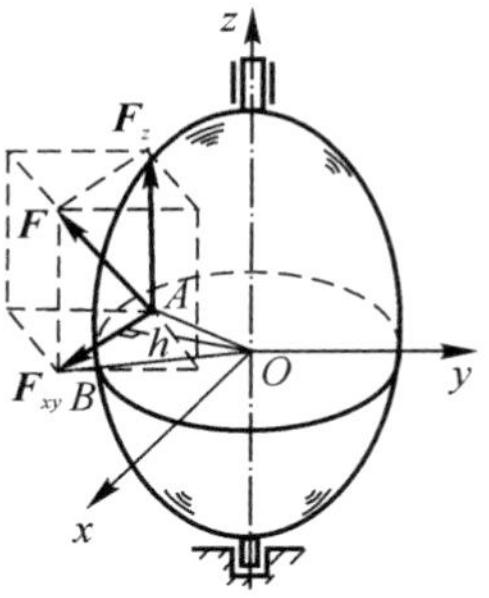

图 2－11　力对轴之矩的示意图

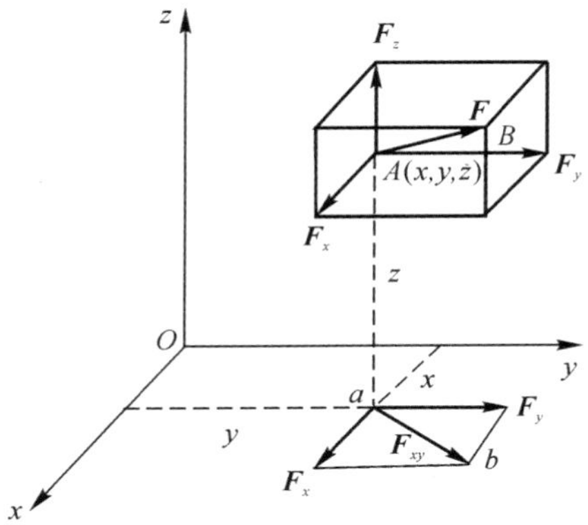

图 2－12　力对轴之矩的解析式表示

同理可得其余二式，将此三式合写为

$$\left.\begin{aligned} M_x(\boldsymbol{F}) &= yZ - zY \\ M_y(\boldsymbol{F}) &= zX - xZ \\ M_z(\boldsymbol{F}) &= xY - yX \end{aligned}\right\} \tag{2-13}$$

式(2－13)是计算力对轴之矩的解析表达式。

(3) 力对点之矩与力对通过该点的轴之矩的关系。将式(2－12)与式(2－13)比较，可得

$$\left.\begin{aligned} [\boldsymbol{M}_O(\boldsymbol{F})]_x &= M_x(\boldsymbol{F}) \\ [\boldsymbol{M}_O(\boldsymbol{F})]_y &= M_y(\boldsymbol{F}) \\ [\boldsymbol{M}_O(\boldsymbol{F})]_z &= M_z(\boldsymbol{F}) \end{aligned}\right\} \tag{2-14a}$$

由此可得力矩关系定理：力对点之矩在通过该点的某轴上的投影，等于力对该轴之矩。这一结论给出了力对点之矩与力对轴之矩之间的关系，在实际计算中较为实用。

若 $M_x(\boldsymbol{F}) = M_y(\boldsymbol{F}) = 0$，则式(2－14a)退化为

$$M_O(\boldsymbol{F}) = M_Z(\boldsymbol{F}) \tag{2-14b}$$

式(2－14b)表明：平面力对点之矩与该力对过此点并垂直于力作用面的轴之矩相同。前者同样可用代数量表示，故在平面问题中，不区分力对点之矩与力对轴之矩。

(4) 空间力偶及性质。在平面力偶理论中，已经得出了关于同一平面内力偶等效的条件：只要不改变力偶矩的大小和转向，力偶可以在其作用面内任意移转或同时改变力和力偶臂大小，其作用效应不变。但对于空间力系问题，由于空间力偶可作用在不同方位的平面内，因此，平面力偶的相应理论必须加以扩展。

实践证明，空间力偶的作用面可以平行移动。例如，用螺丝刀拧螺丝时，只要力偶矩的大小和力偶的转向保持不变，长螺丝刀或短螺丝刀的作用效果是一样的，即力偶的作用面可以垂直于螺丝刀的轴线平移，而不影响拧螺丝的效果。由此可知：空间力偶的作用面可以平行移动，而不改变力偶对刚体的作用效果。反之，如果两个力偶的作用面不相互平行(即作用面的法线不相互平行)，即使其力偶矩大小、转向均相同，其对刚体的作用效果也不同。

如图 2-13 所示的 3 个力偶，分别作用在同一物块上，力偶矩都等于 200 N·m。因为前两个力偶的转向相同，作用面又平行，所以这两个力偶对物块的作用效果相同[见图 2-13(a)(b)]。第三个力偶作用面与前两个不平行[见图 2-13 (c)]，虽然力偶矩大小相同，但它与前两个力偶对物块的作用效果不同。前者使物块绕平行于 x 轴的轴转动，而后者使物块绕平行于 y 轴的轴转动。

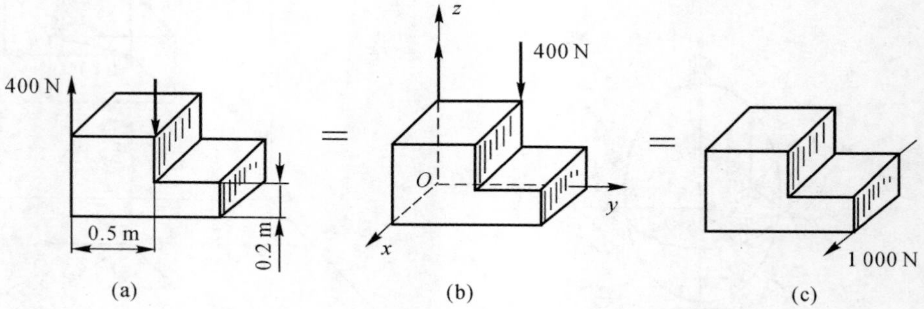

图 2-13　空间力偶性质实例说明

由此可见，空间力偶对刚体的作用效果取决于以下 3 个要素：力偶矩的大小、力偶作用面的方位、力偶的转向。

空间力偶的 3 个要素可以用一个矢量完全表示出来：该矢量的长度表示力偶矩的大小，矢量的方位与力偶作用面的法线方位一致，矢量的指向与力偶转向的关系服从右手螺旋法则，即从矢量的末端看力偶的转向是逆时针的。如图 2-14 (a)(b) 所示，这个矢量称为力偶矩矢，记为 $\boldsymbol{M}$。可见，力偶对刚体的作用效果由力偶矩矢唯一决定。

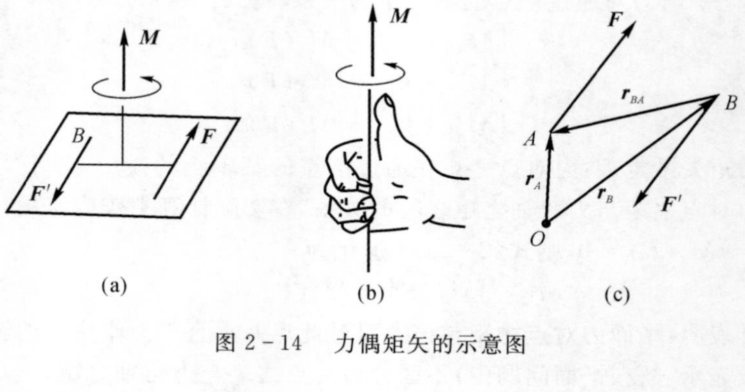

图 2-14　力偶矩矢的示意图

由于空间力偶可以在其作用面内任意旋转和平移，同时其作用面也可以平行移动，所以，力偶矩矢可以在空间内平行于其自身作任意移动，即力偶矩矢是一个自由矢量。

为进一步说明力偶矩矢是自由矢量，揭示力偶的等效特性。可以证明：力偶对空间任一点 O 的矩都是相等的，都等于力偶矩。

如图 2-14(c) 所示，组成力偶的两个力 $\boldsymbol{F}$ 和 $\boldsymbol{F}'$ 对空间任一点 O 之矩的矢量和为

$$\boldsymbol{M}_O(\boldsymbol{F},\boldsymbol{F}') = \boldsymbol{M}_O(\boldsymbol{F}) + \boldsymbol{M}_O(\boldsymbol{F}') = \boldsymbol{r}_A \times \boldsymbol{F} + \boldsymbol{r}_B \times \boldsymbol{F}' =$$
$$\boldsymbol{r}_A \times \boldsymbol{F} + \boldsymbol{r}_B \times (-\boldsymbol{F}) = (\boldsymbol{r}_A - \boldsymbol{r}_B) \times \boldsymbol{F}$$

式中，$\boldsymbol{r}_A$ 和 $\boldsymbol{r}_B$ 分别表示点 O 到两个力的作用点 A 和 B 的矢径，令点 A 相对于点 B 的矢径为 $\boldsymbol{r}_{BA}$，则有 $\boldsymbol{r}_A - \boldsymbol{r}_B = \boldsymbol{r}_{BA}$，代入上式，得

$$\boldsymbol{M}_O(\boldsymbol{F},\boldsymbol{F}') = \boldsymbol{r}_{BA} \times \boldsymbol{F} \tag{2-15}$$

由于 $\boldsymbol{r}_{BA} \times \boldsymbol{F}$ 的大小等于 Fd，所以它表征了力偶对刚体转动效应的强弱，方向与力偶 $(\boldsymbol{F},\boldsymbol{F}')$ 的力偶矩矢 $\boldsymbol{M}$ 一致。可见，力偶对空间任一点的矩矢都等于力偶矩矢，与矩心的位置无关。

综上所述，力偶矩矢是力偶转动效应的唯一度量。因此，在空间力系中，两个力偶等效的条件是它们的力偶矩矢相等，亦即力偶矩矢相等的力偶等效。该结论称为空间力偶等效定理。

(5) 空间力偶系的合成与平衡。设刚体上作用有一群力偶矩矢分别为 $\boldsymbol{M}_1,\boldsymbol{M}_2,\cdots,\boldsymbol{M}_n$ 的力偶系，如图 2-15(a) 所示。根据力偶矩矢是自由矢量的性质，将各力偶矩矢平移至任一点 A，如图 2-15(b) 所示。由汇交矢量的合成结果可得该刚体所受力偶系的合成结果为一合力偶矩矢，其力偶矩矢 $\boldsymbol{M}$ 等于各分力偶矩矢的矢量和，即

$$\boldsymbol{M} = \sum_{i=1}^{n} \boldsymbol{M}_i \tag{2-16}$$

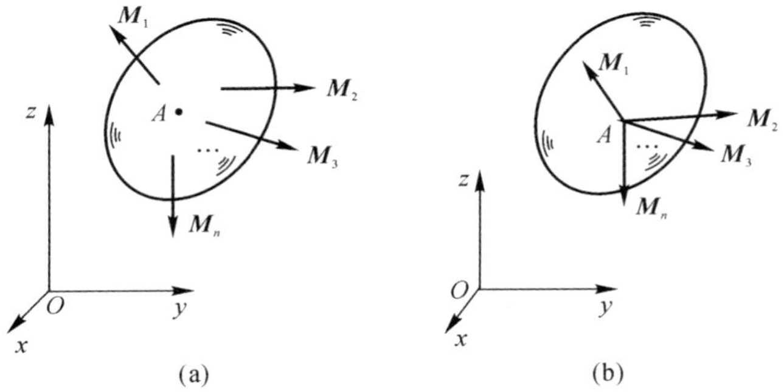

图 2-15　空间力偶系的合成示意图

合力偶矩矢在各直角坐标轴上的投影为

$$M_x = \sum_{i=1}^{n} M_{ix},\quad M_y = \sum_{i=1}^{n} M_{iy},\quad M_z = \sum_{i=1}^{n} M_{iz} \tag{2-17}$$

于是，合力偶矩矢 $\boldsymbol{M}$ 的大小和方向余弦便可求出，有

$$\left.\begin{aligned} & M = \sqrt{M_x^2 + M_y^2 + M_z^2} \\ & \cos(\boldsymbol{M},\boldsymbol{i}) = \frac{M_x}{M},\quad \cos(\boldsymbol{M},\boldsymbol{j}) = \frac{M_y}{M},\quad \cos(\boldsymbol{M},\boldsymbol{k}) = \frac{M_z}{M} \end{aligned}\right\} \tag{2-18}$$

由空间力偶系的合成结果可知，空间力偶系平衡的充要条件是该力偶系的合力偶矩矢等于零，亦即所有力偶矩矢的矢量和等于零，即

$$\sum_{i=1}^{n} \boldsymbol{M}_i = 0 \tag{2-19}$$

或省略其求和符号上下标，其投影形式可表示为

$$\left.\begin{aligned} \sum M_x = 0 \\ \sum M_y = 0 \\ \sum M_z = 0 \end{aligned}\right\} \tag{2-20}$$

式(2-20)为空间力偶系的平衡方程，3个独立的平衡方程可求解3个未知量。

2. 空间力系向一点简化

空间任意力系是作用线既不全在同一平面内，又不全相交或平行的一些力组成的力系。其向空间任一点简化的过程与平面力系的简化过程相似，同样可利用力线平移定理。只是由于空间各力的作用线与简化中心一般将构成不同方位的许多平面，因此力向一点平移时产生的附加力偶应当用矢量表示。

设($\boldsymbol{F}_1, \boldsymbol{F}_2, \cdots, \boldsymbol{F}_n$)为作用在刚体上的空间力系，如图2-16(a)所示。任取一点O为简化中心，将各力向点O平移，同时附加相应的力偶矩矢，这样原来的空间力系被空间汇交力系和空间力偶系两个简单力系等效替换，如图2-16(b)所示。其中

$$\boldsymbol{F}'_1 = \boldsymbol{F}_1, \boldsymbol{F}'_2 = \boldsymbol{F}_2, \cdots, \boldsymbol{F}'_n = \boldsymbol{F}_n$$

$$\boldsymbol{M}_1 = \boldsymbol{M}_O(\boldsymbol{F}_1), \quad \boldsymbol{M}_2 = \boldsymbol{M}_O(\boldsymbol{F}_2), \quad \cdots, \quad \boldsymbol{M}_n = \boldsymbol{M}_O(\boldsymbol{F}_n)$$

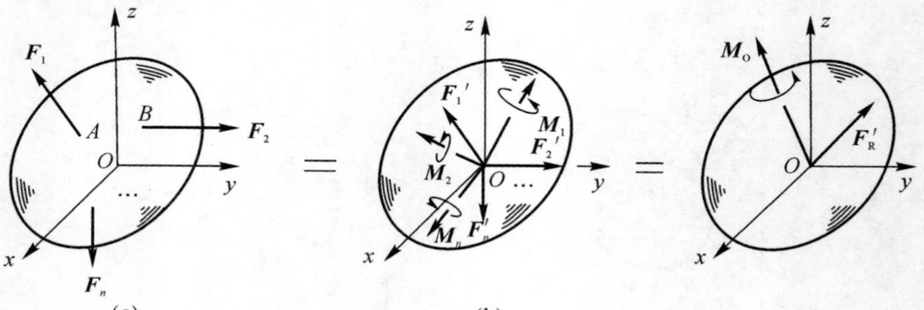

图2-16　空间力系向一点简化示意图

作用于点O的空间汇交力系($\boldsymbol{F}'_1, \boldsymbol{F}'_2, \cdots, \boldsymbol{F}'_n$)可合成为作用于点$O$的力$\boldsymbol{F}'_{\mathrm{R}}$，力矢$\boldsymbol{F}'_{\mathrm{R}}$等于原力系中各力的矢量和，即

$$\boldsymbol{F}'_{\mathrm{R}} = \sum_{i=1}^{n} \boldsymbol{F}'_i = \sum_{i=1}^{n} \boldsymbol{F}_i = \sum_{i=1}^{n} X_i \boldsymbol{i} + \sum_{i=1}^{n} Y_i \boldsymbol{j} + \sum_{i=1}^{n} Z_i \boldsymbol{k} \tag{2-21}$$

空间力偶系($\boldsymbol{M}_1, \boldsymbol{M}_2, \cdots, \boldsymbol{M}_n$)可合成为一个合力偶，其合力偶矩矢$\boldsymbol{M}_O$等于各附加力偶矩矢的矢量和，即

$$\boldsymbol{M}_O = \sum_{i=1}^{n} \boldsymbol{M}_i = \sum_{i=1}^{n} \boldsymbol{M}_O(\boldsymbol{F}_i) = \sum_{i=1}^{n} (\boldsymbol{r}_i \times \boldsymbol{F}_i) =$$

$$\sum_{i=1}^{n} (y_i Z_i - z_i Y_i)\boldsymbol{i} + \sum_{i=1}^{n} (z_i X_i - x_i Z_i)\boldsymbol{j} + \sum_{i=1}^{n} (x_i Y_i - y_i X_i)\boldsymbol{k} \tag{2-22}$$

式中，$\boldsymbol{F}'_R$称为原力系主矢；$\boldsymbol{M}_O$称为原力系对简化中心O的主矩矢。如图2-16(c)所示。

由此可得结论：空间任意力系向任一点O简化，可得一力和一力偶。该力的力矢等于力系

的主矢，作用线过简化中心，该力偶的矩矢等于力系对简化中心的主矩。与平面力系相似，主矢与简化中心的位置无关，而主矩一般与简化中心的位置有关。因此，力系的主矢是自由矢量，而力系的主矩一般是定位矢量。

如果通过简化中心 O 作直角坐标系 $Oxyz$，由式(2-21)可得，此力系的主矢的大小和方向余弦为

$$\left.\begin{aligned}&F'_R=\sqrt{\left(\sum X\right)^2+\left(\sum Y\right)^2+\left(\sum Z\right)^2}\\&\cos\ (\boldsymbol{F}'_R,\boldsymbol{i})=\frac{\sum X}{F'_R},\cos\ (\boldsymbol{F}'_R,\boldsymbol{j})=\frac{\sum Y}{F'_R},\cos\ (\boldsymbol{F}'_R,\boldsymbol{k})=\frac{\sum Z}{F'_R}\end{aligned}\right\}\tag{2-23}$$

而式(2-22)中，单位矢量 $\boldsymbol{i},\boldsymbol{j},\boldsymbol{k}$ 前的系数，即主矩 $\boldsymbol{M}_O$ 沿 x,y,z 轴的投影也等于力系各力对 x,y,z 轴之矩的代数和 $\sum M_x(\boldsymbol{F})$，$\sum M_y(\boldsymbol{F})$，$\sum M_z(\boldsymbol{F})$，于是，此力系对点 O 的主矩的大小和方向余弦为

$$\left.\begin{aligned}&M_O=\sqrt{\left(\sum M_x(\boldsymbol{F})\right)^2+\left(\sum M_y(\boldsymbol{F})\right)^2+\left(\sum M_z(\boldsymbol{F})\right)^2}\\&\cos\ (\boldsymbol{M}_O,\boldsymbol{i})=\frac{\sum M_x(\boldsymbol{F})}{M_O},\cos\ (\boldsymbol{M}_O,\boldsymbol{j})=\frac{\sum M_y(\boldsymbol{F})}{M_O},\cos\ (\boldsymbol{M}_O,\boldsymbol{k})=\frac{\sum M_z(\boldsymbol{F})}{M_O}\end{aligned}\right\}\tag{2-24}$$

2.2　惯性力及达朗伯原理

2.2.1　惯性力及其简化

1. 惯性力定义

设质点质量为 m，在合外力 $\boldsymbol{F}$ 的作用下，加速度为 $\boldsymbol{a}$，由牛顿第二定律知 $\boldsymbol{F}=m\boldsymbol{a}$。令矢量

$$\boldsymbol{F}_g=-m\boldsymbol{a}\tag{2-25}$$

显然，$\boldsymbol{F}_g$ 与力 $\boldsymbol{F}$ 大小相等、方向相反，也即 $\boldsymbol{F}_g$ 的大小等于质量与加速度的乘积，方向与质点加速度方向相反，且与力具有相同的量纲，称为质点的惯性力。需要注意 $\boldsymbol{F}$ 和 $\boldsymbol{F}_g$ 并不是作用力与反作用力的关系，因为两者作用在同一个物体上。

我们知道牛顿第二定律是在惯性系下成立的，而在非惯性系下是不成立的，如研究导弹相对地球的运动时，与地球固联的坐标系是非惯性系，在非惯性系下研究物体的动力学问题时，需要增加惯性力，增加惯性力后就可以采用牛顿第二定律来研究非惯性系下的动力学问题。下面通过简单实例说明惯性力的概念。

如图 2-17 所示，小车沿直线以加速度 $\boldsymbol{a}$ 加速前进，车顶悬挂的小球如图 2-17 所示，在惯性空间来看，小球受到绳子向前的拉力，以加速度 $\boldsymbol{a}$ 随车一起加速前进，符合牛顿第二定律。但以小车为参考系(为非惯性系)时，小球相对小车处于静止状态，而小球受的合外力是向前的，这不符合牛顿第二定律。现增加小球的惯性力 $\boldsymbol{F}_g=-m\boldsymbol{a}$，此时小球受的主动力和惯性力的合力为 0，小球相对于小车处于静止状态，可见，增加惯性力后就可以采用牛顿第二定律来解决非惯性系下的动力学问题。

前面介绍了加速度合成定理：$\boldsymbol{a}_a=\boldsymbol{a}_e+\boldsymbol{a}_r+\boldsymbol{a}_c$，若在动坐标系下研究问题时，该式可写成：

$\boldsymbol{a}_r = \boldsymbol{a}_a - \boldsymbol{a}_e - \boldsymbol{a}_c$，两边同乘以质量 m，则有 $m\boldsymbol{a}_r = m\boldsymbol{a}_a - m\boldsymbol{a}_e - m\boldsymbol{a}_c$，运用惯性力的概念，则在相对坐标系下研究物体的受力为：$\boldsymbol{F}_r = \boldsymbol{F}_a + \boldsymbol{F}_e + \boldsymbol{F}_c$，其中 $\boldsymbol{F}_e = -m\boldsymbol{a}_e$，$\boldsymbol{F}_c = -m\boldsymbol{a}_c$ 为由牵连加速度和科氏加速度产生的惯性力，分别称为牵连惯性力和科氏惯性力。

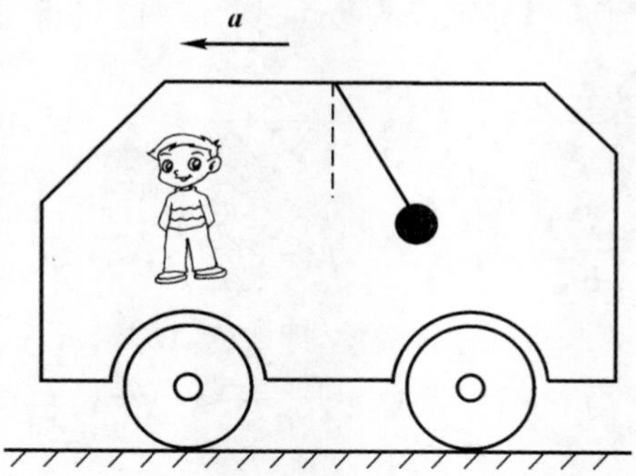

图 2-17　加速运动小车

由于地球在绕地轴不断地自转，而地球上的物体又相对于地球运动，所以在某些情况下必须考虑地球自转引起的科氏加速度对物体运动所带来的影响。例如，在北半球上，沿经线向北流动的江河右岸受到的冲刷要比左岸厉害，而在南半球则相反。这种现象可用科氏惯性力来解释。如北半球的河流沿经线由南向北流，则河水的科氏加速度 $\boldsymbol{a}_c$ 沿纬度线指向西，即指向左侧，如图 2-18 所示，根据惯性力的概念可知，河流受到了向右的科氏惯性力 $\boldsymbol{F}_c = -m\boldsymbol{a}_c$ 的作用，则由 $\boldsymbol{F}_r = \boldsymbol{F}_a + \boldsymbol{F}_e + \boldsymbol{F}_c$ 可知，河流和河床之间的相对力 $\boldsymbol{F}_r$ 中包含了科氏惯性力，经过长年累月的作用该力使得河流右岸比左岸冲刷得厉害。

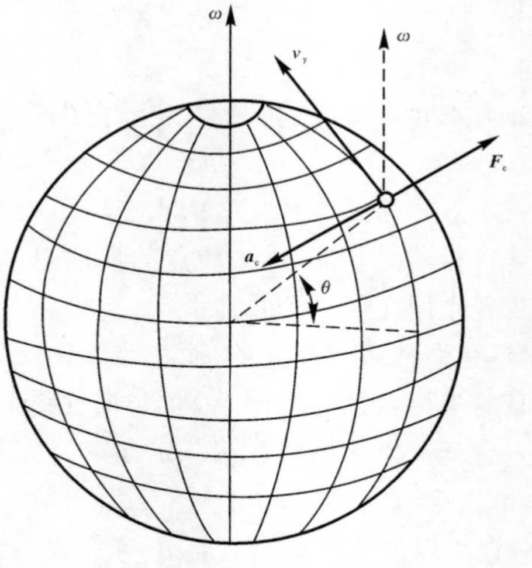

图 2-18　河床冲刷分析图

科氏惯性力在生活和工程实际中是很普遍的，导弹在飞行中也会受到科氏惯性力和牵连惯性力的影响，关于这一问题将在后面第 4 章中详细讨论。

2. 刚体惯性力系的简化

刚体中所含的质点数目有无限多个，因而每个刚体上各质点的惯性力组成一惯性力系，该力系为分布式力系。如果用力系简化的方法将刚体的惯性力系进行简化，用简化的结果来等效代替刚体原来的惯性力系，这样分析问题就方便多了。

由力系简化理论知，任一力系向任选的中心简化的结果为一力和一力偶，它们对物体的作用取决于力系的主矢和主矩。主矢与简化中心无关，而主矩则随简化中心不同而改变。

(1) 惯性力系的主矢。设刚体内任一质点的质量为 m_i，加速度为 $\boldsymbol{a}_i$；刚体的质量为 M，质心 C 的加速度为 $\boldsymbol{a}_C$，则惯性力系的主矢为

$$\boldsymbol{F}_{gR}=\sum_{i=1}^{n}\boldsymbol{F}_{gi}=\sum_{i=1}^{n}(-m_i\boldsymbol{a}_i)=-\sum_{i=1}^{n}m_i\boldsymbol{a}_i \tag{2-26}$$

因 $\sum_{i=1}^{n}m_i\boldsymbol{a}_i=M\boldsymbol{a}_C$，由式(2-26)得

$$\boldsymbol{F}_{gR}=-M\boldsymbol{a}_C \tag{2-27}$$

此式表明，无论刚体作什么运动，且无论向哪一点简化，惯性力系的主矢都等于刚体的质量与质心加速度的乘积，方向与质心加速度的方向相反。

(2) 惯性力系的主矩。惯性力系的主矩，随刚体作不同形式的运动而不同，下面分别计算平动刚体、绕定轴转动刚体和平面运动刚体的惯性力系的主矩。

1) 平动刚体惯性力系的主矩。如图 2-19 所示，刚体平动时惯性力系是均匀分布在体积内的平行力系，即

$$\boldsymbol{F}_{gi}=-m_i\boldsymbol{a}_i$$

惯性力系对于质心 C 的主矩为

$$\boldsymbol{M}_C(\boldsymbol{F}_g)=\sum_{i=1}^{n}\boldsymbol{M}_C(\boldsymbol{F}_{gi})=\sum_{i=1}^{n}\boldsymbol{r}i\times(-m_i\boldsymbol{a}_i)=-\sum_{i=1}^{n}m_i\boldsymbol{r}_i\times\boldsymbol{a}_i$$

由于刚体作平动，故上式中，$\boldsymbol{a}_i=\boldsymbol{a}_C$，$\sum_{i=1}^{n}m_i\boldsymbol{r}_i=M\boldsymbol{r}_C$，其中 $\boldsymbol{r}_C$ 为矩心即质心 C 到质心 C 的矢径，显然 $\boldsymbol{r}_C=\boldsymbol{0}$。于是得

$$\boldsymbol{M}_{gC}=\boldsymbol{M}_C(\boldsymbol{F}_g)=-\left(\sum_{i=1}^{n}m_i\boldsymbol{r}_i\right)\times\boldsymbol{a}_C=-M\boldsymbol{r}_C\times\boldsymbol{a}_C=\boldsymbol{0} \tag{2-28}$$

这个结果表明，刚体平动时，将其惯性力系向质心 C 简化，所得主矩为零，即平动刚体的惯性力系简化为通过质心 C 的一个合力，其大小等于刚体的质量与质心加速度的乘积，方向与质心加速度相反，即

$$\boldsymbol{F}_{gR}=-M\boldsymbol{a}_C \tag{2-29}$$

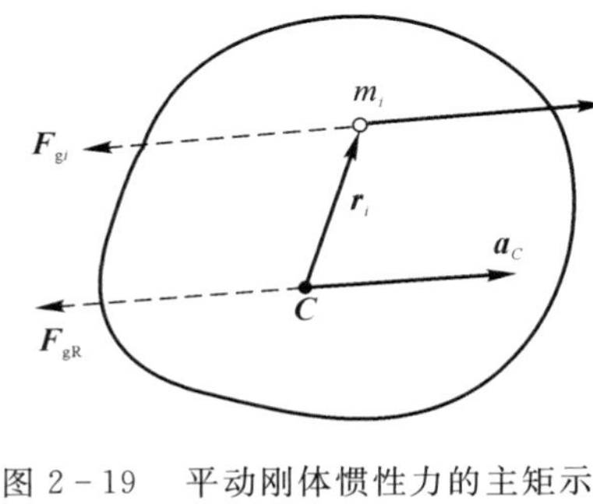

图 2-19　平动刚体惯性力的主矩示意图

2）绕定轴转动刚体惯性力系的主矩。这里只讨论具有质量对称平面，而且固定轴垂直于对称平面的特殊情况。这时可以将惯性力系先简化为在对称面内的平面力系，再将它向轴心 O 简化。设刚体转动的角速度、角加速度分别为 $\boldsymbol{\omega}$ 和 $\boldsymbol{\alpha}$，如图 2－20(a) 所示。则惯性力系的主矢 $\boldsymbol{F}_{gR}=-M\boldsymbol{a}_C$，主矩 $\boldsymbol{M}_{gO}=\sum_{i=1}^{n}\boldsymbol{M}_O(\boldsymbol{F}_{gi})$。

任一质量为 m_i 的质点的惯性力 $\boldsymbol{F}_{gi}=-m_i\boldsymbol{a}_i$ 可以分解为图 2－20(a) 所示的法向惯性力 $\boldsymbol{F}_{gin}=-m_i\boldsymbol{a}_{in}=-m_ir_i\omega^2\boldsymbol{n}$，切向惯性力 $\boldsymbol{F}_{gi\tau}=-m_i\boldsymbol{a}_{i\tau}=-m_ir_i\alpha\boldsymbol{\tau}$，显然，法向惯性力对 O 轴的力矩为零，由此得到惯性力系对 O 轴的主矩为

$$M_{gO}=\sum_{i=1}^{n}M_O(\boldsymbol{F}_{gi\tau})=-\sum_{i=1}^{n}m_ir_ia_{i\tau}=-\sum_{i=1}^{n}m_ir_ir_i\alpha=-\sum_{i=1}^{n}m_ir_i^2\alpha=-\left(\sum_{i=1}^{n}m_ir_i^2\right)\alpha$$

式中，$\sum_{i=1}^{n}m_ir_i^2=J_O$，为刚体对转轴的转动惯量，则

$$M_{gO}=-J_O\alpha \tag{2-30}$$

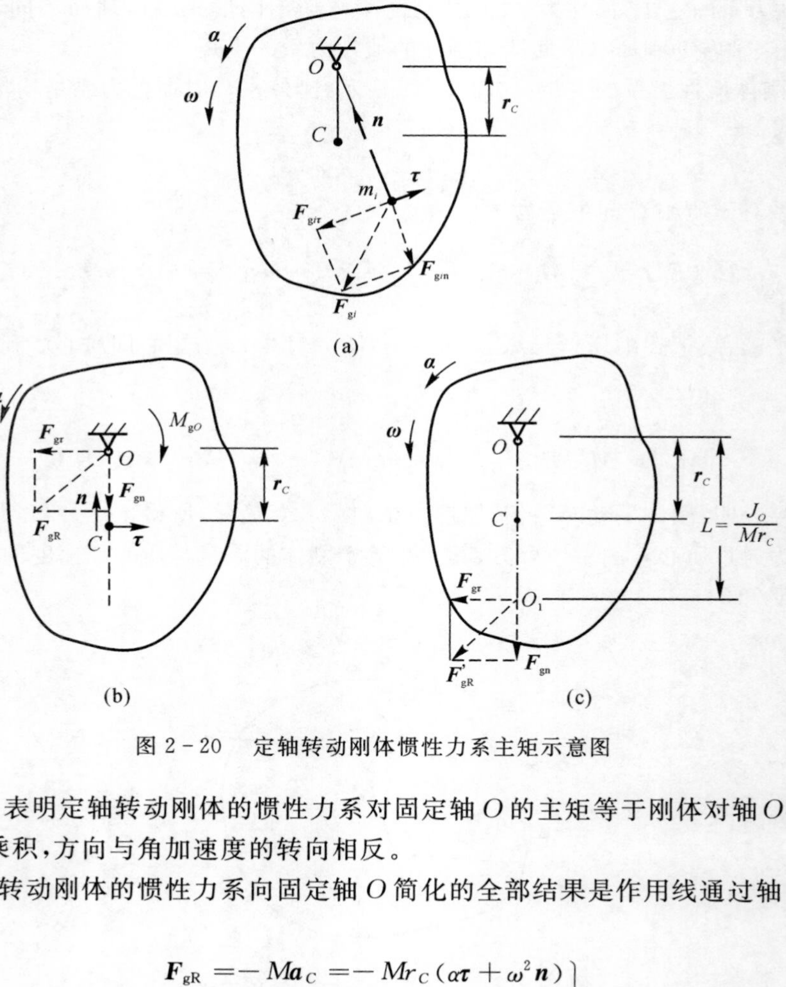

图 2－20　定轴转动刚体惯性力系主矩示意图

式(2－30) 表明定轴转动刚体的惯性力系对固定轴 O 的主矩等于刚体对轴 O 的转动惯量与角加速度的乘积，方向与角加速度的转向相反。

因此，定轴转动刚体的惯性力系向固定轴 O 简化的全部结果是作用线通过轴 O 的一个力和力偶，有

$$\left.\begin{aligned}\boldsymbol{F}_{gR}&=-M\boldsymbol{a}_C=-Mr_C(\alpha\boldsymbol{\tau}+\omega^2\boldsymbol{n})\\ M_{gO}&=-J_O\alpha\end{aligned}\right\} \tag{2-31}$$

两者均在刚体的对称面内[见图 2-20(b)]，此惯性力系简化的最后结果是一个合力，此合力的大小和方向与主矢 $\boldsymbol{F}_{\mathrm{gR}}$ 相同，即

$$\boldsymbol{F}'_{\mathrm{gR}} = \boldsymbol{F}_{\mathrm{gR}} = -M\boldsymbol{a}_C \qquad (2-32)$$

其作用线位置通过点 O_1[见图 2-20(c)]，且

$$OO_1 = L = \frac{J_O}{Mr_C} \qquad (2-33)$$

r_C 为轴心 O 到质心 C 的距离。

如果固定轴恰好通过质心 C，则惯性力系的主矢为零(因为 $r_C = 0$，故 $\boldsymbol{F}_{\mathrm{gR}} = 0$)，惯性力系向质心 C 简化的主矩为 $M_{\mathrm{g}C} = -J_C\alpha$，惯性力系的最后简化结果为一个合力偶，称为惯性力偶。若 $\alpha = 0$ 即刚体作匀角速度转动，则 $M_{\mathrm{g}C} = 0$，这时惯性力系自身相互平衡，称为动平衡。

3) 平面运动刚体惯性力系的主矩。设刚体具有质量对称平面，且刚体平行于此平面运动，则惯性力系可简化为在此平面内的平面力系，如图 2-21 所示。根据平面运动可以分解为随质心 C 的平动和绕 C 点的转动，并结合前面平动刚体和定轴转动刚体惯性力系简化的结论，将惯性力系向质心 C 简化，得到一个力和一个力偶，此力的大小和方向由惯性力系的主矢 $\boldsymbol{F}_{\mathrm{gR}} = -M\boldsymbol{a}_C$ 确定，作用线通过质心。此力偶的力偶矩等于惯性力系对质心 C 的主矩

$$M_{\mathrm{g}C} = -J_C\alpha \qquad (2-34)$$

式中，J_C 是刚体对于 C 轴的转动惯量，C 轴通过质心且垂直于平面图形，负号表示力偶矩的转向与角速度相反。

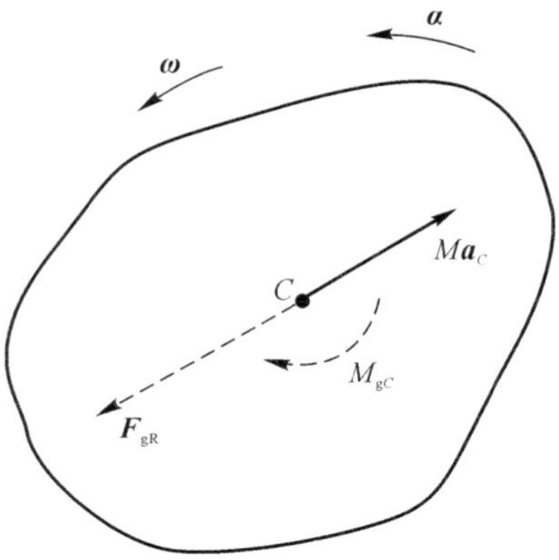

图 2-21　平面运动刚体惯性力系主矩

由以上的讨论可以看到，由于刚体运动形式不同，惯性力系简化的结果也不相同。因此，在应用达朗伯原理研究刚体动力学问题时，必须先分析刚体的运动，按刚体运动的不同形式求得惯性力系简化结果，然后建立主动力系、约束力系和惯性力系的平衡方程。这种形式上的平衡关系实质上反映了系统的运动与受力之间的关系。

至此，可以对惯性力及惯性力系作以下总结：

(1) 质点的惯性力。

1) 凡质点都具有质量(代表质点惯性的度量)，只要质点的运动状态有改变(包括速度大小及方向的改变，即有加速度)，那么在非惯性系下就需考虑惯性力。

2) 惯性力为 $\boldsymbol{F}_{\mathrm{g}} = -m\boldsymbol{a}$，大小等于质量与加速度的乘积，方向与加速度方向相反，惯性力

是矢量，可在轴上进行投影。

3）惯性力不是真实作用在质点上的力，当质点与周围物体相联系时，它表现为质点对周围施力物体的反作用力的合力。

（2）刚体的惯性力系。

1）不论刚体作何种运动，其惯性力系的主矢都等于质量乘以质心的加速度方向与质心加速度的方向相反，即 $\boldsymbol{F}_{gR} = -M\boldsymbol{a}_C$，与简化中心无关。

2）不论刚体作何种运动（指刚体绕定轴转动或平面运动），只要有角加速度就有惯性力偶，其矩为 $M_{gO} = -J_O\alpha$。

3）在虚加惯性力主矢与主矩时，必须明确简化中心。

2.2.2 达朗伯原理

达朗伯原理是将动力学问题转化为静力学问题，根据力平衡理论来求解。它是求解质点系或刚体动力学问题的一种重要的方法，也称为动静法。本小节将推导出质点和质点系的达朗伯原理，并应用达朗伯原理解决刚体的动力学问题。

1. 质点的达朗伯原理

设质量为 m 的非自由质点 M，在主动力 $\boldsymbol{F}$ 及约束反力 $\boldsymbol{F}_N$ 作用下运动，加速度为 $\boldsymbol{a}$，如图 2-22 所示。

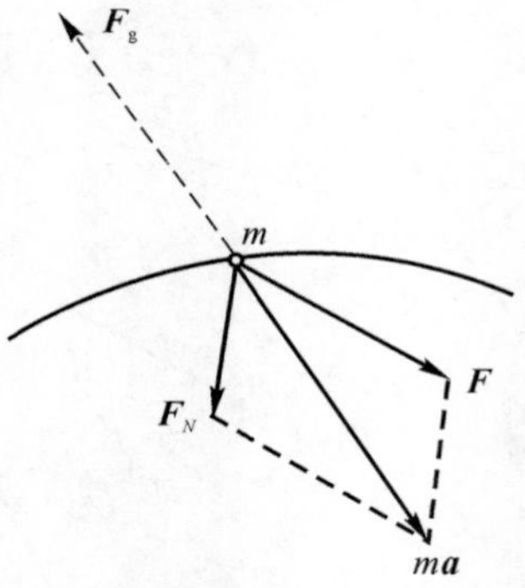

图 2-22 质点的达朗伯原理示意图

由牛顿第二定律，有

$$m\boldsymbol{a} = \boldsymbol{F} + \boldsymbol{F}_N$$

将上式等号左端 $m\boldsymbol{a}$ 移到等号右边，则

$$\boldsymbol{F} + \boldsymbol{F}_N - m\boldsymbol{a} = 0$$

引入惯性力 $\boldsymbol{F}_g = -m\boldsymbol{a}$ 后，则有

$$\boldsymbol{F} + \boldsymbol{F}_N + \boldsymbol{F}_g = 0 \tag{2-35}$$

此式表明，当非自由质点运动时，主动力 $\boldsymbol{F}$、约束反力 $\boldsymbol{F}_N$ 和惯性力 $\boldsymbol{F}_g$ 组成一平衡力系。由此得质点的达朗伯原理：如果在质点上除了作用有真实的主动力和约束反力外，再假想地加上惯性力，则这些力在形式上组成一平衡力系。这里特别值得注意的是，惯性力 $\boldsymbol{F}_g$ 是人为地加到质点上的，但它不是作用在质点上的力。根据前面所述惯性力的概念，$\boldsymbol{F}_g$ 是质点加在施力物体上的力，并力图使质点保持原有的运动状态。

2. 刚体的达朗伯原理

设刚体由 n 个质点组成，第 i 个质点的质量为 m_i，加速度为 $\boldsymbol{a}_i$，作用于此质点外力的合力为 $\boldsymbol{F}_i^{(e)}$，内力的合力为 $\boldsymbol{F}_i^{(i)}$，给此质点虚加上惯性力 $\boldsymbol{F}_{gi}=-m_i\boldsymbol{a}_i$，则由质点的达朗伯原理，有

$$\boldsymbol{F}_i^{(e)}+\boldsymbol{F}_i^{(i)}+\boldsymbol{F}_{gi}=0$$

即它们组成一平衡力系。对整个刚体，这样的平衡力系共有 n 个。显然，这 n 个平衡力系之和也是平衡力系，即作用于刚体的全部外力、内力以及各质点的惯性力也组成一平衡力系。根据静力学可知，此平衡力系的主矢以及对任一点的主矩均应为零，即有

$$\sum_{i=1}^{n}\boldsymbol{F}_i^{(e)}+\sum_{i=1}^{n}\boldsymbol{F}_i^{(i)}+\sum_{i=1}^{n}\boldsymbol{F}_{gi}=0$$

$$\sum_{i=1}^{n}\boldsymbol{M}_O(\boldsymbol{F}_i^{(e)})+\sum_{i=1}^{n}\boldsymbol{M}_O(\boldsymbol{F}_i^{(i)})+\sum_{i=1}^{n}\boldsymbol{M}_O(\boldsymbol{F}_{gi})=0$$

由于内力总是成对出现，且等值反向，故

$$\sum_{i=1}^{n}\boldsymbol{F}_i^{(i)}=0,\quad \sum_{i=1}^{n}\boldsymbol{M}_O(\boldsymbol{F}_i^{(i)})=0$$

于是得

$$\left.\begin{aligned}\sum_{i=1}^{n}\boldsymbol{F}_i^{(e)}+\sum_{i=1}^{n}\boldsymbol{F}_{gi}=0\\ \sum_{i=1}^{n}\boldsymbol{M}_O(\boldsymbol{F}_i^{(e)})+\sum_{i=1}^{n}\boldsymbol{M}_O(\boldsymbol{F}_{gi})=0\end{aligned}\right\}\qquad(2-36)$$

式(2-36)表明，在刚体运动的任一瞬时，作用于刚体的全部外力(包括主动力与约束反力，$\sum_{i=1}^{n}\boldsymbol{F}_i^{(e)}$ 表示外力系的主矢，$\sum_{i=1}^{n}\boldsymbol{M}_O(\boldsymbol{F}_i^{(e)})$ 表示外力系的主矩)与虚加在各质点上的惯性力，组成平衡力系，这就是质点系的达朗伯原理。式(2-36)为矢量式，在具体应用时，取其在各坐标轴上的投影式。对质点系特别是刚体或刚体系的动力学问题，当已知系统的运动求约束反力时，应用达朗伯原理非常方便(对于有些既要求运动又要求力的综合问题，所有未知量均出现在式(2-36)的投影式中，求解联立方程即可求出全部未知量)。

3. 利用达朗伯原理解决刚体的动力学问题(动静法)

式(2-35)和式(2-36)从形式上看是一个或一组静力学平衡方程，但它们解决的却是动力学问题，因此这种方法通常也称为动静法。那么，在利用达朗伯原理解题作受力图时，除了研究对象所受的主动力和约束反力以外，还要虚加上惯性力，其解题方法与静力学中关于平衡问题的解题方法实际上大致相同。

为此，将利用达朗伯原理解决刚体的动力学问题，即动静法，其主要方法步骤总结如下：

(1) 根据题意，选取研究对象，对其进行受力分析，画出全部主动力和约束反力；

(2) 分析研究对象的运动情况，判断刚体是作平动、定轴转动还是平面运动等；

(3) 根据研究对象的运动形式，按刚体惯性力系的简化结论在受力图上虚加上惯性力和惯性力偶，确定刚体惯性力系的主矢、主矩。

这里特别要注意惯性力与惯性力偶的符号问题。在画受力图时，由于已将惯性力的方向与加速度的方向相反向，即 $\boldsymbol{F}_g=-M\boldsymbol{a}_C$；惯性力偶与角加速度相反向，即 $\boldsymbol{M}_{gC}=-J_C\boldsymbol{\alpha}$，所以在具体计算时，只需用 $\boldsymbol{F}_g=M\boldsymbol{a}_C$，$\boldsymbol{M}_{gC}=J_C\boldsymbol{\alpha}$ 代入平衡方程即可，切不可再用 $\boldsymbol{F}_g=-M\boldsymbol{a}_C$，$\boldsymbol{M}_{gC}=$

$-J_C\boldsymbol{\alpha}$ 代入，否则负号就重复了。此外，如果加速度或角加速度是未知量，可根据运动情况，先假设加速度方向或角加速度的方向。

(4) 利用达朗伯原理列出相应方程，由于主动力系、约束反力系及惯性力系组成一个平衡力系，所以此时利用静力学中的平衡方程即可求解未知量。这里，约束反力一般是要求的未知量。

由此可见，除了分析运动和虚加惯性力外，利用达朗伯原理解题的步骤与静力学中平衡问题的一般解题步骤完全相同。

2.3 刚体动力学方程

在运动学的学习中，刚体的一般运动可分解成随基点的平动和绕基点的定点运动，当研究刚体的动力学问题时，常常将基点选择在刚体的质心，这样刚体的一般运动就可以分解成随质心的平动和绕质心的定点运动，其中随质心的平动可用质心运动动力学方程描述，绕质心的定点运动可用绕质心运动动力学方程描述。

2.3.1 质心运动动力学方程

1. 质点系的动量

质点系内各质点动量的矢量和称为质点系的动量，即

$$\boldsymbol{p} = \sum_{i=1}^{n} m_i \boldsymbol{v}_i \tag{2-37}$$

式中，n 为质点系的质点数；m_i 为质点系内第 i 个质点的质量；$\boldsymbol{v}_i$ 为该质点的绝对速度，式(2-37)即质点系的动量的主矢。

由质心矢径公式 $\boldsymbol{r}_C = \dfrac{\sum\limits_{i=1}^{n} m_i \boldsymbol{r}_i}{M}$，可得

$$M\boldsymbol{r}_C = \sum_{i=1}^{n} m_i \boldsymbol{r}_i \tag{2-38}$$

式(2-38)两端对时间 t 求一阶导数，有

$$\frac{\mathrm{d}}{\mathrm{d}t}(M\boldsymbol{r}_C) = \frac{\mathrm{d}}{\mathrm{d}t}\left(\sum_{i=1}^{n} m_i \boldsymbol{r}_i\right)$$

由于质量 m_i 是不变的，所以上式可写为

$$M\frac{\mathrm{d}\boldsymbol{r}_C}{\mathrm{d}t} = \sum_{i=1}^{n} m_i \frac{\mathrm{d}\boldsymbol{r}_i}{\mathrm{d}t}$$

或

$$M\boldsymbol{v}_C = \sum_{i=1}^{n} m_i \boldsymbol{v}_i \tag{2-39}$$

式(2-39)中，$\boldsymbol{v}_C = \dfrac{\mathrm{d}\boldsymbol{r}_C}{\mathrm{d}t}$ 是质点系质心的速度，第 i 个质点的速度 $\boldsymbol{v}_i = \dfrac{\mathrm{d}\boldsymbol{r}_i}{\mathrm{d}t}$，比较式(2-37)与式(2-39)，可见

$$\boldsymbol{p} = \sum_{i=1}^{n} m_i \boldsymbol{v}_i = M\boldsymbol{v}_C \tag{2-40}$$

式(2-40)表明质点系的动量等于质心速度与其全部质量的乘积。用式(2-40)计算刚体的动量非常方便。

2. 刚体质心运动动力学方程

式(2-36)为质点系达朗伯原理的一般形式，其中

$$\sum_{i=1}^{n} \boldsymbol{F}_{gi} = -\sum_{i=1}^{n} m_i \boldsymbol{a}_i = -M\boldsymbol{a}_C$$

为惯性力系的主矢，则式(2-36)的第一式可另写为

$$\sum_{i=1}^{n} \boldsymbol{F}_i^{(e)} = M\boldsymbol{a}_C \tag{2-41}$$

或

$$\sum_{i=1}^{n} \boldsymbol{F}_i^{(e)} = \sum_{i=1}^{n} m_i \boldsymbol{a}_i = \sum_{i=1}^{n} m_i \frac{\mathrm{d}\boldsymbol{v}_i}{\mathrm{d}t} = \frac{\mathrm{d}}{\mathrm{d}t}\left(\sum_{i=1}^{n} m_i \boldsymbol{v}_i\right) = \frac{\mathrm{d}\boldsymbol{p}}{\mathrm{d}t}$$

即得

$$\frac{\mathrm{d}\boldsymbol{p}}{\mathrm{d}t} = \sum_{i=1}^{n} \boldsymbol{F}_i^{(e)} \tag{2-42}$$

称式(2-41)为质点系的质心运动定理，式(2-42)为质点系动量定理。其中 $\boldsymbol{p} = \sum_{i=1}^{n} m_i \boldsymbol{v}_i = M\boldsymbol{v}_C$ 为质点系的动量，$\sum_{i=1}^{n} \boldsymbol{F}_i^{(e)}$ 为质点系所受外力系的主矢。它表明，质点系的动量对时间的一阶导数等于其所受外力系的主矢。由这个定理可以看出，质点系的内力不能改变质点系的动量。应用该定理时，通常用它的投影形式，如在直角坐标轴上的投影式为

$$\left.\begin{aligned} \frac{\mathrm{d}p_x}{\mathrm{d}t} &= \sum_{i=1}^{n} F_{ix}^{(e)} \\ \frac{\mathrm{d}p_y}{\mathrm{d}t} &= \sum_{i=1}^{n} F_{iy}^{(e)} \\ \frac{\mathrm{d}p_z}{\mathrm{d}t} &= \sum_{i=1}^{n} F_{iz}^{(e)} \end{aligned}\right\} \tag{2-43}$$

式(2-41)可写成

$$\sum_{i=1}^{n} \boldsymbol{F}_i^{(e)} = M\boldsymbol{a}_c = M\frac{\mathrm{d}\boldsymbol{v}_c}{\mathrm{d}t} \tag{2-44}$$

式(2-44)即刚体在惯性系下的质心运动动力学方程。

2.3.2　绕质心运动动力学方程

1. 动量矩

研究质点或质点系绕某点(轴)的转动时，需引出一个物理量——动量矩，以表征质点或质点系绕某点(轴)的运动强弱。

(1) 质点的动量矩。设质点 Q 某瞬时的动量为 $m\boldsymbol{v}$，质点相对点 O 的位置用矢径 $\boldsymbol{r}$ 表示，如图 2-23 所示。那么把质点 Q 的动量对于点 O 的矩，定义为质点对于点 O 的动量矩，即

$$\boldsymbol{M}_O(m\boldsymbol{v}) = \boldsymbol{r} \times m\boldsymbol{v} \tag{2-45}$$

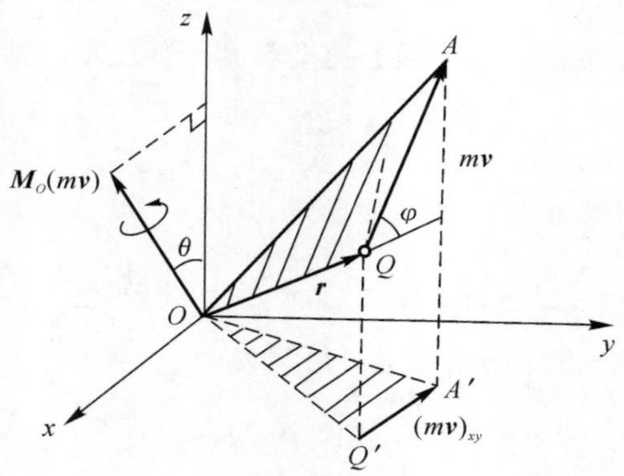

图 2-23　质点的动量矩示意图

动量矩 $\boldsymbol{M}_O(m\boldsymbol{v})$是矢量，它垂直于矢径 $\boldsymbol{r}$ 与动量 $m\boldsymbol{v}$ 所组成的平面，矢量的指向按照右手法则而定，它的大小为

$$|\boldsymbol{M}_O(m\boldsymbol{v})| = mvr\sin\varphi = 2S_{\triangle OQA}$$

质点动量 $m\boldsymbol{v}$ 在 xOy 平面内的投影 $(m\boldsymbol{v})_{xy}$ 对于点 O 的矩，定义为质点动量对于 z 轴的矩，简称对于 z 轴的动量矩。对轴的动量矩是代数量，由图 2-23 可得

$$M_z(m\boldsymbol{v}) = \pm 2S_{\triangle OQ'A'}$$

至于质点对点 O 的动量矩与对 z 轴的动量矩两者的关系，可仿照静力学中所学力对点的矩与力对轴的矩的关系建立，即质点对点 O 的动量矩矢在 z 轴上的投影，等于对 z 轴的动量矩，即

$$[\boldsymbol{M}_O(m\boldsymbol{v})]_z = M_z(m\boldsymbol{v}) \tag{2-46}$$

动量矩在国际单位制中的单位为 $\mathrm{kg \cdot m^2/s}$。

(2) 质点系对某定点、定轴的动量矩。质点系对某点 O 的动量矩等于各质点对同一点 O 的动量矩的矢量和，或称为质点系动量对点 O 的主矩，即

$$\boldsymbol{L}_O = \sum_{i=1}^{n} \boldsymbol{M}_O(m_i\boldsymbol{v}_i) \tag{2-47}$$

质点系对某轴 z 的动量矩等于各质点对同一 z 轴动量矩的代数和，即

$$L_z = \sum_{i=1}^{n} M_z(m_i\boldsymbol{v}_i) \tag{2-48}$$

因 $[\boldsymbol{L}_O]_z = \sum\limits_{i=1}^{n} [\boldsymbol{M}_O(m_i\boldsymbol{v}_i)]_z$，将式(2-46)代入，并结合式(2-48)，得

$$[\boldsymbol{L}_O]_z = L_z \tag{2-49}$$

即质点系对某点 O 的动量矩矢在通过该点的 z 轴上的投影等于质点系对于该轴的动量矩。

引入质心的概念可简化质点系对某定点(轴)的动量矩的计算。

如图 2-24 所示，点 O 为定点，点 C 为刚体的质心，刚体对于定点 O 的动量矩为

$$\boldsymbol{L}_O = \sum_{i=1}^{n} \boldsymbol{M}_O(m_i\boldsymbol{v}_i) = \sum_{i=1}^{n} \boldsymbol{r}_i \times m_i\boldsymbol{v}_i = \sum_{i=1}^{n} (\boldsymbol{r}_C + \boldsymbol{r}'_i) \times m_i\boldsymbol{v}_i =$$

$$\boldsymbol{r}_C \times \sum_{i=1}^{n} m_i\boldsymbol{v}_i + \sum_{i=1}^{n} \boldsymbol{r}'_i \times m_i\boldsymbol{v}_i = \boldsymbol{r}_C \times M\boldsymbol{v}_C + \boldsymbol{L}_C \tag{2-50}$$

式中，$M=\sum_{i=1}^{n}m_i$ 为质点系的总质量；$\boldsymbol{v}_C$ 为质心速度；$\boldsymbol{L}_C=\sum_{i=1}^{n}\boldsymbol{r}'_i\times m_i\boldsymbol{v}_i$ 是质点系的绝对运动相对于质心的动量矩。显然，对于正在运动的质心 C，用质点 m_i 的绝对速度 $\boldsymbol{v}_i$ 来计算动量矩是不方便的。因此，通常引入固结于质心的平动参考系，用相对于此参考系的相对速度计算质点系对于质心的动量矩。

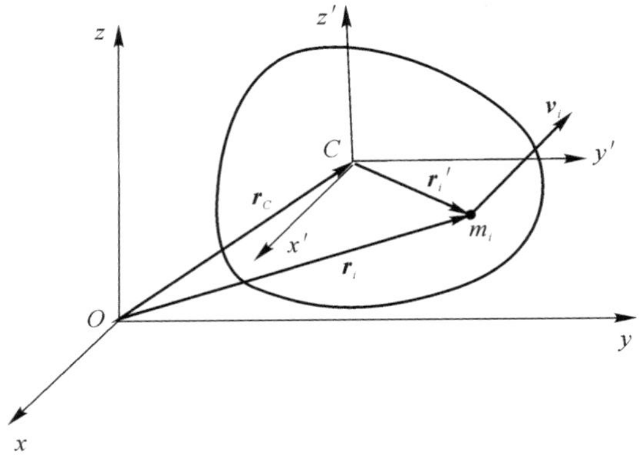

图 2－24　刚体对于定点的动量矩

图 2－24 中的 $Cx'y'z'$ 为原点固结于质心 C 的平动参考系，质点 m_i 相对此动系的相对速度为 $\boldsymbol{v}_{ir}$，绝对速度为 $\boldsymbol{v}_i$，牵连速度就是质心的速度 $\boldsymbol{v}_C$。由速度合成定理，有

$$\boldsymbol{v}_i=\boldsymbol{v}_C+\boldsymbol{v}_{ir}$$

则式(2－50) 中质点系对于质心的动量矩为

$$\boldsymbol{L}_C=\sum_{i=1}^{n}\boldsymbol{r}'_i\times m_i(\boldsymbol{v}_C+\boldsymbol{v}_{ir})=\left(\sum_{i=1}^{n}m_i\boldsymbol{r}'_i\right)\times\boldsymbol{v}_C+\sum_{i=1}^{n}\boldsymbol{r}'_i\times m_i\boldsymbol{v}_{ir}=M\boldsymbol{r}'_C\times\boldsymbol{v}_C+\sum_{i=1}^{n}\boldsymbol{r}'_i\times m_i\boldsymbol{v}_{ir}$$

因为 $\boldsymbol{r}'_C=0$，所以

$$\boldsymbol{L}_C=\sum_{i=1}^{n}\boldsymbol{r}'_i\times m_i\boldsymbol{v}_{ir}\tag{2-51}$$

可见，计算质点系对于质心的动量矩时，用质点相对于惯性参考系的绝对速度 $\boldsymbol{v}_i$，或用质点相对于固连在质心上的平动参考系的相对速度 $\boldsymbol{v}_{ir}$，其结果都是一样的。

2. *动量矩定理*

质点系的动量与动量矩分别描述质点系的不同方面特征，以刚体动力学为例，前者对应刚体随质心的平动，后者对应刚体的转动。由于平动和转动是刚体运动的两种基本形式，因此可以说，质点系的动量和动量矩是描述刚体两种基本运动形式的动力学物理量，两者相互补充，使我们对刚体的运动有一全面的了解。

质点系对定点 O 的动量矩定理：质点系对于某定点 O 的动量矩对时间的导数，等于作用于质点系的外力对点 O 的矩的矢量和，可表示为(可由达朗伯原理推导得到，过程略)

$$\frac{\mathrm{d}}{\mathrm{d}t}\boldsymbol{L}_O=\sum_{i=1}^{n}\boldsymbol{M}_O(\boldsymbol{F}_i^{(e)})\tag{2-52}$$

在应用动量矩定理解题时，常用式(2－52) 的投影形式

$$
\left.\begin{aligned}
\frac{\mathrm{d}}{\mathrm{d}t}L_x &= \sum_i^n M_x(\boldsymbol{F}_i^{(e)}) \\
\frac{\mathrm{d}}{\mathrm{d}t}L_y &= \sum_i^n M_y(\boldsymbol{F}_i^{(e)}) \\
\frac{\mathrm{d}}{\mathrm{d}t}L_z &= \sum_i^n M_z(\boldsymbol{F}_i^{(e)})
\end{aligned}\right\} \tag{2-53}
$$

即质点系对于某定轴的动量矩对时间的导数，等于作用于质点系的外力对同一轴的矩的代数和。

由这个定理可以看出：

(1) 质点系的内力不能改变质点系的动量矩，只有作用于质点系的外力才能使质点系的动量矩发生变化。这与质点系的动量不能被内力改变是一样的。

(2) 当外力系对于某定点(或某定轴)的主矩(或力矩的代数和)等于零时，质点系对于该点(或该轴)的动量矩保持不变，这就是质点系的动量矩守恒定律。例如作用于质点系的所有外力对于某定轴 x 的矩的代数和恒等于零，即 $\sum_{i=1}^n M_x(\boldsymbol{F}_i^{(e)})=0$，则 $L_x=\sum_{i=1}^n M_x(m_i\boldsymbol{v}_i)$ 为常数。

3. 绕质心运动的动力学方程

在研究刚体绕质心运动的动力学问题时，除了刚体的受力分析、运动分析外，还需研究描述刚体惯性性质的物理量之一 —— 惯性矩阵。

(1) 惯性矩阵。首先考查作定点运动的刚体对此定点的动量矩。

如图 2-25 所示，设某刚体相对固定参考系 $Ox_0y_0z_0$ 绕定点 O 运动，其运动的角速度为 $\boldsymbol{\omega}$，另有连体坐标 $Oxyz$ 与该刚体相固连。在刚体上任取一质点 A，其质量为 m、矢径为 $\boldsymbol{r}$、速度为 $\boldsymbol{v}$，则刚体对点 O 的动量矩可表达为

$$
\boldsymbol{L}_O=\sum \boldsymbol{r}\times m\boldsymbol{v}=\sum m\boldsymbol{r}\times(\boldsymbol{\omega}\times\boldsymbol{r})=-\sum m\boldsymbol{r}\times(\boldsymbol{r}\times\boldsymbol{\omega}) \tag{2-54}
$$

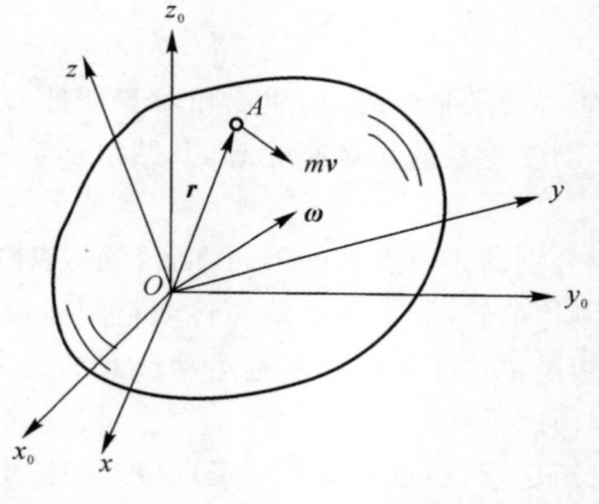

图 2-25 刚体定点运动的动量矩

将式(2-54)写成在连体坐标系 $Oxyz$ 中的矩阵形式为

$$
\{\boldsymbol{L}_O\}=(-\sum m[\tilde{\boldsymbol{r}}]^2)\{\boldsymbol{\omega}\} \tag{2-55}
$$

或

$$
\{\boldsymbol{L}_O\}=[\boldsymbol{J}]\{\boldsymbol{\omega}\} \tag{2-56}
$$

其中

$$[\boldsymbol{J}] = -\sum m[\tilde{\boldsymbol{r}}]^2 \tag{2-57a}$$

显然矩阵$[\boldsymbol{J}]$取决于刚体上的各质点的质量以及这些质量相对连体坐标系 $Oxyz$ 的分布情况，它与刚体的运动无关，是一个常矩阵，称矩阵$[\boldsymbol{J}]$为刚体相对连体坐标系 $Oxyz$ 的惯性矩阵。

式(2-56)就是作定点运动的刚体对此定点动量矩的矩阵形式的表达式。

考虑到 $-[\tilde{\boldsymbol{r}}]^2 = r^2[\boldsymbol{E}] - \{\boldsymbol{r}\}\{\boldsymbol{r}\}^{\mathrm{T}}$（证明从略），这样式(2-57a)还可以写成

$$[\boldsymbol{J}] = \sum m(r^2[\boldsymbol{E}] - \{\boldsymbol{r}\}\{\boldsymbol{r}\}^{\mathrm{T}}) \tag{2-57b}$$

设刚体上任一质点的矢径 $\boldsymbol{r}$ 在轴 Ox，Oy 和 Oz 上的投影分别为 x，y 和 z，这样矢径 $\boldsymbol{r}$ 在连体坐标系 $Oxyz$ 中的坐标方阵为

$$[\tilde{\boldsymbol{r}}] = \begin{bmatrix} 0 & -z & y \\ z & 0 & -x \\ -y & x & 0 \end{bmatrix} \tag{2-58}$$

将式(2-58)代入式(2-57a)后，得

$$[\boldsymbol{J}] = \begin{bmatrix} J_{xx} & -J_{xy} & -J_{zx} \\ -J_{xy} & J_{yy} & -J_{yz} \\ -J_{zx} & -J_{yz} & J_{zz} \end{bmatrix} \tag{2-59}$$

其中

$$\left.\begin{aligned} J_{xx} &= \sum m(y^2 + z^2) \\ J_{yy} &= \sum m(x^2 + z^2) \\ J_{zz} &= \sum m(x^2 + y^2) \\ J_{xy} &= \sum mxy \\ J_{zx} &= \sum mxz \\ J_{yz} &= \sum myz \end{aligned}\right\} \tag{2-60}$$

分别称 J_{xx}，J_{yy} 和 J_{zz} 为刚体相对轴 Ox，Oy 和 Oz 的转动惯量；称 J_{xy}，J_{yz} 和 J_{zx} 为刚体对轴 Ox、Oy，Oy、Oz 和 Oz、Ox 的惯性积。由式(2-59)可以看出惯性矩阵$[\boldsymbol{J}]$为实对称矩阵。

(2) 刚体的惯性主轴。刚体相对其上任一套连体坐标系的惯性矩阵均为实对称矩阵，如果刚体相对其上某一点连体坐标系 $Oxyz$ 的惯性矩阵恰好为一对角线矩阵，则称该坐标系为刚体在点 O 处的惯性主轴坐标系，并称轴 Ox，Oy 和 Oz 为刚体在点 O 处的惯性主轴。那么刚体在其上任意一点处是否均存在惯性主轴坐标系呢？回答是肯定的。证明如下：

如图 2-26 所示，设点 O 是刚体上的任意一点，坐标系 $Ox_1y_1z_1$ 为刚体上的任意一套连体坐标系，刚体相对该坐标系的惯性矩阵为$[\boldsymbol{J}]_1$。由于矩阵$[\boldsymbol{J}]_1$为一实对称矩阵，根据线性代数理论，一定存在一个正交矩阵：

$$[\boldsymbol{A}] = \begin{bmatrix} c_{11} & c_{12} & c_{13} \\ c_{21} & c_{22} & c_{23} \\ c_{31} & c_{32} & c_{33} \end{bmatrix} \tag{2-61}$$

使得

$$[\boldsymbol{A}]^{\mathrm{T}}[\boldsymbol{J}]_1[\boldsymbol{A}]=\begin{bmatrix}\lambda_1 & 0 & 0\\ 0 & \lambda_2 & 0\\ 0 & 0 & \lambda_3\end{bmatrix} \tag{2-62}$$

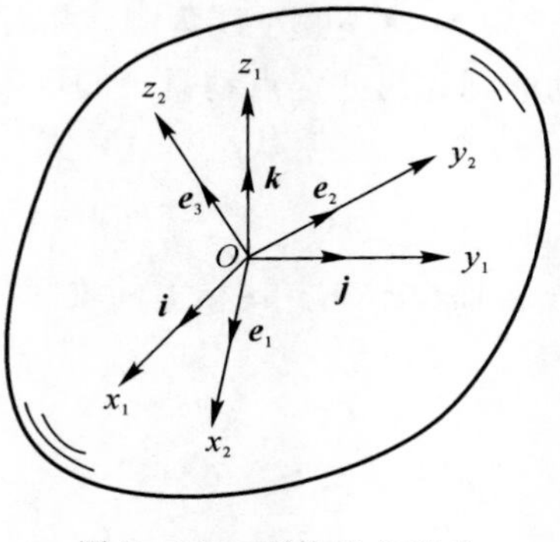

图 2-26　刚体定点运动

以点 O 为原点分别做出三个矢量，即

$$\boldsymbol{e}_1=c_{11}\boldsymbol{i}+c_{21}\boldsymbol{j}+c_{31}\boldsymbol{k} \tag{2-63}$$

$$\boldsymbol{e}_2=c_{12}\boldsymbol{i}+c_{22}\boldsymbol{j}+c_{32}\boldsymbol{k} \tag{2-64}$$

$$\boldsymbol{e}_3=c_{13}\boldsymbol{i}+c_{23}\boldsymbol{j}+c_{33}\boldsymbol{k} \tag{2-65}$$

式中，$\boldsymbol{i}$，$\boldsymbol{j}$ 和 $\boldsymbol{k}$ 分别表示沿轴 Ox_1，Oy_1 和 Oz_1 正向的单位矢。显然向量组 $\boldsymbol{e}_1$，$\boldsymbol{e}_2$，$\boldsymbol{e}_3$ 就是矩阵 $[\boldsymbol{A}]$ 的列向量组。考虑到矩阵 $[\boldsymbol{A}]$ 是一正交矩阵，因此向量组 $\boldsymbol{e}_1$，$\boldsymbol{e}_2$，$\boldsymbol{e}_3$ 是正交单位向量组。以点 O 为原点建立刚体的连体坐标系 $Ox_2y_2z_2$，并使其坐标轴单位矢分别为 $\boldsymbol{e}_1$，$\boldsymbol{e}_2$ 和 $\boldsymbol{e}_3$。这样坐标系 $Ox_2y_2z_2$ 相对坐标系 $Ox_1y_1z_1$ 的方向余弦矩阵为

$$[\boldsymbol{C}^{12}]=\begin{bmatrix}c_{11} & c_{12} & c_{13}\\ c_{21} & c_{22} & c_{23}\\ c_{31} & c_{32} & c_{33}\end{bmatrix}=[\boldsymbol{A}] \tag{2-66}$$

根据转轴公式，刚体相对坐标系 $Ox_2y_2z_2$ 的惯性矩阵为

$$[\boldsymbol{J}]_2=[\boldsymbol{C}^{21}][\boldsymbol{J}]_1[\boldsymbol{C}^{21}]^{\mathrm{T}}=[\boldsymbol{C}^{12}]^{\mathrm{T}}[\boldsymbol{J}]_1[\boldsymbol{C}^{12}] \tag{2-67}$$

将式(2-66) 代入式(2-67)，得

$$[\boldsymbol{J}]_2=[\boldsymbol{A}]^{\mathrm{T}}[\boldsymbol{J}]_1[\boldsymbol{A}] \tag{2-68}$$

再将式(2-62) 代入式(2-68)，得到刚体相对坐标系 $Ox_2y_2z_2$ 的惯性矩阵，即

$$[\boldsymbol{J}]_2=\begin{bmatrix}\lambda_1 & 0 & 0\\ 0 & \lambda_2 & 0\\ 0 & 0 & \lambda_3\end{bmatrix} \tag{2-69}$$

因此坐标系 $Ox_2y_2z_2$ 就是刚体在点 O 处的惯性主轴坐标系，可以说刚体在其上任意一点处均存在惯性主轴坐标系。

从以上的证明过程，还可以归纳出确定刚体在其任意一点处的惯性主轴坐标系的步骤：

1) 由已知的刚体相对连体坐标系 $Ox_1y_1z_1$ 的惯性矩阵 $[\boldsymbol{J}]_1$，求出该矩阵的特征值 λ_1，λ_2，λ_3 以及对应于这些特征值的特征向量 $\boldsymbol{e}'_1$，$\boldsymbol{e}'_2$，$\boldsymbol{e}'_3$。

2) 将向量组 $\boldsymbol{e}'_1$，$\boldsymbol{e}'_2$，$\boldsymbol{e}'_3$ 进行正交单位化，得到与 $\boldsymbol{e}'_1$，$\boldsymbol{e}'_2$，$\boldsymbol{e}'_3$ 等价的正交单位向量组 $\boldsymbol{e}_1$，

$\boldsymbol{e}_2$，$\boldsymbol{e}_3$。

3）以这 3 个正交的单位向量为基矢量建立刚体在点 O 处的连体坐标系 $Ox_2y_2z_2$，则坐标系 $Ox_2y_2z_2$ 就是刚体在点 O 处的惯性主轴坐标系，且刚体对轴 Ox_2，Oy_2 和 Oz_2 的转动惯量分别为 λ_1，λ_2 和 λ_3。

以上步骤是确定惯性主轴坐标系（或惯性主轴）的普遍方法，但在许多具体问题中，也可以不经过数学运算，而直接根据刚体的几何特征来判断某轴是否为刚体的惯性主轴。下面是常用的两条判断法则：

1）如果均质刚体有对称轴，则此轴是该轴上任意一点处的惯性主轴。

2）如果均质刚体有对称平面，则垂直此平面的任意轴线是此轴线与对称平面的交点处的惯性主轴。

（3）刚体的定点运动微分方程。如图 2－27 所示，设某刚体相对固定参考系 $Ox_0y_0z_0$ 绕定点 O 运动，连体坐标系 $Oxyz$ 是刚体在点 O 处的惯性主轴坐标系。根据式（2－56），刚体对点 O 的动量矩 $\boldsymbol{L}_O$ 在连体坐标系 $Oxyz$ 中的坐标列阵为

$$\{\boldsymbol{L}_O\} = [\boldsymbol{J}]\{\boldsymbol{\omega}\} \tag{2-70}$$

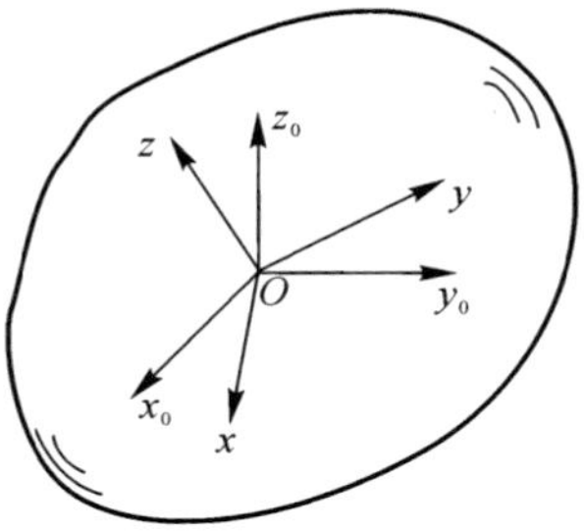

图 2－27　刚体的定点运动

式中，$[\boldsymbol{J}]$ 为刚体相对坐标系 $Oxyz$ 的惯性矩阵；$\{\boldsymbol{\omega}\}$ 为刚体的角速度 $\boldsymbol{\omega}$ 在坐标系 $Oxyz$ 中的坐标列阵。根据动量矩定理，有

$$\frac{\mathrm{d}\boldsymbol{L}_O}{\mathrm{d}t} = \sum \boldsymbol{M}_O(\boldsymbol{F}) \tag{2-71}$$

其中，$\boldsymbol{F}$ 表示作用在刚体上的任一外力。根据矢量的绝对导数与相对导数的关系，有

$$\frac{\mathrm{d}\boldsymbol{L}_O}{\mathrm{d}t} = \frac{\tilde{\mathrm{d}}\boldsymbol{L}_O}{\mathrm{d}t} + \boldsymbol{\omega} \times \boldsymbol{L}_O \tag{2-72}$$

将式（2－72）代入式（2－71），得

$$\frac{\tilde{\mathrm{d}}\boldsymbol{L}_O}{\mathrm{d}t} + \boldsymbol{\omega} \times \boldsymbol{L}_O = \sum \boldsymbol{M}_O(\boldsymbol{F}) \tag{2-73}$$

将矢量式（2－73）写成在坐标系 $Oxyz$ 中的矩阵形式，即

$$\{\dot{\boldsymbol{L}}_O\} + [\tilde{\boldsymbol{\omega}}]\{\boldsymbol{L}_O\} = \sum \begin{Bmatrix} M_x(\boldsymbol{F}) \\ M_y(\boldsymbol{F}) \\ M_z(\boldsymbol{F}) \end{Bmatrix} \tag{2-74}$$

将式（2－70）代入式（2－74），得

$$[\boldsymbol{J}]\{\dot{\boldsymbol{\omega}}\}+[\tilde{\boldsymbol{\omega}}][\boldsymbol{J}]\{\boldsymbol{\omega}\}=\sum\begin{Bmatrix}M_x(\boldsymbol{F})\\M_y(\boldsymbol{F})\\M_z(\boldsymbol{F})\end{Bmatrix} \tag{2-75}$$

考虑到连体系 $Oxyz$ 是刚体在点 O 处的惯性主轴坐标系，故刚体相对坐标系 $Oxyz$ 的惯性矩阵为

$$[\boldsymbol{J}]=\begin{bmatrix}J_{xx}&0&0\\0&J_{yy}&0\\0&0&J_{zz}\end{bmatrix} \tag{2-76}$$

设

$$\{\boldsymbol{\omega}\}=\begin{Bmatrix}\omega_x\\\omega_y\\\omega_z\end{Bmatrix} \tag{2-77}$$

则

$$[\tilde{\boldsymbol{\omega}}]=\begin{bmatrix}0&-\omega_z&\omega_y\\\omega_z&0&-\omega_x\\-\omega_y&\omega_x&0\end{bmatrix} \tag{2-78}$$

将式(2-76)、式(2-77)和式(2-78)代入式(2-75)，得

$$\begin{bmatrix}J_{xx}\dot{\omega}_x+(J_{zz}-J_{yy})\omega_y\omega_z\\J_{yy}\dot{\omega}_y+(J_{xx}-J_{zz})\omega_x\omega_z\\J_{zz}\dot{\omega}_z+(J_{yy}-J_{xx})\omega_x\omega_y\end{bmatrix}=\begin{bmatrix}\sum M_x(\boldsymbol{F})\\\sum M_y(\boldsymbol{F})\\\sum M_z(\boldsymbol{F})\end{bmatrix} \tag{2-79}$$

即

$$\left.\begin{aligned}J_{xx}\dot{\omega}_x+(J_{zz}-J_{yy})\omega_y\omega_z&=\sum M_x(\boldsymbol{F})\\J_{yy}\dot{\omega}_y+(J_{xx}-J_{zz})\omega_x\omega_z&=\sum M_y(\boldsymbol{F})\\J_{zz}\dot{\omega}_z+(J_{yy}-J_{xx})\omega_x\omega_y&=\sum M_z(\boldsymbol{F})\end{aligned}\right\} \tag{2-80}$$

这就是刚体的定点运动微分方程，它由欧拉首先推导出来，故又名欧拉动力学方程。

4.一般运动的动力学方程

由于刚体一般运动可分解为随质心的平动和绕质心的定点运动，所以刚体的一般运动的动力学方程可由刚体质心运动动力学方程和绕质心运动动力学方程组成，即

$$\left.\begin{aligned}M\ddot{x}_C&=\sum F_x\\M\ddot{y}_C&=\sum F_y\\M\ddot{z}_C&=\sum F_z\\J_{xx}\dot{\omega}_x+(J_{zz}-J_{yy})\omega_y\omega_z&=\sum M_x(\boldsymbol{F})\\J_{yy}\dot{\omega}_y+(J_{xx}-J_{zz})\omega_x\omega_z&=\sum M_y(\boldsymbol{F})\\J_{zz}\dot{\omega}_z+(J_{yy}-J_{xx})\omega_x\omega_y&=\sum M_x(\boldsymbol{F})\end{aligned}\right\} \tag{2-81}$$

思　考　题

1. 求图 2-28 所示平面力系的最终简化结果。

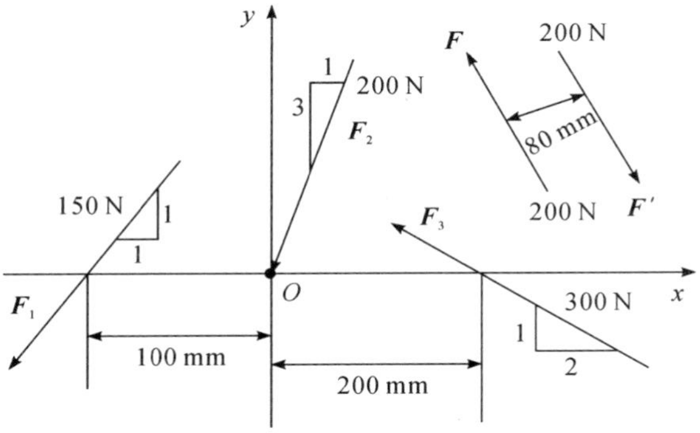

图 2-28

2. 如图 2-29 所示，车辆处于行驶过程中，车的总质量为 m，以加速度 $\boldsymbol{a}$ 作水平直线运动。车质心 G 距离地面的高度为 h，车前、后轴到过质心垂线的距离分别为 c 和 b。求车前后轮的正压力分别为多少？车如何行驶能够使前后轮压力相等？

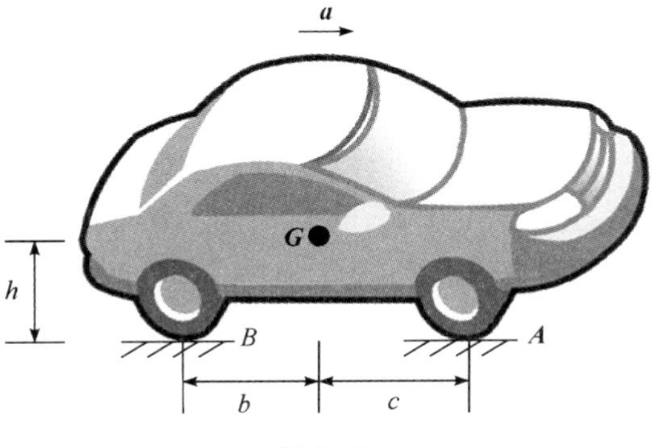

图 2-29

3. 请总结归纳刚体一般运动的动力学方程的建立过程。

4. 如果将刚体的连体坐标系选为惯性主轴坐标系，对于研究刚体绕质心运动的动力学问题有何意义？

5. 若平面力系简化得到一力和一力偶，且该力的大小不为 0，该力偶的力偶矩也不为 0，那么还可进一步继续简化么？如果可以，进一步简化的结果是什么？

6. 对刚体的惯性力系进行简化之前为什么要先分析刚体的具体运动形式？

7. 为什么说刚体的惯性矩阵与刚体的运动无关，而是一个常矩阵？

第 3 章　常用坐标系及其转换

研究任何物体的运动，都必须有一定的参考坐标系。研究导弹的质心运动和绕质心运动，也需要一定的参考坐标系。为描述导弹运动规律和特性，常常需要根据其不同物理意义定义不同的参考坐标系。为建立导弹运动方程，还需要建立不同参考坐标系之间的转换关系，将投影到不同参考坐标系的运动参数转换到指定参考坐标系下，进而对导弹运动进行定性和定量分析。

3.1　常用坐标系

3.1.1　发射坐标系 $Oxyz$

由于弹道导弹的发射点 f 和目标点 m 均在地面上，而且对导弹运动的观测和分析都是相对于地球而言的，所以，首先引进与地球相固连的发射坐标系，作为研究导弹运动规律的基本参考系。

发射坐标系的原点 O 与导弹的发射点 f 重合；Oy 轴沿 f 点的铅垂线方向，且向上为正；Ox 轴垂直于 Oy 轴，指向瞄准方向为正；Oz 轴与 Ox，Oy 轴构成右手直角坐标系，如图 3-1 所示。在发射坐标系 $Oxyz$ 中，平面 Oxy 通常称为射面。

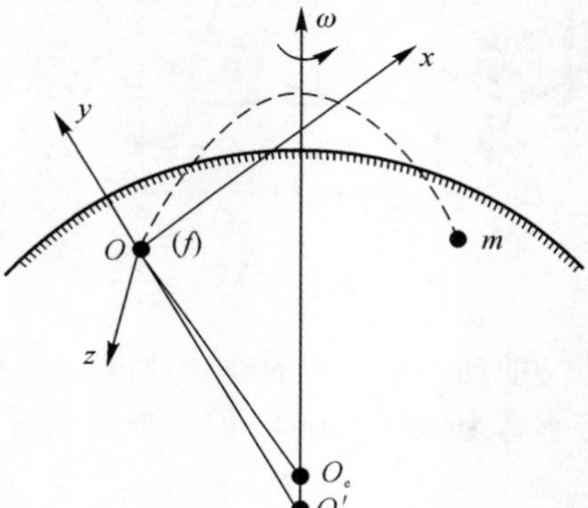

图 3-1　发射坐标系

发射坐标系在不考虑地球自转时，为惯性坐标系；当考虑地球自转时，为跟随地球旋转的动坐标系。

用一个东西长而南北短的均质椭球体来近似代替地球，考虑到地球自转所产生的牵连惯性力(即地球自转离心惯性力)，则地球引力与地球自转离心惯性力的合力形成重力。显然重力的方向始终是偏向赤道的。因此发射坐标系 Oy 轴的反向延长线并不通过地心 O_e，而是与

地轴交于 O'点，如图 3－1 所示。

定义发射坐标系之后，研究导弹的质心运动便可用质心相对于发射坐标系的位置和速度来描述。但是，仅靠发射坐标系只能解决导弹的质心运动（飞行轨迹）问题，至于导弹的绕质心运动（飞行姿态）则无法确定。

3.1.2　弹体坐标系 $O_1x_1y_1z_1$

为描述导弹相对发射坐标系（地球）的飞行姿态，需要一个固连于弹体，且随导弹一起运动的坐标系，称为弹体坐标系 $O_1x_1y_1z_1$。

弹体坐标系的原点选在导弹的质心 O_1；其 O_1x_1 轴与弹体的纵对称轴（纵轴）一致，且指向弹头方向为正；O_1y_1 轴垂直于 O_1x_1 轴，且位于导弹的主对称平面（导弹在发射瞬间与射面重合的对称面）内，向上为正；而 O_1z_1 轴则与 O_1x_1，O_1y_1 轴构成右手直角坐标系，如图 3－2 所示。

3.1.3　速度坐标系 $O_1x_cy_cz_c$

导弹飞行时，速度矢量 $\boldsymbol{v}$ 一般不与导弹纵轴 O_1x_1 重合。为了确定导弹的速度矢量在空间的方位，研究作用于导弹上的空气动力等问题，需要引进速度坐标系 $O_1x_cy_cz_c$。

速度坐标系的原点选在导弹的质心 O_1 上；其 O_1x_c 轴与导弹的飞行速度矢量 $\boldsymbol{v}$ 一致；O_1y_c 轴在导弹的主对称面内，且与 O_1x_c 轴垂直，向上为正；O_1z_c 轴则与 O_1x_c，O_1y_c 轴构成右手直角坐标系，如图 3－3 所示。

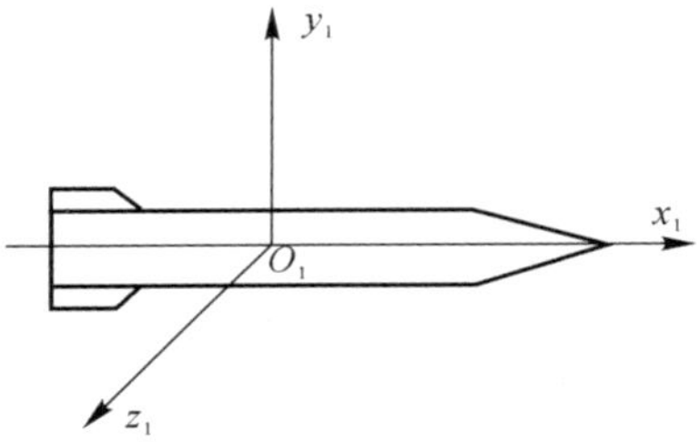

图 3－2　弹体坐标系

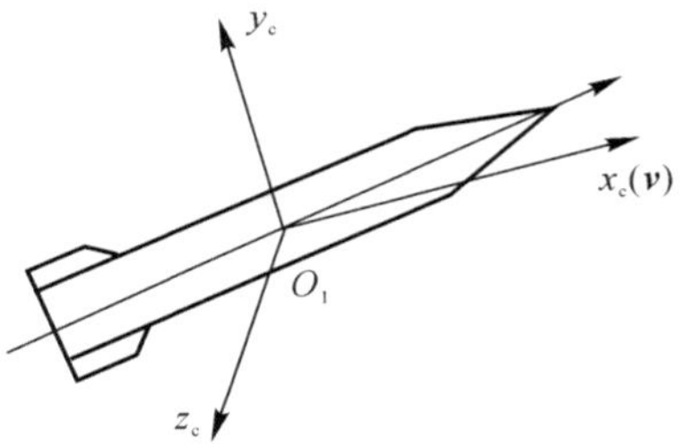

图 3－3　速度坐标系

3.1.4　轨迹坐标系 $O_1x_2y_2z_2$

描述导弹的质心运动，有时将作用力投影到轨迹坐标系比较方便，为此定义轨迹坐标系 $O_1x_2y_2z_2$。

轨迹坐标系的原点选在导弹的质心 O_1 上；其 O_1x_2 轴也是与导弹的速度矢量 $\boldsymbol{v}$ 一致；O_1y_2 轴在射面内，且与 O_1x_2 轴垂直，向上为正；O_1z_2 轴则与 O_1x_2，O_1y_2 轴构成右手直角坐标系，如图 3－4所示。

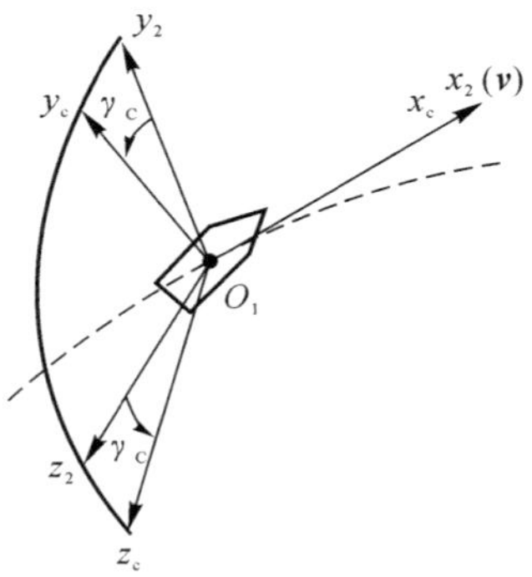

图 3－4　轨迹坐标系

由此可见，轨迹坐标系 O_1x_2 轴与速度坐标系 O_1x_c 轴重合，均为导弹飞行速度方向，轨迹坐标系的 O_1y_2 轴位于射面内，而速度坐标系的 O_1y_c 轴位于导弹的主对称面内，即两者的差别在于 O_1y_2 轴与 O_1y_c 轴的位置不同，两轴之间的夹角为 γ_C，如图 3－4 所示。

3.1.5 惯性坐标系 $O^a x^a y^a z^a$

由于导弹在实际飞行时的加速度和姿态角，一般以固连于惯性平台上的惯性坐标系为基准进行测量，因此，在研究导弹相对于发射坐标系的运动时，还需要引入惯性坐标系 $O^a x^a y^a z^a$，并建立惯性坐标系与发射坐标系和弹体坐标系之间的关系。

惯性坐标系的原点 O^a 选在导弹起飞瞬间的发射点 f；其 $O^a y^a$ 轴为起飞瞬时发射点处铅垂线的反向；$O^a x^a$ 轴垂直于 $O^a y^a$ 并指向瞄准方向；$O^a z^a$ 轴则与 $O^a x^a$，$O^a y^a$ 轴构成右手直角坐标系。该坐标系又称初始发射坐标系，弹道导弹平台式惯导系统模拟的即该坐标系。

由上述定义可知，在导弹起飞瞬间，惯性坐标系与发射坐标系完全重合。但在导弹起飞之后，固连于地球的发射坐标系将随地球一同转动，而惯性坐标系各轴在惯性空间的方位将始终保持不变，惯性坐标系与发射坐标系则不再重合。惯性坐标系如图 3-5 所示。

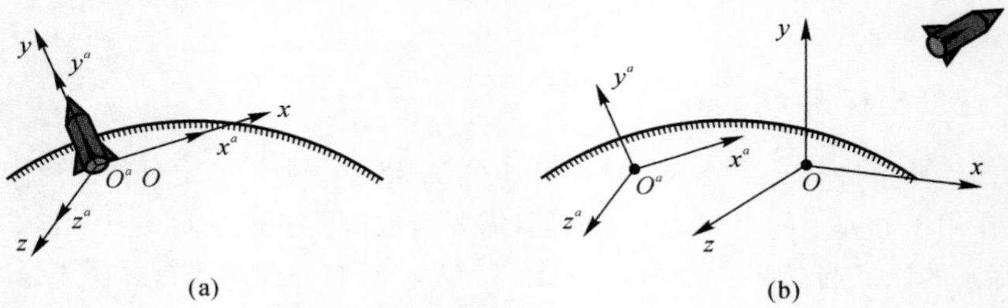

图 3-5 惯性坐标系

(a)起飞瞬间，惯性系与发射系重合；(b)起飞后，惯性系与发射系不再重合

3.1.6 地心直角坐标系 $O_e x_d y_d z_d$

导弹在空间的位置，有时用相对于地球的三维直角坐标表示比较方便，为此引入地心直角坐标系 $O_e x_d y_d z_d$。

地心直角坐标系的原点取在地球质心 O_e 点；$O_e z_d$ 轴沿地球自转轴的正向；$O_e x_d$ 轴为起始天文子午面(过地面点的铅垂线且与地球自转轴平行的平面为该点的天文子午面，通过格林尼治天文台的天文子午面为起始天文子午面)与赤道面的交线，且指向格林尼治天文台的方向；$O_e y_d$ 轴与 $O_e z_d$，$O_e x_d$ 轴构成右手直角坐标系，如图 3-6 所示。

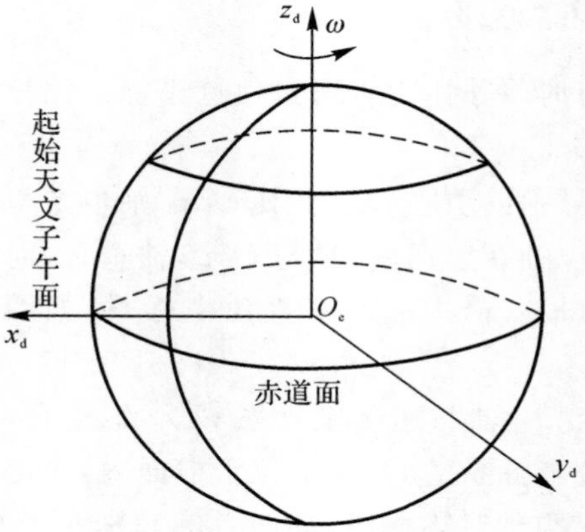

图 3-6 地心直角坐标系

3.1.7　地理坐标系 $O_1x_ny_nz_n$

对于巡航导弹而言，为了描述导弹的飞行姿态和研究导弹的质心运动，需要建立一个原点固连于弹体，且随导弹一起运动的坐标系，为此引入地理坐标系 $O_1x_ny_nz_n$。

地理坐标系的原点选在导弹的质心上；其 O_1x_n 轴指向地理北向；O_1y_n 轴指向东；O_1z_n 轴指向 O_1 点的铅垂线方向指向地，与 O_1x_n 和 O_1y_n 构成右手直角坐标系，此坐标系定义为北-东-地正交坐标系（也有采用东-北-天地理坐标系定义的），如图 3-7 所示。地理坐标系原点随着导弹处于当地的即时位置并以通过该点的水平面为基面。

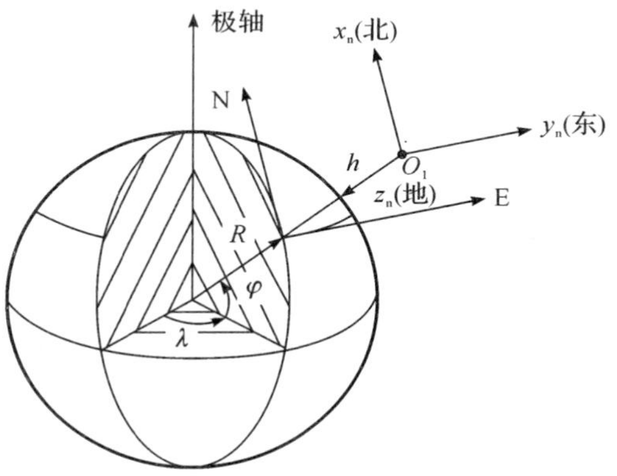

图 3-7　地理坐标系

3.2　描述导弹运动的欧拉角

依据第 1 章内容，两个坐标系之间的关系可以通过 3 次独立转动的 3 个转角（欧拉角）来描述，在研究导弹运动时所定义的常用坐标系之间的关系，也可以用欧拉角来描述。需要特别注意的是，由于坐标系之间的定义和转动方法不同，欧拉角定义也是不同的。

3.2.1　描述弹体相对于发射坐标系的姿态角

1. 俯仰角 φ

俯仰角 φ 为导弹的纵轴 O_1x_1 在发射坐标系的 Oxy 平面（射面）的投影与 Ox 轴之间的夹角。它描述了导弹相对于发射坐标系 Ox 轴上下俯仰角度的大小。当投影在 Ox 轴上方时，φ 取正；当投影在 Ox 轴下方时，φ 取负。

2. 偏航角 ψ

偏航角 ψ 为导弹的纵轴 O_1x_1 与发射坐标系的 Oxy 平面（射面）的夹角。它描述了导弹相对于射面左右偏转角度的大小。向弹头方向看去：导弹纵轴在 Oxy 平面之左时，ψ 取正；导弹纵轴在 Oxy 平面之右时，ψ 取负。

3. 滚动角 γ

滚动角 γ 为导弹绕其纵轴 O_1x_1 所转过的角度。它描述了弹体相对于导弹纵轴 O_1x_1 滚动角度的大小。γ 的正、负按照右手螺旋定则确定。

3.2.2 描述导弹质心速度矢量相对于发射坐标系的方位

1. 弹道倾角 θ

弹道倾角 θ 为导弹质心速度矢量在发射坐标系的 Oxy 平面(射面)的投影与 Ox 轴之间的夹角。当投影在 Ox 轴上方时,θ 取正;当投影在 Ox 轴下方时,θ 取负。

2. 弹道偏角 σ

弹道偏角 σ 为导弹质心速度矢量与发射坐标系的 Oxy 平面(射面)的夹角。向弹头方向看去:速度矢量在 Oxy 平面左侧时,σ 取正;速度矢量在 Oxy 平面右侧时,σ 取负。

3. 倾斜角 γ_C

倾斜角 γ_C 为导弹绕其速度矢量所转过的角度(见图 3-4)。γ_C 角的正、负按照右手螺旋定则确定。

3.2.3 描述导弹质心速度矢量相对于弹体坐标系的方位

1. 冲角 α

冲角 α(又称攻角)为导弹质心速度矢量在其主对称面内的投影与弹体纵轴 O_1x_1 之间的夹角。当速度矢量在 O_1x_1 之下时,α 取正;当速度矢量在 O_1x_1 之上时,α 取负。

2. 侧滑角 β

侧滑角 β 为导弹质心速度矢量与导弹主对称面之间的夹角。沿 O_1x_1 轴看去:当速度矢量在主对称面右侧时,β 取正;当速度矢量在主对称面左侧时,β 取负。

3.2.4 描述弹体相对于地理坐标系的姿态角

对于巡航导弹而言,导弹的姿态角是弹体坐标系 $O_1x_1y_1z_1$ 和地理坐标系 $O_1x_ny_nz_n$ 之间的三个夹角,巡航导弹弹体坐标系沿用第 3 章 3.1 节弹体坐标系定义,则姿态角定义如下。

1. 俯仰角 φ

俯仰角 φ 为导弹的纵轴 O_1x_1 与水平面之间的夹角。它描述了导弹相对于地理坐标系水平面 $O_1x_ny_n$ 上下俯仰角度的大小。当纵轴 O_1x_1 在平面 $O_1x_ny_n$ 上方时,φ 取正;当纵轴O_1x_1 在平面 $O_1x_ny_n$ 下方时,φ 取负。

2. 航向角 Ψ

航向角 Ψ 为导弹的纵轴 O_1x_1 在水平面内的投影与地理北向轴(N)之间的夹角。它描述了导弹纵轴相对于地理北向左右偏转角度的大小。其方向规定为从真子午线北端顺时针转到导弹纵轴的夹角,航向角以地理北向为基准计算:顺时针(偏东)为正航向角,Ψ 取正;逆时针(偏西)为负航向角,Ψ 取负。

3. 滚动角 γ

滚动角 γ 为导弹绕其纵轴 O_1x_1 所转过的角度。定义为导弹纵向对称面(导弹纵轴 O_1x_1 与竖轴 O_1y_1 组成的平面)与纵向铅垂平面(导弹纵轴 O_1x_1 与地垂线组成的平面)之间的夹角,右倾定义为正滚动角,左倾定义为负滚动角。

3.3 常用坐标系之间的转换关系

3.3.1 发射坐标系与弹体坐标系

依据弹体坐标系可确定推力和控制力，而为了在发射坐标系建立导弹质心运动动力学方程，需要将弹体坐标系的量转换到发射坐标系，为此需研究发射坐标系与弹体坐标系之间的转换关系。

为便于研究弹体坐标系相对于发射坐标系的转换关系，将发射坐标系平移并使其原点与弹体坐标系的原点 O_1（导弹质心）重合，得到平移之后的发射坐标系 O_1xyz。这样，弹体坐标系相对于发射坐标系的转换关系，实际上就是弹体坐标系相对于平移后的发射坐标系 O_1xyz 的转换关系。根据第 1 章刚体定点运动描述方法，弹体坐标系 $O_1x_1y_1z_1$ 可由平移后的发射坐标系 O_1xyz 经过 3 次独立旋转而得到，如图 3－8 所示。

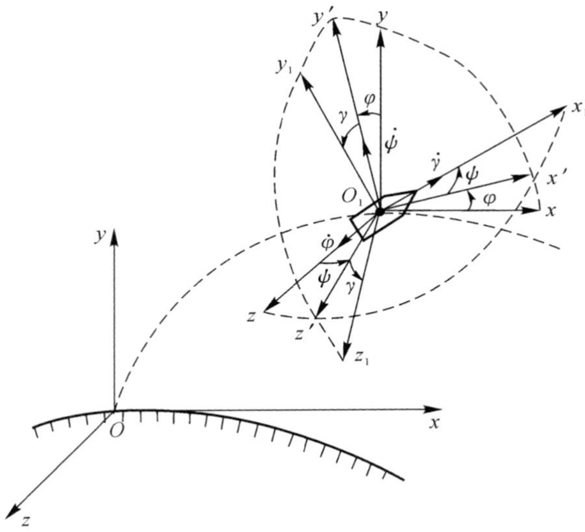

图 3－8　发射坐标系与弹体坐标系的转换关系

第一次旋转：将坐标系 O_1xyz 绕 O_1z 轴旋转 φ，得到第一过渡坐标系 $O_1x'y'z$。当旋转方向与 O_1z 轴正向一致时，φ 取正，反之取负，并将旋转角速度 $\dot{\varphi}$ 标在 O_1z 轴上。第一次旋转关系如图 3－9 所示。

根据第 1 章中方向余弦矩阵的定义，可以直接得出坐标系 $O_1x'y'z$（作为 1 系）相对坐标系 O_1xyz（作为 0 系）的方向余弦矩阵 $\boldsymbol{C}^{01}$，有

$$\boldsymbol{C}^{01}=\begin{bmatrix}\cos\varphi & -\sin\varphi & 0\\ \sin\varphi & \cos\varphi & 0\\ 0 & 0 & 1\end{bmatrix} \tag{3-1}$$

再根据方向余弦矩阵的性质，可以对同一矢量在不同坐标系中的坐标列阵之间进行转换，得第一次旋转的转换关系为

$$\begin{bmatrix} x \\ y \\ z \end{bmatrix} = \begin{bmatrix} \cos\varphi & -\sin\varphi & 0 \\ \sin\varphi & \cos\varphi & 0 \\ 0 & 0 & 1 \end{bmatrix} \begin{bmatrix} x' \\ y' \\ z \end{bmatrix} \tag{3-2}$$

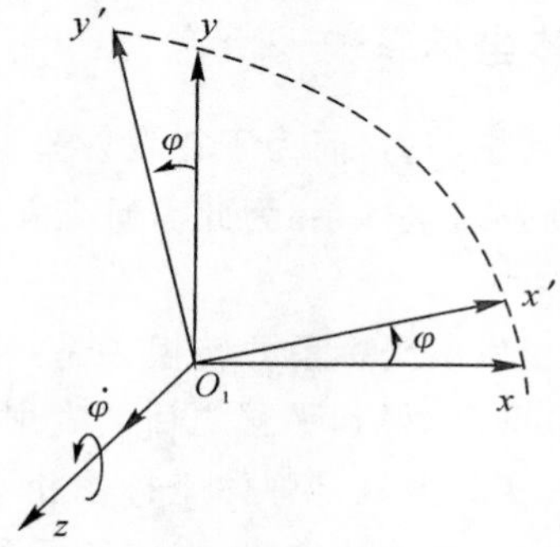

图 3－9　第一次旋转关系

第二次旋转：将坐标系 $O_1x'y'z$ 绕 O_1y' 轴旋转 ψ，得到第二过渡坐标系 $O_1x_1y'z'$。当旋转方向与 O_1y' 轴正向一致时，ψ 取正，反之取负，并将旋转角速度 $\dot{\psi}$ 标在 O_1y' 轴上。第二次旋转关系如图 3－10 所示。

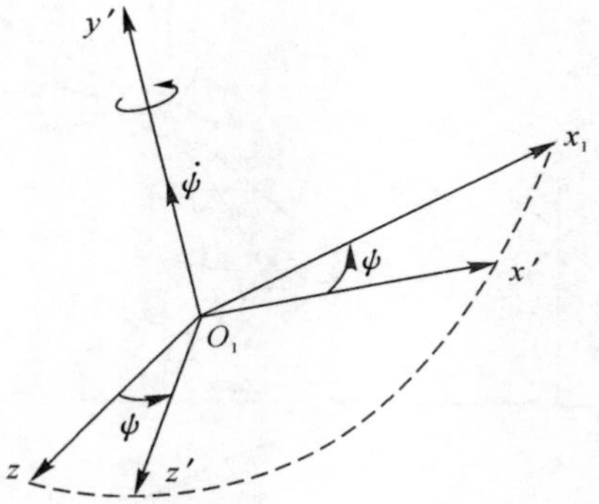

图 3－10　第二次旋转关系

根据第 1 章中方向余弦矩阵的定义和性质，同理可得到坐标系 $O_1x_1y'z'$（作为 2 系）相对坐标系 $O_1x'y'z$（作为 1 系）的方向余弦矩阵 $\boldsymbol{C}^{12}$ 与第二次旋转的转换关系为

$$\boldsymbol{C}^{12} = \begin{bmatrix} \cos\psi & 0 & \sin\psi \\ 0 & 1 & 0 \\ -\sin\psi & 0 & \cos\psi \end{bmatrix} \tag{3-3}$$

$$\begin{bmatrix} x' \\ y' \\ z \end{bmatrix} = \begin{bmatrix} \cos\psi & 0 & \sin\psi \\ 0 & 1 & 0 \\ -\sin\psi & 0 & \cos\psi \end{bmatrix} \begin{bmatrix} x_1 \\ y' \\ z' \end{bmatrix} \tag{3-4}$$

第三次旋转：将坐标系 $O_1x_1y'z'$ 绕 O_1x_1 轴旋转 γ，得到弹体坐标系 $O_1x_1y_1z_1$。当旋转方向与 O_1x_1 轴正向一致时，γ 取正，反之取负，并将旋转角速度 $\dot{\gamma}$ 标在 O_1x_1 轴上。第三次旋转关系如图 3－11 所示。

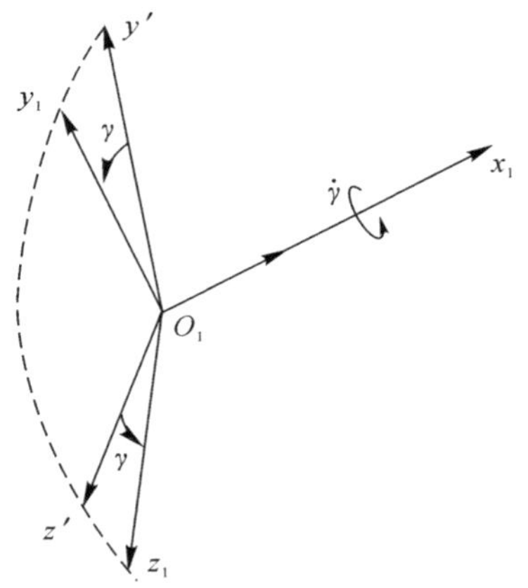

图 3 - 11　第三次旋转关系

根据第 1 章中方向余弦矩阵的定义和性质，同理可得到坐标系 $O_1x_1y_1z_1$（作为 3 系）相对坐标系 $O_1x_1y'z'$（作为 2 系）的方向余弦矩阵 $\boldsymbol{C}^{23}$ 与第三次旋转的转换关系为

$$\boldsymbol{C}^{23}=\begin{bmatrix}1 & 0 & 0\\ 0 & \cos\gamma & -\sin\gamma\\ 0 & \sin\gamma & \cos\gamma\end{bmatrix}\tag{3-5}$$

$$\begin{bmatrix}x_1\\ y'\\ z'\end{bmatrix}=\begin{bmatrix}1 & 0 & 0\\ 0 & \cos\gamma & -\sin\gamma\\ 0 & \sin\gamma & \cos\gamma\end{bmatrix}\begin{bmatrix}x_1\\ y_1\\ z_1\end{bmatrix}\tag{3-6}$$

通过上述变换，将式(3 - 6)代入式(3 - 4)，再将式(3 - 4)代入式(3 - 2)，可得到发射坐标系与弹体坐标系之间的转换关系为

$$\begin{bmatrix}x\\ y\\ z\end{bmatrix}=\begin{bmatrix}\cos\varphi & -\sin\varphi & 0\\ \sin\varphi & \cos\varphi & 0\\ 0 & 0 & 1\end{bmatrix}\begin{bmatrix}\cos\psi & 0 & \sin\psi\\ 0 & 1 & 0\\ -\sin\psi & 0 & \cos\psi\end{bmatrix}\begin{bmatrix}1 & 0 & 0\\ 0 & \cos\gamma & -\sin\gamma\\ 0 & \sin\gamma & \cos\gamma\end{bmatrix}\begin{bmatrix}x_1\\ y_1\\ z_1\end{bmatrix}\tag{3-7}$$

$$\begin{bmatrix}x\\ y\\ z\end{bmatrix}=\begin{bmatrix}\cos\varphi\cos\psi & -\sin\varphi\cos\gamma+\cos\varphi\sin\psi\sin\gamma & \sin\varphi\sin\gamma+\cos\varphi\sin\psi\cos\gamma\\ \sin\varphi\cos\psi & \cos\varphi\cos\gamma+\sin\varphi\sin\psi\sin\gamma & -\cos\varphi\sin\gamma+\sin\varphi\sin\psi\cos\gamma\\ -\sin\psi & \cos\psi\sin\gamma & \cos\psi\cos\gamma\end{bmatrix}\begin{bmatrix}x_1\\ y_1\\ z_1\end{bmatrix}\tag{3-8}$$

若令

$$\boldsymbol{G}_B=\begin{bmatrix}\cos\varphi\cos\psi & -\sin\varphi\cos\gamma+\cos\varphi\sin\psi\sin\gamma & \sin\varphi\sin\gamma+\cos\varphi\sin\psi\cos\gamma\\ \sin\varphi\cos\psi & \cos\varphi\cos\gamma+\sin\varphi\sin\psi\sin\gamma & -\cos\varphi\sin\gamma+\sin\varphi\sin\psi\cos\gamma\\ -\sin\psi & \cos\psi\sin\gamma & \cos\psi\cos\gamma\end{bmatrix}$$

则式(3 - 8)可写为

$$\begin{bmatrix}x\\ y\\ z\end{bmatrix}=\boldsymbol{G}_B\begin{bmatrix}x_1\\ y_1\\ z_1\end{bmatrix}\tag{3-9}$$

式(3 - 9)描述了将弹体坐标系的各种量转换到发射坐标系的转换关系。

若要将发射坐标系的量转换到弹体坐标系，转换过程与上述步骤相反，转换关系可由式(3-9)的 $\boldsymbol{G}_B$ 求逆，得

$$\begin{bmatrix} x_1 \\ y_1 \\ z_1 \end{bmatrix} = \boldsymbol{B}_G \begin{bmatrix} x \\ y \\ z \end{bmatrix} \tag{3-10}$$

式中

$$\boldsymbol{B}_G = \boldsymbol{G}_B^{-1} \tag{3-11}$$

由于 $\boldsymbol{G}_B$ 是由 3 个正交矩阵相乘得到，$\boldsymbol{G}_B$ 亦为正交矩阵。此时式(3-11)又可表示为

$$\boldsymbol{B}_G = \boldsymbol{G}_B^{-1} = \boldsymbol{G}_B^{\mathrm{T}} \tag{3-12}$$

3.3.2 发射坐标系与速度坐标系

分析发射坐标系与速度坐标系之间转换关系的方法，完全等同于推导发射坐标系与弹体坐标系之间转换关系的方法。首先将发射坐标系平移，使其原点与导弹质心 O_1 重合，得到平移后的发射坐标系 O_1xyz，然后经过 3 次旋转，得到速度坐标系，如图 3-12 所示。

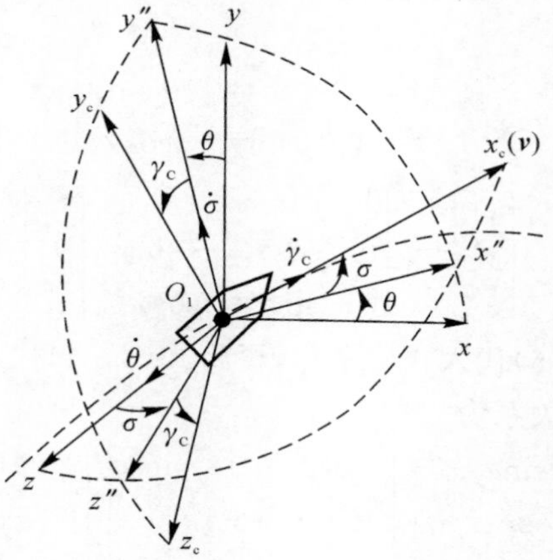

图 3-12　发射坐标系与速度坐标系的转换关系

第一次旋转：将坐标系 O_1xyz 绕其 O_1z 轴旋转 θ 角，得到第一过渡系 $O_1x''y''z$。

第二次旋转：将坐标系 $O_1x''y''z$ 绕其 O_1y'' 轴旋转 σ 角，得到第二过渡系 $O_1x_cy''z''$。

第三次旋转：将坐标系 $O_1x_cy''z''$ 绕其 O_1x_c 轴旋转 γ_C 角，得到速度坐标系 $O_1x_cy_cz_c$。

通过上述 3 次旋转之后，便可得到发射坐标系与速度坐标系之间的转换关系为

$$\begin{bmatrix} x \\ y \\ z \end{bmatrix} = \begin{bmatrix} \cos\theta & -\sin\theta & 0 \\ \sin\theta & \cos\theta & 0 \\ 0 & 0 & 1 \end{bmatrix} \begin{bmatrix} \cos\sigma & 0 & \sin\sigma \\ 0 & 1 & 0 \\ -\sin\sigma & 0 & \cos\sigma \end{bmatrix} \begin{bmatrix} 1 & 0 & 0 \\ 0 & \cos\gamma_C & -\sin\gamma_C \\ 0 & \sin\gamma_C & \cos\gamma_C \end{bmatrix} \begin{bmatrix} x_c \\ y_c \\ z_c \end{bmatrix} \tag{3-13}$$

$$\begin{bmatrix} x \\ y \\ z \end{bmatrix} = \begin{bmatrix} \cos\theta\cos\sigma & -\sin\theta\cos\gamma_C + \cos\theta\sin\sigma\sin\gamma_C & \sin\theta\sin\gamma_C + \cos\theta\sin\sigma\cos\gamma_C \\ \sin\theta\cos\sigma & \cos\theta\cos\gamma_C + \sin\theta\sin\sigma\sin\gamma_C & -\cos\theta\sin\gamma_C + \sin\theta\sin\sigma\cos\gamma_C \\ -\sin\sigma & \cos\sigma\sin\gamma_C & \cos\sigma\cos\gamma_C \end{bmatrix} \begin{bmatrix} x_c \\ y_c \\ z_c \end{bmatrix} \tag{3-14}$$

若式(3-14)中的转换矩阵记为 $\boldsymbol{G}_V$，则有

$$\begin{bmatrix} x \\ y \\ z \end{bmatrix} = \boldsymbol{G}_V \begin{bmatrix} x_c \\ y_c \\ z_c \end{bmatrix} \tag{3-15}$$

式(3－15)描述了将速度坐标系的量转换到发射坐标系的转换关系。若要将发射坐标系的量转换到速度坐标系，转换过程与上述步骤相反，转换关系可由式(3－15)的 $\boldsymbol{G}_V$ 求逆得到，则有

$$\begin{bmatrix} x_c \\ y_c \\ z_c \end{bmatrix} = \boldsymbol{V}_G \begin{bmatrix} x \\ y \\ z \end{bmatrix} \tag{3-16}$$

式中，$\boldsymbol{V}_G = \boldsymbol{G}_V^{-1} = \boldsymbol{G}_V^{\mathrm{T}}$。

3.3.3　速度坐标系与弹体坐标系

在研究导弹运动规律时，有时需要将导弹所受空气动力在弹体坐标系下各分力放到速度坐标系下进行讨论，为此需研究速度坐标系与弹体坐标系之间的转换关系。

1. 速度坐标系与弹体坐标系之间的转换关系

由这两个坐标系的定义可知，O_1y_1 轴与 O_1y_c 轴均在导弹的主对称面内，因此它们之间的关系只需要 2 个欧拉角描述，即通过 2 次旋转可使这两个坐标系重合。换言之，速度坐标系旋转 2 次就可得到弹体坐标系，如图 3－13 所示。

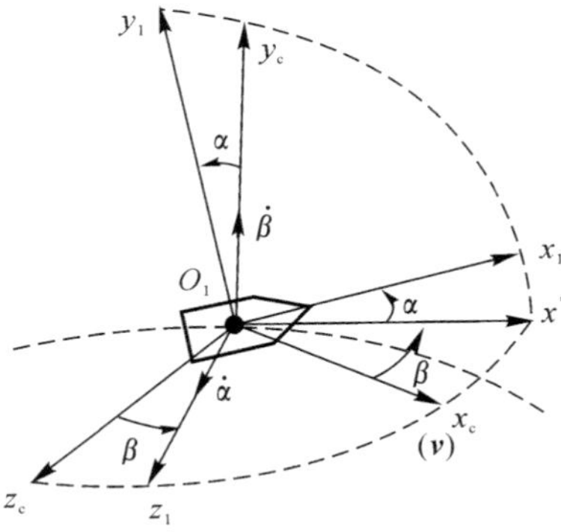

图 3－13　速度坐标系与弹体坐标系的转换关系

第一次旋转：绕速度坐标系 $O_1x_cy_cz_c$ 的 O_1y_c 轴旋转 β，得到过渡系 $O_1x^*y_cz_1$。

第二次旋转：绕坐标系 $O_1x^*y_cz_1$ 的 O_1z_1 轴旋转 α，得到弹体坐标系 $O_1x_1y_1z_1$。

通过上述 2 次旋转之后，便可得到速度坐标系与弹体坐标系之间的转换关系为

$$\begin{bmatrix} x_c \\ y_c \\ z_c \end{bmatrix} = \begin{bmatrix} \cos\beta & 0 & \sin\beta \\ 0 & 1 & 0 \\ -\sin\beta & 0 & \cos\beta \end{bmatrix} \begin{bmatrix} \cos\alpha & -\sin\alpha & 0 \\ \sin\alpha & \cos\alpha & 0 \\ 0 & 0 & 1 \end{bmatrix} \begin{bmatrix} x_1 \\ y_1 \\ z_1 \end{bmatrix} \tag{3-17}$$

$$\begin{bmatrix} x_c \\ y_c \\ z_c \end{bmatrix} = \begin{bmatrix} \cos\alpha\cos\beta & -\sin\alpha\cos\beta & \sin\beta \\ \sin\alpha & \cos\alpha & 0 \\ -\cos\alpha\sin\beta & \sin\alpha\sin\beta & \cos\beta \end{bmatrix} \begin{bmatrix} x_1 \\ y_1 \\ z_1 \end{bmatrix} \tag{3-18}$$

若式(3－18)中的转换矩阵记为 $\boldsymbol{V}_B$，则有

$$\begin{bmatrix} x_c \\ y_c \\ z_c \end{bmatrix} = \boldsymbol{V}_B \begin{bmatrix} x_1 \\ y_1 \\ z_1 \end{bmatrix} \tag{3-19}$$

式(3-19)描述了将弹体坐标系的量转换到速度坐标系的转换关系。若要将速度坐标系的量转换到弹体坐标系，转换过程与上述步骤相反，转换关系可由式(3-19)的 $\boldsymbol{V}_B$ 求逆得到，则有

$$\begin{bmatrix} x_1 \\ y_1 \\ z_1 \end{bmatrix} = \boldsymbol{B}_V \begin{bmatrix} x_c \\ y_c \\ z_c \end{bmatrix} \tag{3-20}$$

式中，$\boldsymbol{B}_V = \boldsymbol{V}_B^{-1} = \boldsymbol{V}_B^{\mathrm{T}}$。

2. $\varphi,\psi,\gamma,\theta,\sigma,\gamma_C,\alpha$ 和 β 间的关系

用 $\boldsymbol{G}_V$ 表示速度坐标系相对发射坐标系的方向余弦矩阵，$\boldsymbol{G}_B$ 表示弹体坐标系相对发射坐标系的方向余弦矩阵，$\boldsymbol{B}_V$ 表示速度坐标系相对弹体坐标系的方向余弦矩阵，根据第 1 章第 1.3 节中方向余弦矩阵性质 3，上述 3 个方向余弦矩阵有如下关系：

$$\boldsymbol{G}_V = \boldsymbol{G}_B \cdot \boldsymbol{B}_V \tag{3-21}$$

即

$$\begin{bmatrix} \cos\theta\cos\sigma & \cos\theta\sin\sigma\sin\gamma_C - \sin\theta\cos\gamma_C & \cos\theta\sin\sigma\cos\gamma_C + \sin\theta\sin\gamma_C \\ \sin\theta\cos\sigma & \sin\theta\sin\sigma\sin\gamma_C + \cos\theta\cos\gamma_C & \sin\theta\sin\sigma\cos\gamma_C - \cos\theta\sin\gamma_C \\ -\sin\sigma & \cos\sigma\sin\gamma_C & \cos\sigma\cos\gamma_C \end{bmatrix} =$$

$$\begin{bmatrix} \cos\varphi\cos\psi & \cos\varphi\sin\psi\sin\gamma - \sin\varphi\cos\gamma & \cos\varphi\sin\varphi\cos\gamma + \sin\varphi\sin\gamma \\ \sin\varphi\cos\psi & \sin\varphi\sin\psi\sin\gamma + \cos\varphi\cos\gamma & \sin\varphi\sin\varphi\cos\gamma - \cos\varphi\sin\gamma \\ -\sin\psi & \cos\psi\sin\gamma & \cos\psi\cos\gamma \end{bmatrix} \cdot$$

$$\begin{bmatrix} \cos\alpha\cos\beta & \sin\alpha & \cos\alpha\sin\beta \\ -\sin\alpha\cos\beta & \cos\alpha & \sin\alpha\sin\beta \\ \sin\beta & 0 & \cos\beta \end{bmatrix} \tag{3-22}$$

在控制系统作用下，角度 $\psi,\gamma,\sigma,\gamma_C$ 和 β 均较小，可近似认为 $\sin\psi\approx\psi$，$\sin\gamma\approx\gamma$，$\sin\sigma\approx\sigma$，$\sin\gamma_C\approx\gamma_C$，$\sin\beta\approx\beta$，$\cos\psi\approx\cos\gamma\approx\cos\sigma\approx\cos\gamma_C\approx\cos\beta\approx 1$，并考虑略去展开式中它们的二阶以上小量，就可以简化为

$$\left.\begin{aligned} \theta &\approx \varphi - \alpha \\ \sigma &\approx \psi\cos\alpha + \gamma\sin\alpha - \beta \\ \gamma_C &\approx \gamma\cos\alpha - \psi\sin\alpha \end{aligned}\right\} \tag{3-23}$$

若考虑到实际飞行中的冲角 α 也不甚大的情况，则式(3-23)可进一步简化为

$$\left.\begin{aligned} \varphi &\approx \theta + \alpha \\ \psi &\approx \sigma + \beta \\ \gamma &\approx \gamma_C \end{aligned}\right\} \tag{3-24}$$

可以看出，描述导弹运动的 8 个角度 $\varphi,\psi,\gamma,\theta,\sigma,\gamma_C,\alpha,\beta$，它们并不是完全独立的，而是只有 5 个角相互独立。

3.3.4 地理坐标系与弹体坐标系

为了求解导弹的导航参数，如速度和位置信息，需要将弹体坐标系下测量的比力转换到地

理坐标系下进行计算，为此需要研究地理坐标系与弹体坐标系之间的转换关系。弹体坐标系与地理坐标系的原点重合，由这两个坐标系的定义可知，地理坐标系 $O_1x_ny_nz_n$ 经过 3 次独立旋转便可得到弹体坐标系 $O_1x_1y_1z_1$，如图 3-14 所示。

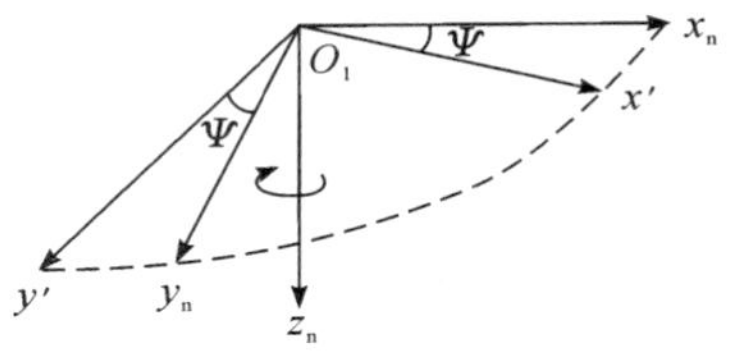

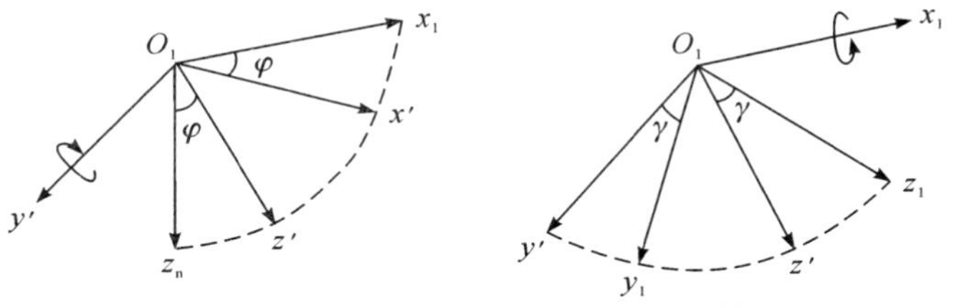

图 3-14　地理坐标系与弹体坐标系的转换关系

(a)第一次旋转关系；(b)第二次旋转关系；(c)第三次旋转关系

第一次旋转：将地理坐标系 $O_1x_ny_nz_n$ 绕 O_1z_n 轴旋转 $\boldsymbol{\Psi}$，得到第一过渡坐标系 $O_1x'y'z_n$，如图 3-14(a)所示，则坐标系 $O_1x'y'z_n$ 相对于坐标系 $O_1x_ny_nz_n$ 的方向余弦矩阵为

$$\begin{bmatrix} x' \\ y' \\ z_n \end{bmatrix} = \boldsymbol{C}_\Psi \begin{bmatrix} x_n \\ y_n \\ z_n \end{bmatrix}$$

$$\boldsymbol{C}_\Psi = \begin{bmatrix} \cos\boldsymbol{\Psi} & \sin\boldsymbol{\Psi} & 0 \\ -\sin\boldsymbol{\Psi} & \cos\boldsymbol{\Psi} & 0 \\ 0 & 0 & 1 \end{bmatrix} \tag{3-25}$$

第二次旋转：将坐标系 $O_1x'y'z_n$ 绕 O_1y' 轴旋转 φ，得到第二过渡坐标系 $O_1x_1y'z'$，如图 3-14(b)所示，则坐标系 $O_1x_1y'z'$ 相对于坐标系 $O_1x'y'z_n$ 的方向余弦矩阵为

$$\begin{bmatrix} x_1 \\ y' \\ z' \end{bmatrix} = \boldsymbol{C}_\varphi \begin{bmatrix} x' \\ y' \\ z_n \end{bmatrix}$$

$$\boldsymbol{C}_\varphi = \begin{bmatrix} \cos\varphi & 0 & -\sin\varphi \\ 0 & 1 & 0 \\ \sin\varphi & 0 & \cos\varphi \end{bmatrix} \tag{3-26}$$

第三次旋转：将坐标系 $O_1x_1y'z'$ 绕 O_1x_1 轴旋转 γ，得到第三过渡坐标系 $O_1x_1y_1z_1$，如图 3-14(c)所示，则坐标系 $O_1x_1y_1z_1$ 相对于坐标系 $O_1x_1y'z'$ 的方向余弦矩阵为

$$\begin{bmatrix} x_1 \\ y_1 \\ z_1 \end{bmatrix} = \boldsymbol{C}_\gamma \begin{bmatrix} x_1 \\ y' \\ z' \end{bmatrix}$$

$$\boldsymbol{C}_\gamma = \begin{bmatrix} 1 & 0 & 0 \\ 0 & \cos\gamma & \sin\gamma \\ 0 & -\sin\gamma & \cos\gamma \end{bmatrix} \tag{3-27}$$

通过上述变换,可得到地理坐标系到弹体坐标系的坐标变换矩阵为

$$\begin{bmatrix} x_1 \\ y_1 \\ z_1 \end{bmatrix} = \boldsymbol{C}_\gamma \cdot \boldsymbol{C}_\varphi \cdot \boldsymbol{C}_\Psi \begin{bmatrix} x_n \\ y_n \\ z_n \end{bmatrix} = \begin{bmatrix} 1 & 0 & 0 \\ 0 & \cos\gamma & \sin\gamma \\ 0 & -\sin\gamma & \cos\gamma \end{bmatrix} \begin{bmatrix} \cos\varphi & 0 & -\sin\varphi \\ 0 & 1 & 0 \\ \sin\varphi & 0 & \cos\varphi \end{bmatrix} \begin{bmatrix} \cos\Psi & \sin\Psi & 0 \\ -\sin\Psi & \cos\Psi & 0 \\ 0 & 0 & 1 \end{bmatrix} \begin{bmatrix} x_n \\ y_n \\ z_n \end{bmatrix} \tag{3-28}$$

$$\begin{bmatrix} x_1 \\ y_1 \\ z_1 \end{bmatrix} = \begin{bmatrix} \cos\Psi\cos\varphi & \sin\Psi\cos\varphi & -\sin\varphi \\ -\sin\Psi\cos\gamma + \cos\Psi\sin\varphi\sin\gamma & \cos\Psi\cos\gamma + \sin\Psi\sin\varphi\sin\gamma & \cos\varphi\sin\gamma \\ \sin\Psi\sin\gamma + \cos\Psi\sin\varphi\cos\gamma & -\cos\Psi\sin\gamma + \sin\Psi\sin\varphi\cos\gamma & \cos\varphi\cos\gamma \end{bmatrix} \cdot \begin{bmatrix} x_n \\ y_n \\ z_n \end{bmatrix} \tag{3-29}$$

若记式(3-29)中的转换矩阵为 $\boldsymbol{B}_N$,则有

$$\begin{bmatrix} x_1 \\ y_1 \\ z_1 \end{bmatrix} = \boldsymbol{B}_N \begin{bmatrix} x_n \\ y_n \\ z_n \end{bmatrix} \tag{3-30}$$

若将弹体坐标系的量转换到地理坐标系,转换过程与上述步骤相反,转换关系可由式(3-30)的 $\boldsymbol{B}_N$ 求逆,得

$$\begin{bmatrix} x_n \\ y_n \\ z_n \end{bmatrix} = \boldsymbol{N}_B \begin{bmatrix} x_1 \\ y_1 \\ z_1 \end{bmatrix} \tag{3-31}$$

式中,$\boldsymbol{B}_N = \boldsymbol{N}_B^{-1} = \boldsymbol{N}_B^{\mathrm{T}}$。

3.3.5 速度坐标系与轨迹坐标系

速度坐标系与轨迹坐标系有重合的纵轴,所不同的仅仅是其他两轴存在一夹角而已。根据轨迹坐标系定义,不难发现,发射坐标系与速度坐标系的转换关系(见图 3-12)中的第二过渡系 $O_1x_cy''z''$ 就是轨迹坐标系。

因此,只要将轨迹坐标系 $O_1x_2y_2z_2$ 绕其 O_1x_2 轴旋转 γ_C,便可得到速度坐标系 $O_1x_cy_cz_c$。当旋转方向与 O_1x_2 轴正向一致时,γ_C 取正,反之取负。换言之,O_1y_2 轴与 O_1y_c 轴之间夹角正是倾斜角 γ_C(见图 3-4)。

通过上述 1 次旋转之后,便可得到速度坐标系与轨迹坐标系之间的转换关系为

$$\begin{bmatrix} x_2 \\ y_2 \\ z_2 \end{bmatrix} = \begin{bmatrix} 1 & 0 & 0 \\ 0 & \cos\gamma_C & -\sin\gamma_C \\ 0 & \sin\gamma_C & \cos\gamma_C \end{bmatrix} \begin{bmatrix} x_c \\ y_c \\ z_c \end{bmatrix} = \boldsymbol{Z}_V \begin{bmatrix} x_c \\ y_c \\ z_c \end{bmatrix} \tag{3-32}$$

$$\begin{bmatrix} x_c \\ y_c \\ z_c \end{bmatrix} = \boldsymbol{V}_Z \begin{bmatrix} x_2 \\ y_2 \\ z_2 \end{bmatrix} \tag{3-33}$$

式中,$\boldsymbol{V}_Z = \boldsymbol{Z}_V^{-1} = \boldsymbol{Z}_V^{\mathrm{T}}$。

3.3.6　发射坐标系与轨迹坐标系

由图 3－12 可以看出，发射坐标系经过 2 次旋转（依次完成发射坐标系与速度坐标系转换关系的第一、二次旋转，到达第二过渡系）就可以得到轨迹坐标系。两者之间的转换关系为

$$\begin{bmatrix} x \\ y \\ z \end{bmatrix} = \begin{bmatrix} \cos\theta & -\sin\theta & 0 \\ \sin\theta & \cos\theta & 0 \\ 0 & 0 & 1 \end{bmatrix} \begin{bmatrix} \cos\sigma & 0 & \sin\sigma \\ 0 & 1 & 0 \\ -\sin\sigma & 0 & \cos\sigma \end{bmatrix} \begin{bmatrix} x_2 \\ y_2 \\ z_2 \end{bmatrix} \tag{3-34}$$

$$\begin{bmatrix} x \\ y \\ z \end{bmatrix} = \begin{bmatrix} \cos\theta\cos\sigma & -\sin\theta & \cos\theta\sin\sigma \\ \sin\theta\cos\sigma & \cos\theta & \sin\theta\sin\sigma \\ -\sin\sigma & 0 & \cos\sigma \end{bmatrix} \begin{bmatrix} x_2 \\ y_2 \\ z_2 \end{bmatrix} = \boldsymbol{G}_Z \begin{bmatrix} x_2 \\ y_2 \\ z_2 \end{bmatrix} \tag{3-35}$$

$$\begin{bmatrix} x_2 \\ y_2 \\ z_2 \end{bmatrix} = \boldsymbol{Z}_G \begin{bmatrix} x \\ y \\ z \end{bmatrix} \tag{3-36}$$

式中，$\boldsymbol{Z}_G = \boldsymbol{G}_Z^{-1} = \boldsymbol{G}_Z^{\mathrm{T}}$。

3.3.7　轨迹坐标系与弹体坐标系

推力和控制力通常依据弹体坐标系确定，而为了在轨迹坐标系建立导弹质心运动动力学方程，需要将弹体坐标系的量转换到轨迹坐标系，为此需研究轨迹坐标系与弹体坐标系之间的转换关系。

利用前面推导出来的速度坐标系与轨迹坐标系间的转换关系（见图 3－4）和速度坐标系与弹体坐标系间的转换关系（见图 3－13），首先将轨迹坐标系绕其 O_1x_2 轴旋转 γ_C，得到速度坐标系，再将速度坐标系绕其 O_1y_c 轴旋转 β，绕 O_1z_1 轴旋转 α，则转换到弹体坐标系。两者之间的转换关系为

$$\begin{bmatrix} x_2 \\ y_2 \\ z_2 \end{bmatrix} = \begin{bmatrix} 1 & 0 & 0 \\ 0 & \cos\gamma_C & -\sin\gamma_C \\ 0 & \sin\gamma_C & \cos\gamma_C \end{bmatrix} \begin{bmatrix} \cos\beta & 0 & \sin\beta \\ 0 & 1 & 0 \\ -\sin\beta & 0 & \cos\beta \end{bmatrix} \begin{bmatrix} \cos\alpha & -\sin\alpha & 0 \\ \sin\alpha & \cos\alpha & 0 \\ 0 & 0 & 1 \end{bmatrix} \begin{bmatrix} x_1 \\ y_1 \\ z_1 \end{bmatrix} \tag{3-37}$$

$$\begin{bmatrix} x_2 \\ y_2 \\ z_2 \end{bmatrix} = \begin{bmatrix} \cos\alpha\cos\beta & -\sin\alpha\cos\beta & \sin\beta \\ \sin\alpha\cos\gamma_C + \cos\alpha\sin\beta\sin\gamma_C & \cos\alpha\cos\gamma_C - \sin\alpha\sin\beta\sin\gamma_C & -\cos\beta\sin\gamma_C \\ \sin\alpha\sin\gamma_C - \cos\alpha\sin\beta\cos\gamma_C & \cos\alpha\sin\gamma_C + \sin\alpha\sin\beta\cos\gamma_C & \cos\beta\cos\gamma_C \end{bmatrix} \begin{bmatrix} x_1 \\ y_1 \\ z_1 \end{bmatrix} = \boldsymbol{Z}_B \begin{bmatrix} x_1 \\ y_1 \\ z_1 \end{bmatrix} \tag{3-38}$$

$$\begin{bmatrix} x_1 \\ y_1 \\ z_1 \end{bmatrix} = \boldsymbol{B}_Z \begin{bmatrix} x_2 \\ y_2 \\ z_2 \end{bmatrix} \tag{3-39}$$

式中，$\boldsymbol{B}_Z = \boldsymbol{Z}_B^{-1} = \boldsymbol{Z}_B^{\mathrm{T}}$。

3.3.8　惯性坐标系与发射坐标系

为利用导弹实际飞行中的测量数据来研究其相对地面的运动规律，有必要讨论惯性坐标系与发射坐标系间的关系。在此之前，需要引入天文经纬度及其瞄准方位角的概念。

1. 天文经纬度及其瞄准方位角

在发射瞬时，惯性系与发射系完全重合，过惯性坐标系的 $O^a y^a$ 轴作平行于地球自转轴的平面，此平面就是过发射点的天文子午面。该平面与总椭球面的交线称为发射点的天文子午线，如图 3-15 所示。

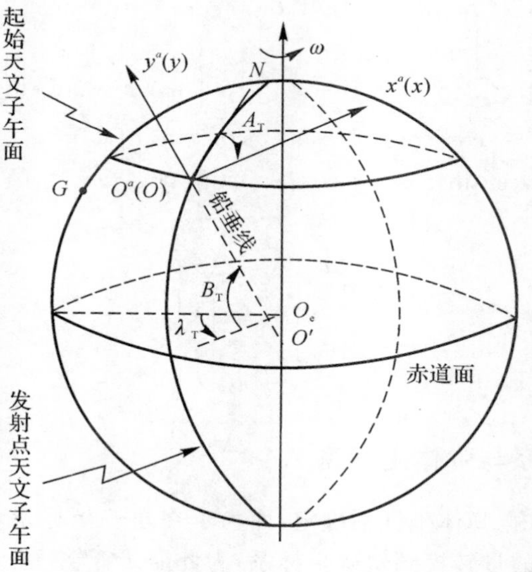

图 3-15　天文经纬度及其瞄准方位角

(1)天文经度。发射点的天文子午面与起始天文子午面(过格林尼治天文台的天文子午面)的夹角 λ_T，称为发射点的天文经度，从起始天文子午面起算，向东为正。

(2)天文纬度。$O^a y^a$ 轴与地球赤道面的夹角 B_T，称为发射点的天文纬度，从地球赤道面起算，向北为正。

(3)天文瞄准方位角。发射点的天文子午线的切线 $O^a N$ 与射击瞄准方向(即 $O^a x^a$ 轴正向)的夹角 A_T，称为天文瞄准方位角，从 $O^a N$ 方向算起，顺时针方向为正。

为便于寻求惯性坐标系 $O^a x^a y^a z^a$ 与固连于地球的发射坐标系 $Oxyz$ 的关系，可近似认为过发射点的天文子午面与起始天文子午面的交线和地轴重合。

2. 惯性坐标系与发射坐标系之间的转换关系

(1)建立第一过渡坐标系，分析其和惯性坐标系的关系。如图 3-16 所示，以 $O^a y^a$ 轴与地轴的交点 O' 为坐标原点，而以地球自转轴 $O'L$ 和过发射点的天文子午面与赤道面(实际将赤道面平移至 O' 处)的交线 $O'Q$ 为二轴建立一惯性直角坐标系 $O'LMN$，作为第一过渡坐标系。

由惯性坐标系 $O^a x^a y^a z^a$ 和第一过渡坐标系 $O'LMN$ 的定义可知，$O^a y^a$ 轴与 $O'M$ 轴均在发射点的天文子午面内。故分析这两个坐标系之间的转换关系，完全同于推导速度坐标系和弹体坐标系之间转换关系的方法。首先将惯性坐标系平移，使其原点与 O' 点重合，得到平移后的惯性坐标系 $O'x^a y^a z^a$，然后经过 2 次旋转，得到第一过渡坐标系，如图 3-17 所示。不难发现，这两个坐标系所构成的姿态角恰是上面所介绍的天文纬度 B_T 和天文瞄准方位角 A_T。

第一次旋转：绕平移后的惯性系 $O'x^a y^a z^a$ 的 $O'y^a$ 轴旋转 A_T，得到坐标系 $O'L'y^a N$。

第二次旋转：绕坐标系 $O'L'y^a N$ 的 $O'N$ 轴旋转 B_T，得到第一过渡坐标系 $O'LMN$。

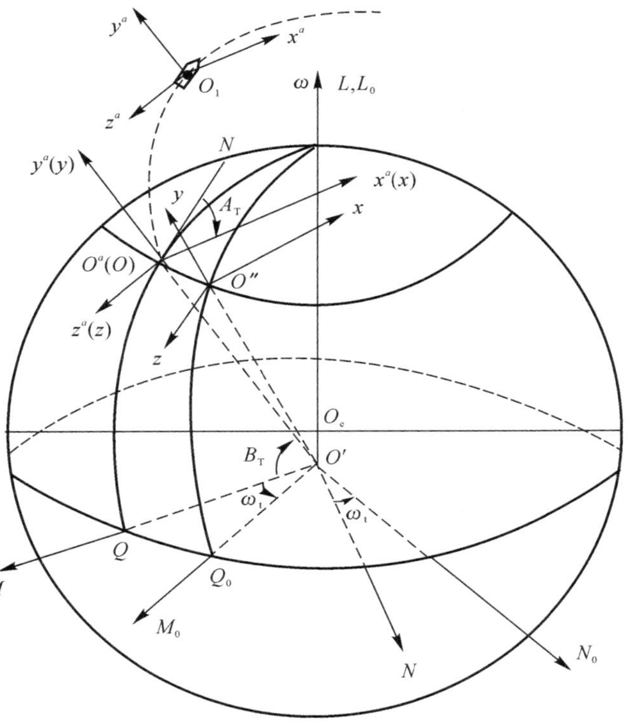

图 3-16　惯性坐标系与发射坐标系的转换关系

通过上述 2 次旋转之后，便可得到惯性坐标系与第一过渡坐标系之间的转换关系为

$$\begin{bmatrix} x^a \\ y^a \\ z^a \end{bmatrix} = \begin{bmatrix} \cos A_T & 0 & \sin A_T \\ 0 & 1 & 0 \\ -\sin A_T & 0 & \cos A_T \end{bmatrix} \begin{bmatrix} \cos B_T & -\sin B_T & 0 \\ \sin B_T & \cos B_T & 0 \\ 0 & 0 & 1 \end{bmatrix} \begin{bmatrix} L \\ M \\ N \end{bmatrix} \tag{3-40}$$

$$\begin{bmatrix} x^a \\ y^a \\ z^a \end{bmatrix} = \begin{bmatrix} \cos B_T \cos A_T & -\sin B_T \cos A_T & \sin A_T \\ \sin B_T & \cos B_T & 0 \\ -\cos B_T \sin A_T & \sin B_T \sin A_T & \cos A_T \end{bmatrix} \begin{bmatrix} L \\ M \\ N \end{bmatrix} \tag{3-41}$$

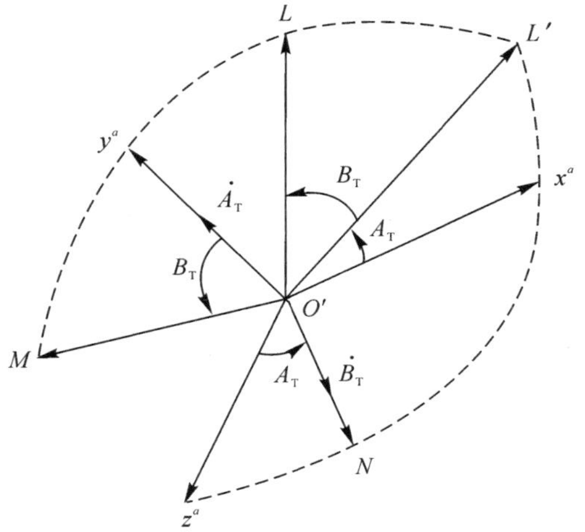

图 3-17　惯性坐标系与第一过渡坐标系的转换关系

(2)建立第二过渡坐标系,分析其和第一过渡坐标系的关系。如图 3-16 所示,导弹经过 t 时长的飞行后,发射点已转到 O'' 的位置,过 O'' 的天文子午面与赤道面(实际将赤道面平移至 O' 处)的交线为 $O'Q_0$。再以 O' 为原点,而以地球自转轴 $O'L_0$ 和 $O'Q_0$ 为二轴建立一随地球自转的直角坐标系 $O'L_0M_0N_0$,作为第二过渡坐标系。

由于在 t 时刻以地轴为转动轴的动坐标系 $O'L_0M_0N_0$ 与第一过渡坐标系 $O'LMN$ 之间仅有一个绕轴 $O'L$ 的角 ωt,所以这两个坐标系之间的转换关系为

$$\begin{bmatrix} L \\ M \\ N \end{bmatrix} = \begin{bmatrix} 1 & 0 & 0 \\ 0 & \cos\omega t & -\sin\omega t \\ 0 & \sin\omega t & \cos\omega t \end{bmatrix} \begin{bmatrix} L_0 \\ M_0 \\ N_0 \end{bmatrix} \tag{3-42}$$

(3)分析第二过渡坐标系和发射坐标系的关系。鉴于第二过渡坐标系 $O'L_0M_0N_0$ 与 t 时刻发射坐标系 $O''xyz$ 的相互位置关系完全等同于第一过渡坐标系 $O'LMN$ 与惯性坐标系 $O^ax^ay^az^a$ 的相互位置关系。因此,第二过渡坐标系与 t 时刻发射坐标系之间的转换关系可由式(3-41)转置得到

$$\begin{bmatrix} L_0 \\ M_0 \\ N_0 \end{bmatrix} = \begin{bmatrix} \cos B_T\cos A_T & \sin B_T & -\cos B_T\cos A_T \\ -\sin B_T\cos A_T & \cos B_T & \sin B_T\sin A_T \\ \sin A_T & 0 & \cos A_T \end{bmatrix} \begin{bmatrix} x \\ y \\ z \end{bmatrix} \tag{3-43}$$

(4)分析惯性坐标系与发射坐标系的关系。将式(3-43)代入式(3-42),再将式(3-42)代入式(3-41),得导弹在经过 t 时长的飞行后惯性坐标系与发射坐标系之间的转换关系为

$$\begin{bmatrix} x^a \\ y^a \\ z^a \end{bmatrix} = \begin{bmatrix} \cos B_T\cos A_T & -\sin B_T\cos A_T & \sin A_T \\ \sin B_T & \cos B_T & 0 \\ -\cos B_T\sin A_T & \sin B_T\sin A_T & \cos A_T \end{bmatrix} \begin{bmatrix} 1 & 0 & 0 \\ 0 & \cos\omega t & -\sin\omega t \\ 0 & \sin\omega t & \cos\omega t \end{bmatrix}$$

$$\begin{bmatrix} \cos B_T\cos A_T & \sin B_T & -\cos B_T\sin A_T \\ -\sin B_T\cos A_T & \cos B_T & \sin B_T\sin A_T \\ \sin A_T & 0 & \cos A_T \end{bmatrix} \begin{bmatrix} x \\ y \\ z \end{bmatrix} \tag{3-44}$$

将式(3-44)写成

$$\begin{bmatrix} x^a \\ y^a \\ z^a \end{bmatrix} = \begin{bmatrix} a'_{11} & a'_{12} & a'_{13} \\ a'_{21} & a'_{22} & a'_{23} \\ a'_{31} & a'_{32} & a'_{33} \end{bmatrix} \begin{bmatrix} x \\ y \\ z \end{bmatrix} \tag{3-45}$$

展开式(3-45)中的系数矩阵,具体求出 $a'_{11}, a'_{12}, \cdots, a'_{33}$ 的表达式。对于 a'_{11},可有

$$\begin{aligned} a'_{11} = {} & \cos^2 A_T\cos^2 B_T + \sin^2 B_T\cos^2 A_T\cos\omega t + \sin B_T\cos A_T\sin A_T\sin\omega t - \\ & \sin A_T\sin B_T\cos A_T\sin\omega t + \sin^2 A_T\cos\omega t = \\ & \cos^2 A_T\cos^2 B_T + \sin^2 B_T\cos^2 A_T\cos\omega t + \sin^2 A_T\cos\omega t \end{aligned} \tag{3-46}$$

由于地球自转角速度 ω 比较小,导弹飞行时间 t 也不是很长,故可将函数 $\sin\omega t$,$\cos\omega t$ 展成泰勒级数,并略去三阶以上的微量得

$$\left.\begin{aligned} \sin\omega t &= \omega t \\ \cos\omega t &= 1 - \frac{1}{2}\omega^2 t^2 \end{aligned}\right\} \tag{3-47}$$

将式(3-47)代入式(3-46),得

$$a'_{11}=\cos^2 A_T\cos^2 B_T+\sin^2 B_T\cos^2 A_T\left(1-\frac{1}{2}\omega^2 t^2\right)+\sin^2 A_T\left(1-\frac{1}{2}\omega^2 t^2\right)=$$

$$1-\frac{1}{2}\omega^2 t^2\sin^2 B_T\cos^2 A_T-\frac{1}{2}\omega^2 t^2\sin^2 A_T=$$

$$1-\frac{1}{2}\omega^2 t^2\left(\sin^2 B_T\cos^2 A_T+\sin^2 A_T\right)=$$

$$1-\frac{1}{2}\omega^2 t^2\left[1-\cos^2 A_T\left(1-\sin^2 B_T\right)\right]=$$

$$1-\frac{1}{2}t^2\left(\omega^2-\omega^2\cos^2 B_T\cos^2 A_T\right) \tag{3-48}$$

而地球自转角速度 ω 在发射坐标系三个轴上的投影(见图 3 - 15)为

$$\left.\begin{aligned}\omega_x&=\omega\cos B_T\cos A_T\\ \omega_y&=\omega\sin B_T\\ \omega_z&=-\omega\cos B_T\sin A_T\end{aligned}\right\} \tag{3-49}$$

代入式(3 - 48),得

$$a'_{11}=1-\frac{1}{2}(\omega^2-\omega_x^2)t^2 \tag{3-50}$$

同理可求得 $a'_{12}, a'_{13}, \cdots, a'_{33}$,于是有

$$\left.\begin{aligned}a'_{11}&=1-\frac{1}{2}(\omega^2-\omega_x^2)t^2\\ a'_{12}&=\frac{1}{2}\omega_x\omega_y t^2-\omega_z t\\ a'_{13}&=\omega_y t+\frac{1}{2}\omega_x\omega_z t^2\\ a'_{21}&=\omega_z t+\frac{1}{2}\omega_x\omega_y t^2\\ a'_{22}&=1-\frac{1}{2}(\omega^2-\omega_y^2)t^2\\ a'_{23}&=\frac{1}{2}\omega_y\omega_z t^2-\omega_x t\\ a'_{31}&=\frac{1}{2}\omega_x\omega_z t^2-\omega_y t\\ a'_{32}&=\omega_x t+\frac{1}{2}\omega_y\omega_z t^2\\ a'_{33}&=1-\frac{1}{2}(\omega^2-\omega_z^2)t^2\end{aligned}\right\} \tag{3-51}$$

3.3.9　惯性坐标系与弹体坐标系

前面定义了导弹相对于发射坐标系的 3 个姿态角 φ,ψ,γ,并讨论了发射坐标系与弹体坐标系之间的转换关系。但是弹上控制系统的测量元件在测量导弹飞行姿态时,有的并不是以发射坐标系为基准,而是以惯性坐标系为基准的。因此,由弹上测量元件测出的姿态角是导弹相对于惯性系统的姿态角。类似于 φ,ψ,γ 的定义,把弹上测出的姿态角用 $\tilde{\varphi},\tilde{\psi},\tilde{\gamma}$ 表示,并分

别称之为弹体坐标系相对惯性坐标系的俯仰角、偏航角和滚动角。

1. 惯性坐标系与弹体坐标系之间的转换关系

仿照发射坐标系和弹体坐标系之间的推导，很容易得出惯性坐标系与弹体坐标系间的关系。事实上只需将式(3-8)中的姿态角 φ,ψ,γ 分别换成 $\tilde{\varphi},\tilde{\psi},\tilde{\gamma}$，便可得到惯性坐标系与弹体坐标系间的转换关系为

$$\begin{bmatrix} x^a \\ y^a \\ z^a \end{bmatrix} = \begin{bmatrix} \cos\tilde{\varphi}\cos\tilde{\psi} & -\sin\tilde{\varphi}\cos\tilde{\gamma}+\cos\tilde{\varphi}\sin\tilde{\psi}\sin\tilde{\gamma} & \sin\tilde{\varphi}\sin\tilde{\gamma}+\cos\tilde{\varphi}\sin\tilde{\psi}\cos\tilde{\gamma} \\ \sin\tilde{\varphi}\cos\tilde{\psi} & \cos\tilde{\varphi}\cos\tilde{\gamma}+\sin\tilde{\varphi}\sin\tilde{\psi}\sin\tilde{\gamma} & -\cos\tilde{\varphi}\sin\tilde{\gamma}+\sin\tilde{\varphi}\sin\tilde{\psi}\cos\tilde{\gamma} \\ -\sin\tilde{\psi} & \cos\tilde{\psi}\sin\tilde{\gamma} & \cos\tilde{\psi}\cos\tilde{\gamma} \end{bmatrix} \begin{bmatrix} x_1 \\ y_1 \\ z_1 \end{bmatrix} \tag{3-52}$$

在控制系统作用下，通常 ψ,γ 和 $\tilde{\psi},\tilde{\gamma}$ 都是微量，因而可近似认为 $\sin\psi\approx\psi,\sin\tilde{\psi}\approx\tilde{\psi}$，$\sin\gamma\approx\gamma,\sin\tilde{\gamma}\approx\tilde{\gamma},\cos\psi\approx\cos\gamma\approx\cos\tilde{\psi}\approx\cos\tilde{\gamma}\approx 1$，再略去 ψ,γ 和 $\tilde{\psi},\tilde{\gamma}$ 之乘积项后，则式(3-8)和式(3-52)可依次简化为下列形式：

$$\begin{bmatrix} x \\ y \\ z \end{bmatrix} = \begin{bmatrix} \cos\varphi & -\sin\varphi & \gamma\sin\varphi+\psi\cos\varphi \\ \sin\varphi & \cos\varphi & -\gamma\cos\varphi+\psi\sin\varphi \\ -\psi & \gamma & 1 \end{bmatrix} \begin{bmatrix} x_1 \\ y_1 \\ z_1 \end{bmatrix} \tag{3-53}$$

$$\begin{bmatrix} x^a \\ y^a \\ z^a \end{bmatrix} = \begin{bmatrix} \cos\tilde{\varphi} & -\sin\tilde{\varphi} & \tilde{\gamma}\sin\tilde{\varphi}+\tilde{\psi}\cos\tilde{\varphi} \\ \sin\tilde{\varphi} & \cos\tilde{\varphi} & -\tilde{\gamma}\cos\tilde{\varphi}+\tilde{\psi}\sin\tilde{\varphi} \\ -\tilde{\psi} & \tilde{\gamma} & 1 \end{bmatrix} \begin{bmatrix} x_1 \\ y_1 \\ z_1 \end{bmatrix} \tag{3-54}$$

2. φ,ψ,γ 与 $\tilde{\varphi},\tilde{\psi},\tilde{\gamma}$ 间的关系

对于惯性坐标系与发射坐标系之间的转换关系式(3-45)，如果仅考虑地球自转角速度的一阶项时，则式(3-45)可进一步简化为

$$\begin{bmatrix} x^a \\ y^a \\ z^a \end{bmatrix} = \begin{bmatrix} 1 & -\omega_z t & \omega_y t \\ \omega_z t & 1 & -\omega_x t \\ -\omega_y t & \omega_x t & 1 \end{bmatrix} \begin{bmatrix} x \\ y \\ z \end{bmatrix} \tag{3-55}$$

将式(3-53)代入式(3-55)，并略去二阶微量，则得惯性坐标系与弹体坐标系之间的另一转换关系表达式：

$$\begin{bmatrix} x^a \\ y^a \\ z^a \end{bmatrix} = \begin{bmatrix} \cos\varphi-\omega_z t\sin\varphi & -\sin\varphi-\omega_z t\cos\varphi & \psi\cos\varphi+\gamma\sin\varphi+\omega_y t \\ \sin\varphi+\omega_z t\cos\varphi & \cos\varphi-\omega_z t\sin\varphi & \psi\sin\varphi-\gamma\cos\varphi-\omega_x t \\ -\psi-\omega_y t\cos\varphi+\omega_x t\sin\varphi & \gamma+\omega_y t\sin\varphi+\omega_x t\cos\varphi & 1 \end{bmatrix} \begin{bmatrix} x_1 \\ y_1 \\ z_1 \end{bmatrix} \tag{3-56}$$

由于式(3-54)和式(3-56)均反映惯性坐标系与弹体坐标系之间的转换关系，所以两式中系数矩阵元素应对应相等，即有

$$\left.\begin{aligned} \tilde{\psi} &= \psi+\omega_y t\cos\varphi-\omega_x t\sin\varphi \\ \tilde{\gamma} &= \gamma+\omega_y t\sin\varphi+\omega_x t\cos\varphi \\ \cos\tilde{\varphi} &= \cos\varphi-\omega_z t\sin\varphi \end{aligned}\right\} \tag{3-57}$$

由于地球自转角速度分量 ω_z 甚小，当飞行时间 t 不长，以至角度 $\omega_z t$ 很小时，则可认为 $\sin\omega_z t \approx \omega_z t$，$\cos\omega_z t \approx 1$，于是式(3-57)的第三式可写成

$$\cos\tilde{\varphi} = \cos\varphi\cos(\omega_z t) - \sin(\omega_z t)\sin\varphi = \cos(\varphi + \omega_z t) \tag{3-58}$$

这样，角 φ,ψ,γ 与 $\tilde{\varphi},\tilde{\psi},\tilde{\gamma}$ 间的关系可表示为

$$\left.\begin{aligned}\tilde{\varphi} &= \varphi + \omega_z t\\ \tilde{\psi} &= \psi + \omega_y t\cos\varphi - \omega_x t\sin\varphi\\ \tilde{\gamma} &= \gamma + \omega_y t\sin\varphi + \omega_x t\cos\varphi\end{aligned}\right\} \tag{3-59}$$

显然，在飞行时间不长的情况下，式(3-59)为我们提供了弹体坐标系相对发射坐标系的姿态角和弹体坐标系相对惯性坐标系的姿态角间相互转换的关系。

3.3.10　地心直角坐标系与发射坐标系

为了便于研究，首先平移地心直角坐标系 $O_e x_d y_d z_d$，使其原点 O_e 与发射点 O 重合，得到平移后的地心直角坐标系 $O x_d y_d z_d$。这样，发射坐标系相对于地心直角坐标系的转换关系，实际上就是发射坐标系相对于平移后的地心直角坐标系 $O x_d y_d z_d$ 的转换关系，如图 3-18 所示。

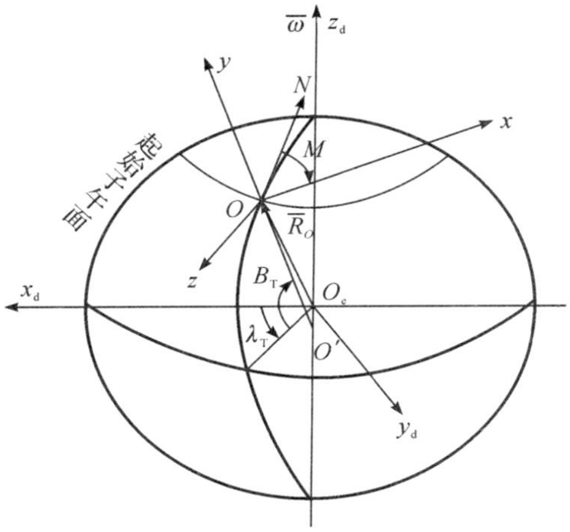

图 3-18　地心直角坐标系与发射坐标系的转换关系

第一次旋转：将平移坐标系 $O x_d y_d z_d$ 绕 $O z_d$ 轴旋转 $-(90° - \lambda_T)$（从 $Q z_d$ 轴的正向看，绕 $Q z_d$ 轴顺时针旋转），得到过渡坐标系 $O x'_d y'_d z'_d$，则有

$$\begin{bmatrix} x_d \\ y_d \\ z_d \end{bmatrix} = \begin{bmatrix} \sin\lambda_T & \cos\lambda_T & 0 \\ -\cos\lambda_T & \sin\lambda_T & 0 \\ 0 & 0 & 1 \end{bmatrix} \begin{bmatrix} x'_d \\ y'_d \\ z'_d \end{bmatrix} = \boldsymbol{D}_1 \begin{bmatrix} x'_d \\ y'_d \\ z'_d \end{bmatrix} \tag{3-60}$$

第二次旋转：将过渡坐标系 $O x'_d y'_d z'_d$ 绕 $O x'_d$ 轴旋转 B_T，得到新的过渡坐标系 $O x''_d y''_d z''_d$，则有

$$\begin{bmatrix} x'_d \\ y'_d \\ z'_d \end{bmatrix} = \begin{bmatrix} 1 & 0 & 0 \\ 0 & \cos B_T & -\sin B_T \\ 0 & \sin B_T & \cos B_T \end{bmatrix} \begin{bmatrix} x''_d \\ y''_d \\ z''_d \end{bmatrix} = \boldsymbol{D}_2 \begin{bmatrix} x''_d \\ y''_d \\ z''_d \end{bmatrix} \tag{3-61}$$

第三次旋转：将过渡坐标系 $Ox''_{\mathrm{d}}y''_{\mathrm{d}}z''_{\mathrm{d}}$ 绕 Ox''_{d} 轴旋转 $-(90^\circ+A_{\mathrm{T}})$（从 Oy''_{d} 轴的正向看，绕 Oy''_{d} 轴顺时针旋转），得到发射坐标系 $Oxyz$，则有

$$\begin{bmatrix} x''_{\mathrm{d}} \\ y''_{\mathrm{d}} \\ z''_{\mathrm{d}} \end{bmatrix} = \begin{bmatrix} -\sin A_T & 0 & -\cos A_T \\ 0 & 1 & 0 \\ \cos A_T & 0 & -\sin A_T \end{bmatrix} \begin{bmatrix} x \\ y \\ z \end{bmatrix} = \boldsymbol{D}_3 \begin{bmatrix} x \\ y \\ z \end{bmatrix} \tag{3-62}$$

将式(3-62)、式(3-61)代入式(3-60)，就得到平移坐标系与发射坐标系的关系式，亦即地心直角坐标系与发射坐标系之间的转换关系为

$$\begin{bmatrix} x_{\mathrm{d}} \\ y_{\mathrm{d}} \\ z_{\mathrm{d}} \end{bmatrix} = \boldsymbol{D}_1\boldsymbol{D}_2\boldsymbol{D}_3 \begin{bmatrix} x \\ y \\ z \end{bmatrix} = \boldsymbol{D} \begin{bmatrix} x \\ y \\ z \end{bmatrix} \tag{3-63}$$

其中

$$\boldsymbol{D} = \begin{bmatrix} d_{11} & d_{12} & d_{13} \\ d_{21} & d_{22} & d_{23} \\ d_{31} & d_{32} & d_{33} \end{bmatrix}$$

而

$$\left.\begin{aligned} d_{11} &= -\sin\lambda_{\mathrm{T}}\sin A_{\mathrm{T}} - \cos\lambda_{\mathrm{T}}\sin B_{\mathrm{T}}\cos A_{\mathrm{T}} \\ d_{12} &= \cos\lambda_{\mathrm{T}}\cos B_{\mathrm{T}} \\ d_{13} &= -\sin\lambda_{\mathrm{T}}\cos A_{\mathrm{T}} + \cos\lambda_{\mathrm{T}}\sin B_{\mathrm{T}}\sin A_{\mathrm{T}} \\ d_{21} &= \cos\lambda_{\mathrm{T}}\sin A_{\mathrm{T}} - \sin\lambda_{\mathrm{T}}\sin B_{\mathrm{T}}\cos A_{\mathrm{T}} \\ d_{22} &= \sin\lambda_{\mathrm{T}}\cos B_{\mathrm{T}} \\ d_{23} &= \cos\lambda_{\mathrm{T}}\cos A_{\mathrm{T}} - \sin\lambda_{\mathrm{T}}\sin B_{\mathrm{T}}\sin A_{\mathrm{T}} \\ d_{31} &= \cos B_{\mathrm{T}}\cos A_{\mathrm{T}} \\ d_{32} &= \sin B_{\mathrm{T}} \\ d_{33} &= -\cos B_{\mathrm{T}}\sin A_{\mathrm{T}} \end{aligned}\right\} \tag{3-64}$$

思 考 题

1. 说明导弹常用坐标系的定义及特点。
2. 说明弹体坐标系与发射坐标系之间欧拉角的物理意义。
3. 说明速度坐标系与发射坐标系之间欧拉角的物理意义。
4. 说明速度坐标系与弹体坐标系之间欧拉角的物理意义。
5. 试推导分析导弹不同的欧拉角之间的关系。
6. 对比分析弹体相对于发射坐标系、地理坐标系姿态角的不同点。
7. 试推导分析发射坐标系、弹体坐标系及速度坐标系之间的转换关系。
8. 试推导分析地理坐标系与弹体坐标系的转换关系。

第 4 章　作用在导弹上的力和力矩

导弹从起飞到击中目标的过程中均受到各种力和力矩的作用，其中主要有火箭发动机推力、控制力和控制力矩、空气动力和空气动力矩、地球引力以及考虑地球自转时出现的惯性力等。这些力和它们产生的力矩对导弹的飞行有着直接的影响。为此，在研究导弹运动规律之前，先来介绍作用于导弹上的各种力和力矩。

4.1　火箭发动机推力

火箭发动机推力是导弹飞行的动力来源。导弹之所以能够飞行，完全是由于火箭发动机推力作用的结果。导弹均安装有液体或固体火箭发动机，所谓液体火箭发动机是指火箭发动机的推进剂（燃烧剂和氧化剂）是液体状态的，而固体火箭发动机的推进剂则是固体药柱。尽管随着科学技术的发展，出现了不少高能推进剂，使导弹的结构质量比有所降低，但为了取得更大的运载能力及射击距离，推进剂的消耗量仍然是十分可观的。因此，导弹的飞行实质上是一个变质量质点系的动力学问题。

4.1.1　变质量质点动力学方程

导弹在飞行过程中，装于其上的火箭发动机燃烧室不仅将推进剂中蕴藏着的化学能转换为热能和压力能，而且燃烧室后的喷管又将燃烧生成的燃气膨胀加速后连续喷出，如图 4-1 所示。设在某瞬时 t，以 $\boldsymbol{v}$ 表示质量为 m 的导弹所具有的绝对速度，则其动量可表示为

$$\boldsymbol{Q}_t = m\boldsymbol{v} \tag{4-1}$$

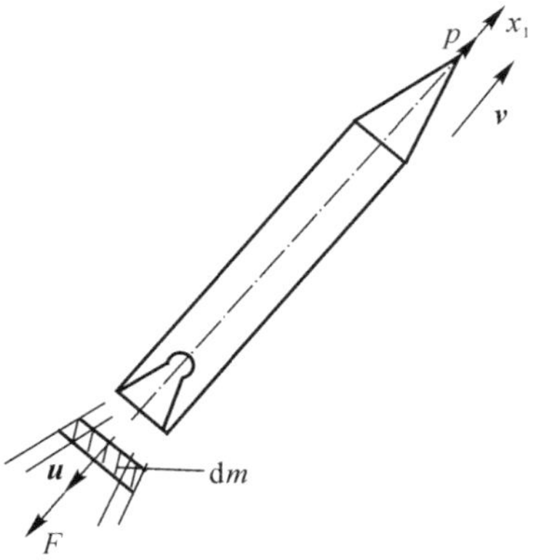

图 4-1　导弹变质量运动分析示意图

若在 dt 时间内，导弹抛出微质量为 dm 的燃气，其相对速度为 $\boldsymbol{u}$（因为是抛出，所以 dm 为负值）。当 t+dt 时，系统总动量（导弹质量和抛出微质量的总动量）为

$$Q_{t+dt}=(m+dm)(\boldsymbol{v}+d\boldsymbol{v})-dm(\boldsymbol{v}+d\boldsymbol{v}+\boldsymbol{u}) \tag{4-2}$$

如以$\sum \boldsymbol{F}$表示 dt 时间内作用于系统的所有外力，则由“动量改变等于冲量”的常质量质点系动力学之动量定理得

$$(m+dm)(\boldsymbol{v}+d\boldsymbol{v})-dm(\boldsymbol{v}+d\boldsymbol{v}+\boldsymbol{u})-m\boldsymbol{v}=\sum \boldsymbol{F}dt \tag{4-3}$$

略去二阶微量后，可得

$$m\frac{d\boldsymbol{v}}{dt}=\boldsymbol{u}\frac{dm}{dt}+\sum \boldsymbol{F} \tag{4-4}$$

这就是变质量质点的动力学方程，式中，$\boldsymbol{u}\frac{dm}{dt}$称为反作用力，常以符号 $\boldsymbol{\Phi}$ 表示。对于火箭来说，由于燃烧生成物（燃气）不断地排出弹体外，因此始终有$\frac{dm}{dt}<0$，这说明反作用力 $\boldsymbol{\Phi}$ 与排气速度 $\boldsymbol{u}$ 的方向始终是相反的，导弹正是利用火箭发动机产生的此种作用力前进的。将 $\boldsymbol{\Phi}$ 代入式(4－4)，则有

$$m\frac{d\boldsymbol{v}}{dt}=\boldsymbol{\Phi}+\sum \boldsymbol{F} \tag{4-5}$$

其中

$$\boldsymbol{\Phi}=\boldsymbol{u}\frac{dm}{dt}=-\boldsymbol{u}\left|\frac{dm}{dt}\right| \tag{4-6}$$

式中，$\frac{dm}{dt}$称为推进剂的质量秒消耗量，常以 $\dot{m}$ 表示，即有 $\dot{m}=\frac{dm}{dt}$；$\boldsymbol{u}$ 为燃气流相对弹体的速度。显然，$\dot{m}$，$\boldsymbol{u}$ 越大反作用力也越大，$\dot{m}$ 是发动机推力大小的主要标志，而 $\boldsymbol{u}$ 则反映推进剂的质量品质和发动机设计的优劣程度。

因此无论是液体火箭发动机还是固体火箭发动机，它们的工作过程及推力产生机理，基本上是共同的：

(1)当推进剂在发动机燃烧室中燃烧时，大部分化学能经燃烧释放出来，转变为热能和压力能，在燃烧室形成高温高压的燃气。

(2)当燃气在发动机喷管中膨胀时，燃气随着压力和温度的下降而被膨胀加速，使燃气的一部分热能和压力能转变为动能。

(3)高速燃气向外喷射时，燃气流将因动量改变对导弹产生一个反作用力，这个反作用力就是火箭发动机的推力。

人们在日常生活中，常常会感受到这种反作用原理的存在。诸如射手用步枪射击时，肩膀上会感觉到枪托的后坐力；消防人员手持高压水龙头灭火时，手上也会感觉出向后的反作用力。这些现象都充分说明了反作用力的客观存在。

4.1.2 液体发动机推力

1. 推力公式

由动力学方程(4－5)可知，推力除了反作用力 $\boldsymbol{\Phi}$ 外，还有其他外力$\sum \boldsymbol{F}$的作用，特别是排气压力与大气压力的作用。由于发动机的测定通常是在地面试车台上进行的(见图 4－2)，所以火箭发动机的推力除了排出燃气产生的反作用力外，还应包括排气之静压与外界大气静压差而形成的附加推力。

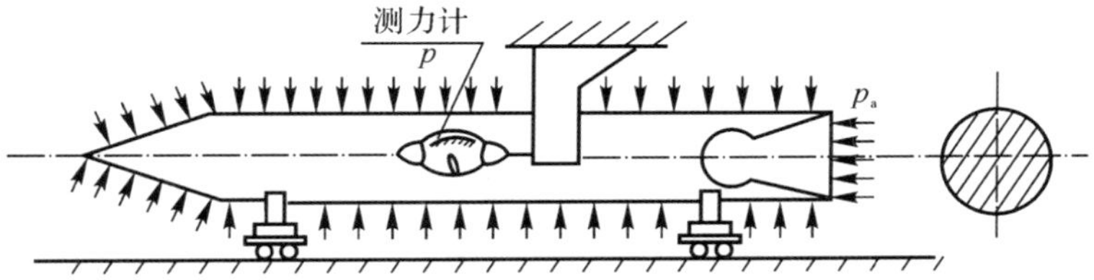

图 4-2　发动机推力测定示意图

$$S_a p_a - S_a p = S_a(p_a - p) \tag{4-7}$$

式中，S_a 为喷口截面积；p_a 为喷口燃气的静压；p 为大气静压。这样，考虑了燃气静压力和大气静压力对发动机推力的影响后，试车台上测力计所测得的发动机推力 P 可以表示为

$$P = \Phi + S_a(p_a - p) = \dot{m}u + S_a(p_a - p) \tag{4-8}$$

如在地面时，p 为地面大气压力，在空中时，p 为实际飞行中的大气压力。由于大气压力随高度增加而减小，所以发动机的推力也将随飞行高度的增加而逐渐增加。在地面时，$p = p_0$，推力为

$$P_0 = \dot{m}u + S_a(p_a - p_0) \tag{4-9}$$

称为地面额定推力；在真空时 $p=0$，推力为 $P_Z = \dot{m}u + S_a p_a$，此时推力达到最大值，称为真空推力。据统计，一般真空推力比地面推力大 10%～15%。推力随高度变化的特性称为发动机高度特性。可将推力表达式(4-8)改写为

$$P = P_0 + S_a p_0\left(1 - \frac{p}{p_0}\right) \tag{4-10}$$

式中，$S_a p_0\left(1 - \frac{p}{p_0}\right)$ 称为推力高度修正量。

2. 比推力

比推力是衡量发动机性能的一个重要参数，其定义是推进剂单位重量秒消耗量所产生的推力。因此比推力可表示为

$$P_b = \frac{P}{\dot{G}} \tag{4-11}$$

由于地面与真空条件不同，所以比推力也有地面比推力与真空比推力之分。显然，若以 P_0 和 P_Z 分别表示地面大气中与地面真空中试车的推力时，则地面比推力与地面真空比推力可分别表示为

$$\left.\begin{aligned} P_{b0} &= \frac{P_0}{\dot{G}_0} \\ P_{bZ} &= \frac{P_Z}{\dot{G}_0} \end{aligned}\right\} \tag{4-12}$$

比推力的大小不仅标志着推进剂品质的高低，而且也反映着发动机性能的优劣程度。显然，比推力大时，说明消耗较少的推进剂就可以获得较大的推力。目前，以偏二甲肼（$[CH_3]2N_2H_2$）为燃烧剂而以四氧化二氮（N_2O_4）为氧化剂的液体火箭发动机的比推力可达 250～290 s。

4.1.3 固体发动机推力

固体火箭发动机是以固态物质为推进剂的火箭发动机。这种发动机的推进剂被做成一定形状的药柱装填或直接浇注于燃烧室中。药柱直接在燃烧室中点燃后，高温燃气由喷管喷出而产生推力。由于不存在推进剂加注和输送的问题，所以，固体火箭发动机没有复杂的推进剂加注设备和输送系统，这不仅使结构简单，而且也大大缩短了发射准备时间。然而比推力低、工作时间短以及难以实现推力调节的缺点，曾限制了其运用范围。尽管存在这些不足，固体火箭发动机仍以其结构简单、使用方便以及生存能力高的优势得到了越来越广泛的应用。

液体火箭发动机曾在20世纪50年代得到广泛应用，但由于其结构复杂、地面设备庞大以及发射准备时间长等弱点才逐渐被结构简单、使用操作方便以及机动性能好的固体火箭发动机所取代。此外，固体火箭发动机不仅能研制成短时间内产生多达几千吨的推力装置，也可以研制成小到几千克甚至几克推力的微型装置。因此，大推力的固体火箭发动机可以作为弹道导弹的主发动机，也可以作为宇航飞行器的助推器，而小推力的固体火箭发动机则在姿态控制及级间分离机构上得到广泛应用。

固体火箭发动机的启动点火比较简单，其推力的产生机理与液体火箭发动机相似，但其主要性能指标不是以比推力而是以比冲量衡量的。

1. 总冲量

总冲量是推力-时间曲线所包围的面积，常以符号 I_0 表示，有

$$I_0 = \int_0^t P\mathrm{d}t \tag{4-13}$$

发动机的总冲量代表了火箭发动机的工作能力，导弹之所以能达到预定的飞行速度和射程，主要取决于发动机能否提供相应的总冲量。为了获得一定的总冲量，发动机可以采取大推力、短工作时间方案；也可以采取小推力、长时间工作方案。只要推力-时间曲线所包围的面积相等，则总冲量相等。具体的推力随时间变化曲线要从飞行控制的要求出发，同时还要考虑发动机的设计情况。由推力公式(4-8)不难得出

$$P = \dot{m}u + S_a(p_a - p) = \frac{\dot{G}}{g}\left[u + \frac{S_a(p_a - p)}{\dot{G}/g}\right] = \frac{\dot{G}}{g}u_f \tag{4-14}$$

式中，u_f 为有效喷气速度，其值主要取决于推进剂的性能并与发动机性能有关，推进剂选定以后，它的值变化不大。

根据式(4-13)和式(4-14)，总冲量又可写成

$$I_0 = \int_0^t \frac{\dot{G}}{g}u_f\mathrm{d}t \tag{4-15}$$

可见，总冲量 I_0 除了与有效喷流速度有关外，还取决于推进剂的总耗量。如果推进剂选定之后，则总冲量就主要取决于推进剂的总耗量。

2. 比冲量

比冲量(简称比冲)为消耗1 kg的推进剂所产生的冲量，常用 I_S 表示，即有

$$I_S = \frac{I_0}{G} = \frac{\int_0^t P\mathrm{d}t}{\int_0^t \dot{G}\mathrm{d}t} \tag{4-16}$$

式中，$G=\int_0^t \dot{G}\mathrm{d}t$ 为推进剂的总耗量。

此式反映了比冲量与推进剂的能量和发动机工作过程的品质关系。显然提高比冲量，主要应采用高级推进剂；其次在于正确设计工作性能完善的发动机。目前，固体发动机的比冲量对于双基火药（硝化纤维和硝化甘油为基本成份）而言为 180～200 s，而对于由氧化剂和燃烧黏结剂组成的复合火药来说，已达 240～250 s，仅略低于液体火箭发动机的比推力。

4.2　控制力和控制力矩

控制系统是通过执行机构产生控制力和控制力矩来改变导弹的质心运动和姿态运动，以保证导弹按预定飞行方案运动。目前弹道式导弹产生控制力与控制力矩的方式与机构，有燃气舵、摇摆发动机、摆动喷管以及向喷管内喷射工质（气体或液体）等。其中燃气舵是由燃气流的扰流结果产生气动力和气动力矩，其余方式都是通过改变推力矢量的方向以获得控制力和控制力矩。

4.2.1　控制力

1. 控制力的产生方式

（1）摇摆发动机。摇摆发动机有两种形式，一种是主发动机绕转轴作小角度转动改变推力方向，以形成控制力和控制力矩；另一种是在主发动机周围布置 4 个小型游动发动机，通过摆动游动发动机产生控制力和控制力矩。

（2）摆动喷管。固体发动机燃烧室内装有药柱，体积和质量都较大，不能采用转动整个发动机来产生控制力，而是采用摆动喷管的方式来改变推力方向。当 4 个喷管各有一个摆动自由度时，就可实现俯仰、偏航和滚动的控制效应。由于仅仅摆动较轻的喷管，所以要求伺服机构的输出功率可以较小，但缺点是带来高温高压下活动接头与密封装置耐热的问题。

（3）燃气舵。燃气舵是安装在发动机喷管出口处燃气流中的活动小翼，偏转舵面可以改变舵相对气流的冲角，从而在燃气舵压心产生升力（控制力）以形成对导弹的控制力矩。其优点是结构简单，缺点是舵阻力造成发动机推力损失，此外，在高温燃气流中工作的舵面容易受到烧蚀，引起控制效应的下降。

（4）二次喷射。这种控制装置是在喷管膨胀部分（扩散段）侧壁的周向开出均匀分布的可控小孔，向喷管内垂直喷注气体或液体，在燃气流中激起的斜激波使燃气流偏转，从而达到改变推力方向的目的。这样利用孔的开闭，就可获得相应的控制效应。这种控制方式的优点是消除了推力损失，省掉了复杂笨重的旋转机构，既适用于固体火箭发动机，也适用于液体火箭发动机。缺点是需有一套喷注燃气或液体的装置。

（5）空气舵。空气舵位于弹体表面，通过偏转舵面改变舵相对空气气流的冲角，在空气舵压心产生控制力，并形成对导弹的气动控制力矩。空气舵与燃气舵相似，只是其作用介质不一样，前者为空气流，后者为燃气流。空气舵的优点是结构简单，外形和布局根据需要有多种形式，但空气舵只有导弹在大气层内飞行时才能应用，其控制力和控制力矩较燃气舵小，而且控制力大小与导弹的飞行速度和飞行高度等有关。

2. 控制力的计算与分析

本部分以摇摆发动机和摆动喷管为例来对产生的控制力进行计算和分析。

(1)控制方式。为了形成对导弹各通道的控制，通常需要将 4 台发动机按一定方式组合配置。常用的配置有“＋”字形和“×”字形配置。每台发动机推力轴线与弹体纵轴交于一点，夹角为 μ，如图 4－3 所示。

“＋”字形配置的发动机分别由两台控制俯仰和偏航的姿态角，“×”字形配置则由 4 台发动机共同控制。

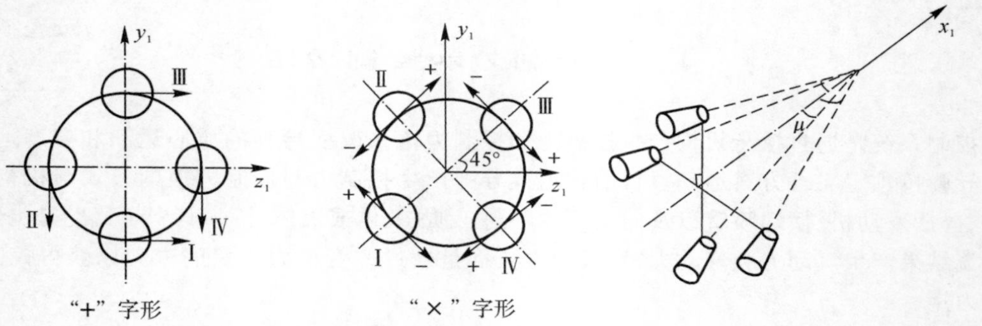

图 4－3　发动机的配置方式

首先，规定一下发动机摆角的正方向，从导弹尾部看去，“＋”字形配置：Ⅰ，Ⅲ发动机组喷口向右摆为正，Ⅱ，Ⅳ机组喷口下摆为正。对燃气舵也同理，Ⅰ，Ⅲ燃气舵舵尾向右摆为正，Ⅱ，Ⅳ燃气舵舵尾向下摆为正，如图 4－4(a)(b)所示。“×”字形配置：4 台发动机组喷口均顺时针摆动为正，如图 4－4(c)所示。

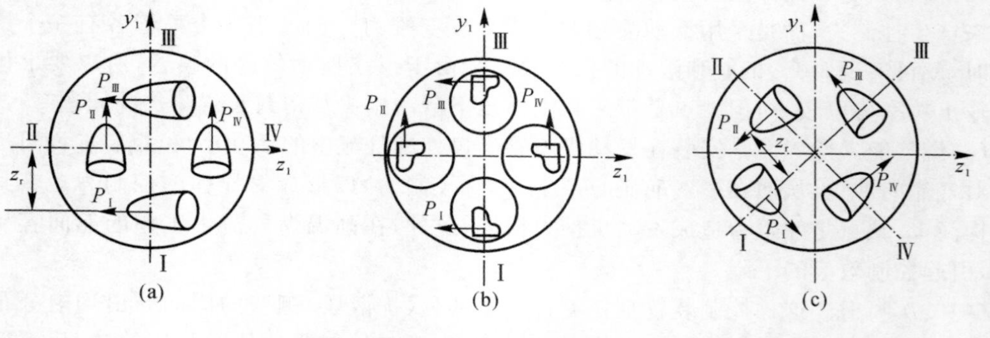

图 4－4　发动机正向摆角示意图

(2)等效偏转角。当姿态角产生偏差($\Delta\varphi,\psi,\gamma$)时，姿态控制系统将测得姿态偏差角相应的电压信号，并经过变换、放大，产生电流信号至伺服机构使发动机相应产生一偏转角，并产生控制力和控制力矩以修正姿态角偏差。为了便于计算控制力和控制力矩，通常又引入等效偏转角的概念，其含义是与实际发动机偏角具有相同控制力矩的平均发动机偏角，且规定产生负向控制力矩的等效偏转角为正。

1)“＋”字形的等效偏转角。当俯仰角有单位正偏角 $\Delta\varphi$ 时，控制系统将通过伺服机构使Ⅱ，Ⅳ发动机各偏转 1 个单位正摆角 $+\delta_Ⅱ$，$+\delta_Ⅳ$，产生沿 Q_1y_1 轴的正向控制力及绕 O_1z_1 轴的负向控制力矩，使导弹作负的俯仰运动，以修正俯仰角偏差，此时Ⅱ，Ⅳ发动机合成的等效偏转角为 $+\delta_\varphi$。$\Delta\varphi\rightarrow+\delta_\varphi(+\delta_Ⅱ,+\delta_Ⅳ)\rightarrow O_1y_1$ 轴向正控制力→绕 O_1z_1 轴的负控制力矩→$-\ddot{\varphi}\rightarrow|\Delta\varphi|\downarrow$。

当存在单位正偏航角$+\psi$时，控制系统通过伺服结构使Ⅰ，Ⅲ发动机各偏转1个单位正摆角$+\delta_{\mathrm{I}}$，$+\delta_{\mathrm{III}}$，产生弹体坐标系O_1z_1轴的负向控制力，并产生绕O_1y_1的负控制力矩，使导弹作负向的偏航运动，修正姿态偏差，此时Ⅰ，Ⅲ发动机合成的等效偏转角为$+\delta_{\psi}$。$+\psi\to+\delta_{\psi}(+\delta_{\mathrm{I}},+\delta_{\mathrm{III}})\to O_1z_1$轴方向的负控制力→绕$O_1y_1$轴方向的负控制力矩$\to+\ddot{\psi}\to|\psi|\downarrow$。

当存在单位正滚动偏差$+\gamma$时，控制系统通过执行机构使Ⅰ，Ⅱ发动机各偏转1个单位负摆角$-\delta_{\mathrm{I}}$，$-\delta_{\mathrm{II}}$，Ⅲ，Ⅳ发动机各偏转1个单位正摆角$+\delta_{\mathrm{III}}$，$+\delta_{\mathrm{IV}}$，产生绕O_1x_1轴的负控制力矩，使导弹作负向的滚动运动，以修正滚动偏差，此时Ⅰ，Ⅱ，Ⅲ，Ⅳ发动机合成的等效偏转角为$+\delta_{\gamma}$。$+\gamma\to+\delta_{\gamma}(-\delta_{\mathrm{I}},-\delta_{\mathrm{II}},+\delta_{\mathrm{III}},+\delta_{\mathrm{IV}})\to$绕$O_1x_1$轴的负控制力矩$\to-\ddot{\gamma}\to|\gamma|\downarrow$。

由于δ_{I}，δ_{III}和δ_{II}，δ_{IV}分别反映ψ，γ和$\Delta\varphi$，γ的控制信号，并不是单纯反映某一种等效偏转角，所以发动机偏转角与等效偏转角之间关系可写成

$$\left.\begin{aligned}\delta_{\mathrm{II}}&=\delta_{\varphi}-\delta_{\gamma}\\\delta_{\mathrm{IV}}&=\delta_{\varphi}+\delta_{\gamma}\\\delta_{\mathrm{I}}&=\delta_{\psi}-\delta_{\gamma}\\\delta_{\mathrm{III}}&=\delta_{\psi}+\delta_{\gamma}\end{aligned}\right\}\tag{4-17}$$

由此可得

$$\left.\begin{aligned}\delta_{\varphi}&=\frac{1}{2}(\delta_{\mathrm{II}}+\delta_{\mathrm{IV}})\\\delta_{\psi}&=\frac{1}{2}(\delta_{\mathrm{I}}+\delta_{\mathrm{III}})\\\delta_{\gamma}&=\frac{1}{4}(-\delta_{\mathrm{I}}-\delta_{\mathrm{II}}+\delta_{\mathrm{III}}+\delta_{\mathrm{IV}})\end{aligned}\right\}\tag{4-18}$$

“＋”字形配置发动机摆时的控制效应如图 4－5 所示。

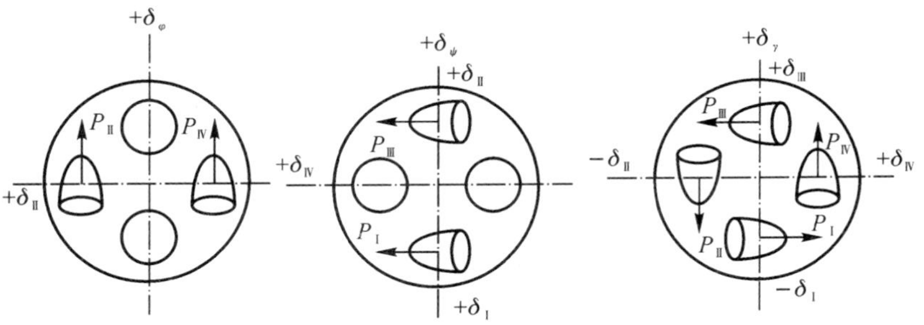

图 4－5　“＋”字形配置发动机摆动时的控制效应

从上述分析可知，只要按照控制信号使“＋”字形配置的Ⅱ，Ⅳ或(Ⅰ，Ⅲ)发动机作同向等角摆动时，就可获得俯仰(或偏航)控制效应；当按控制信号使Ⅰ，Ⅲ和Ⅱ，Ⅳ发动机作异向等角摆动时，就可单独获得滚动控制效应；而当按控制信号使Ⅰ，Ⅲ和Ⅱ，Ⅳ发动机作异向不等角摆动时，则可同时获得俯仰、偏航和滚动控制效应。

上述分析与公式对“＋”字形配置的燃气舵控制方式也适合。

2)“×”字形等效偏转角。对于“×”字形配置的发动机来说，其发动机偏转角与等效偏转角的简化关系为

$$\left.\begin{aligned}\delta_{\mathrm{I}} &= -\delta_{\varphi} - \delta_{\psi} + \delta_{r} \\ \delta_{\mathrm{II}} &= -\delta_{\varphi} + \delta_{\psi} + \delta_{r} \\ \delta_{\mathrm{III}} &= \delta_{\varphi} + \delta_{\psi} + \delta_{r} \\ \delta_{\mathrm{IV}} &= \delta_{\varphi} - \delta_{\psi} + \delta_{r}\end{aligned}\right\} \tag{4-19}$$

中间过程请自行推导，这里不再赘述。

(3)控制力的大小和方向。为了分析控制力对导弹飞行产生的控制效应，将发动机摆动后的推力投影于弹体坐标系 $O_z x_1 y_1 z_1$ 的 3 轴上。显然，投影在弹轴 $O_1 x_1$ 上的分量正是推动导弹质心加速度的推动力，因此称为有效推力；而投影在 $O_1 y_1$ 轴和 $O_1 z_1$ 轴上的分量则是控制导弹姿态运动的力，因此分别称为法向控制力和侧向控制力。

控制力的计算方法与发动机的配置形式密切相关，首先分析“×”字形配置的计算方法。图 4-6 中，Ⅰ，Ⅲ发动机轴线与弹轴 $O_1 x_1$ 所构成的平面与弹体纵对称面 $O_1 x_1 y_1$ 构成 45°夹角。这种组成的摇摆发动机相当于安装在一个正四棱锥体的 4 个侧面的底边上，而其安装轴线(发动机不偏转时)则与四棱锥体侧面底边的中线重合，且与导弹纵轴 $O_1 x_1$ 构成的安装角为 μ。

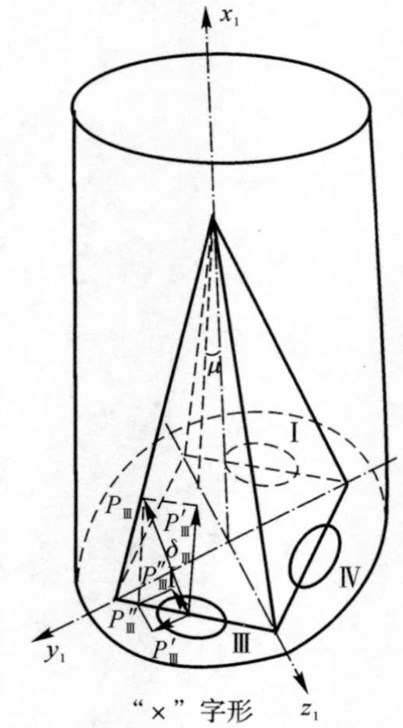

图 4-6 “×”字形配置的发动机控制力示意图

从图 4-6 可知，当将第Ⅲ台发动机摆动正的 δ_{III} 时，发动机推力 P_{III} 在其安装轴线和垂直安装轴线上的分量显然是

$$P'_{\mathrm{III}} = P_{\mathrm{III}} \cos\delta_{\mathrm{III}} \tag{4-20a}$$

$$P''_{\mathrm{III}} = P_{\mathrm{III}} \sin\delta_{\mathrm{III}} \tag{4-20b}$$

当将分量 P'_{III}，P''_{III} 在弹体坐标系的 x_1，y_1 和 z_1 轴投影时，可得出关系式：

$$\left.\begin{aligned}P'_{\mathrm{III}x1} &= P'_{\mathrm{III}} \cos\mu = P_{\mathrm{III}} \cos\mu\cos\delta_{\mathrm{III}} \\ P''_{\mathrm{III}x1} &= 0\end{aligned}\right\} \tag{4-21a}$$

$$\left.\begin{aligned} P'_{Ⅲy1} &= -P'_{Ⅲ}\sin\mu\cos45^\circ = -P_{Ⅲ}\cos\delta_{Ⅲ}\sin\mu\cos45^\circ \\ P''_{Ⅲy1} &= P''_{Ⅲ}\cos45^\circ = P_{Ⅲ}\sin\delta_{Ⅲ}\cos45^\circ \end{aligned}\right\} \tag{4-21b}$$

$$\left.\begin{aligned} P'_{Ⅲz1} &= -P'_{Ⅲ}\sin\mu\cos45^\circ = -P_{Ⅲ}\cos\delta_{Ⅲ}\sin\mu\cos45^\circ \\ P''_{Ⅲz1} &= -P''_{Ⅲ}\cos45^\circ = -P_{Ⅲ}\sin\delta_{Ⅲ}\cos45^\circ \end{aligned}\right\} \tag{4-21c}$$

同理，对于第Ⅰ，Ⅱ，Ⅳ台发动机，当它们各自偏转一个正的 $\delta_i(i=Ⅰ,Ⅱ,Ⅳ)$ 时，它们的推力在弹体坐标系 3 轴上的投影也有类似关系式。表 4-1 给出了各台发动机摆动正的 $\delta_i(i=Ⅰ,Ⅱ,Ⅲ,Ⅳ)$ 时推力在弹体坐标系 3 轴上的投影。根据表 4-1 不难求出 4 台发动机在弹体坐标系 O_1x_1 轴的投影的代数和为

$$P_{x1} = P_{Ⅰ}\cos\delta_{Ⅰ}\cos\mu + P_{Ⅱ}\cos\delta_{Ⅱ}\cos\mu + P_{Ⅲ}\cos\delta_{Ⅱ}\cos\mu + P_{Ⅳ}\cos\delta_{Ⅳ}\cos\mu \tag{4-22}$$

由于 4 台发动机属于同一型号，因而有

$$P_{Ⅰ} = P_{Ⅱ} = P_{Ⅲ} = P_{Ⅳ} = \frac{P}{4} \tag{4-23}$$

式中，P 为 4 台发动机的合推力。

表 4-1　“×”字形配置发动机组摆动正 δ_i 角时，推力在弹体坐标系的投影

		P_{x1}	P_{y1}	P_{z1}
$P_{Ⅰ}$	$P'_{Ⅰ}$	$P_{Ⅰ}\cos\delta_{Ⅰ}\cos\mu$	$P_{Ⅰ}\cos\delta_{Ⅰ}\sin\mu\cos45^\circ$	$P_{Ⅰ}\cos\delta_{Ⅰ}\sin\mu\cos45^\circ$
	$P''_{Ⅰ}$	0	$-P_{Ⅰ}\sin\delta_{Ⅰ}\cos45^\circ$	$P_{Ⅰ}\sin\delta_{Ⅰ}\cos45^\circ$
$P_{Ⅱ}$	$P'_{Ⅱ}$	$P_{Ⅱ}\cos\delta_{Ⅱ}\cos\mu$	$-P_{Ⅱ}\cos\delta_{Ⅱ}\sin\mu\cos45^\circ$	$P_{Ⅱ}\cos\delta_{Ⅱ}\sin\mu\cos45^\circ$
	$P''_{Ⅱ}$	0	$-P_{Ⅱ}\sin\delta_{Ⅱ}\cos45^\circ$	$-P_{Ⅱ}\sin\delta_{Ⅱ}\cos45^\circ$
$P_{Ⅲ}$	$P'_{Ⅲ}$	$P_{Ⅲ}\cos\delta_{Ⅲ}\cos\mu$	$-P_{Ⅲ}\cos\delta_{Ⅲ}\sin\mu\cos45^\circ$	$-P_{Ⅲ}\cos\delta_{Ⅲ}\sin\mu\cos45^\circ$
	$P''_{Ⅲ}$	0	$P_{Ⅲ}\sin\delta_{Ⅲ}\cos45^\circ$	$-P_{Ⅲ}\sin\delta_{Ⅲ}\cos45^\circ$
$P_{Ⅳ}$	$P'_{Ⅳ}$	$P_{Ⅳ}\cos\delta_{Ⅳ}\cos\mu$	$P_{Ⅳ}\cos\delta_{Ⅳ}\sin\mu\cos45^\circ$	$-P_{Ⅳ}\cos\delta_{Ⅳ}\sin\mu\cos45^\circ$
	$P''_{Ⅳ}$	0	$P_{Ⅳ}\sin\delta_{Ⅳ}\cos45^\circ$	$P_{Ⅳ}\sin\delta_{Ⅳ}\cos45^\circ$

当将式(4-19)代入式(4-22)等号右端时，可得 4 台发动机推力的 O_1x_1 轴向的合力 P_{x1} 为

$$P_{x1} = \frac{P}{4}\cos\mu[\cos(-\delta_\varphi-\delta_\psi)+\cos(\delta_\psi-\delta_\varphi)+\cos(\delta_\varphi+\delta_\psi)+\cos(\delta_\varphi-\delta_\psi)] = P\cos\mu\cos\delta_\varphi\cos\delta_\psi \tag{4-24}$$

P_{x1} 就是“×”字形配置发动机组推动导弹质心加速运动的有效作用力，以符号 P^* 表示，即

$$P^* = P_{x1} = P\cos\mu\cos\delta_\varphi\cos\delta_\psi \tag{4-25}$$

当 δ_φ，δ_ψ 较小时，可近似认为

$$P^* = P\cos\mu \tag{4-26}$$

根据表 4-1，可求得“×”字形配置的 4 台发动机组推力在弹体坐标系 y_1 轴向投影的代数和，有

$$P_{y1} = \frac{P}{4}\sin\mu\cos45^\circ[\cos(-\delta_\varphi-\delta_\psi)-\cos(\delta_\varphi+\delta_\psi)-\cos(-\delta_\varphi+\delta_\psi)+$$

$$\cos(\delta_\varphi - \delta_\psi)] + \frac{P}{4}\cos 45°[-\sin(-\delta_\varphi - \delta_\psi) - \sin(-\delta_\varphi + \delta_\psi) +$$
$$\sin(\delta_\varphi + \delta_\psi) + \sin(\delta_\varphi - \delta_\psi)] =$$
$$\frac{P}{4}\cos 45°[2\sin(\delta_\varphi + \delta_\psi) + 2\sin(\delta_\varphi - \delta_\psi)] =$$
$$\frac{P}{4} \times \frac{\sqrt{2}}{2}[4\sin\delta_\varphi \cos\delta_\psi] = \frac{\sqrt{2}}{2}P\sin\delta_\varphi\cos\delta_\psi \tag{4-27}$$

同理可得

$$P_{z1} = -\frac{\sqrt{2}}{2}P\sin\delta_\psi\cos\delta_\varphi \tag{4-28}$$

令 $R' = \frac{\sqrt{2}}{2}P$，则"×"字形配置的 4 台发动机在法向和横向的控制力可表为

$$\left.\begin{aligned} P_{y1} &= R'\sin\delta_\varphi\cos\delta_\psi \\ P_{z1} &= -R'\sin\delta_\psi\cos\delta_\varphi \end{aligned}\right\} \tag{4-29}$$

式中，R' 称为"×"字形配置发动机组的控制力梯度。

实际工程计算时，考虑到等效偏转角 δ_φ，δ_ψ 很小，可认为 $\sin\delta_\varphi \approx \delta_\varphi$，$\sin\delta_\psi \approx \delta_\psi$ 及 $\cos\delta_\varphi \approx \cos\delta_\psi \approx 1$，因而式(4-29)可以进行简化，得到"×"字形配置的发动机组控制力与有效推力常用表达式：

$$\left.\begin{aligned} P_{y1} &= R'\delta_\varphi \\ P_{z1} &= -R'\delta_\psi \\ P_{x1} &= P\cos\mu\cos\delta_\varphi\cos\delta_\psi \approx P\cos u \\ R' &= \frac{\sqrt{2}}{2}P \end{aligned}\right\} \tag{4-30}$$

"+"字形配置发动机组其Ⅱ，Ⅳ发动机的摆动只产生 y_1 轴向的法向控制力，而Ⅰ，Ⅲ发动机的摆动则只产生 z_1 轴向的横向控制力，只有滚动才涉及 4 台发动机，因而有效推力和控制力计算较"×"字形简单。当每台发动机均摆动一个正的 δ_i 时，其推力在弹体坐标系 3 轴上的投影见表 4-2。

表 4-2 "+"字形发动机组摆动正 $\boldsymbol{\delta_i}$ 时的推力投影

		P_{x1}	P_{y1}	P_{z1}
P_{I}	P'_{I}	$P_{\mathrm{I}}\cos\delta_{\mathrm{I}}\cos\mu$	$P_{\mathrm{I}}\cos\delta_{\mathrm{I}}\sin\mu$	0
	P''_{I}	0	0	$-P_{\mathrm{I}}\sin\delta_{\mathrm{I}}$
P_{II}	P'_{II}	$P_{\mathrm{II}}\cos\delta_{\mathrm{II}}\cos\mu$	0	$P_{\mathrm{II}}\cos\delta_{\mathrm{II}}\sin\mu$
	P''_{II}	0	$P_{\mathrm{II}}\sin\delta_{\mathrm{II}}$	0
P_{III}	P'_{III}	$P_{\mathrm{III}}\cos\delta_{\mathrm{III}}\cos\mu$	$-P_{\mathrm{III}}\cos\delta_{\mathrm{III}}\sin\mu$	0
	P''_{III}	0	0	$-P_{\mathrm{III}}\sin\delta_{\mathrm{III}}$
P_{IV}	P'_{IV}	$P_{\mathrm{IV}}\cos\delta_{\mathrm{IV}}\cos\mu$	0	$P_{\mathrm{IV}}\cos\delta_{\mathrm{IV}}\sin\mu$
	P''_{IV}	0	$P_{\mathrm{IV}}\sin\delta_{\mathrm{IV}}$	0

由表 4-2 即可求得"+"字形配置发动机在弹轴 x_1 方向投影的代数和为

$$P_{x1}=\frac{P_u}{4}\cos\mu(\cos\delta_{\mathrm{I}}+\cos\delta_{\mathrm{II}}+\cos\delta_{\mathrm{III}}+\cos\delta_{\mathrm{IV}})\tag{4-31}$$

式中，$P_u=4P_i(i=\mathrm{I}\sim\mathrm{IV})$为 4 台发动机的合推力；$P_{x1}$为"+"字形配置发动机推力在弹轴 x_1 方向投影的代数和，称为发动机组有效推力。

当滚动很小时，可认为 $\delta_{\mathrm{I}}=\delta_{\mathrm{III}}$，$\delta_{\mathrm{II}}=\delta_{\mathrm{IV}}$，因而可得

$$\cos\delta_{\mathrm{I}}+\cos\delta_{\mathrm{III}}=2\cos\frac{\delta_{\mathrm{I}}+\delta_{\mathrm{III}}}{2}\cos\frac{\delta_{\mathrm{I}}-\delta_{\mathrm{III}}}{2}\approx 2\cos\delta_{\psi}\tag{4-32a}$$

$$\cos\delta_{\mathrm{II}}+\cos\delta_{\mathrm{IV}}\approx 2\cos\delta_{\varphi}\tag{4-32b}$$

这样，4 台发动机的有效推力为

$$P_{x1}=\frac{P_u}{2}\cos\mu(\cos\delta_{\varphi}+\cos\delta_{\psi})\tag{4-33}$$

可得"+"字形配置的发动机总有效推力 P^* 和控制力表达式为

$$\left.\begin{aligned}P^* &= P_{z1}+R'_u\cos\mu(\cos\delta_{\varphi}+\cos\delta_{\psi})\\ P_{y1} &= R'_u\sin\delta_{\varphi}\approx R'_u\delta_{\varphi}\\ P_{z1} &= -R'_u\sin\delta_{\psi}\approx -R'_u\delta_{\psi}\\ R'_u &= \frac{P_u}{2}\end{aligned}\right\}\tag{4-34}$$

式中，R'_u 称为"+"字形控制力梯度。

从控制力梯度 R'与 R'_u 的表达式不难看出，"×"字形控制力梯度是"+"字形的$\sqrt{2}$倍，因此"×"字形常常应用在需要大控制力的发动机组上。

4.2.2　控制力矩

控制力对导弹质心形成控制力矩，使飞行姿态（俯仰、偏航、滚动）发生变化，如图 4－7 所示。

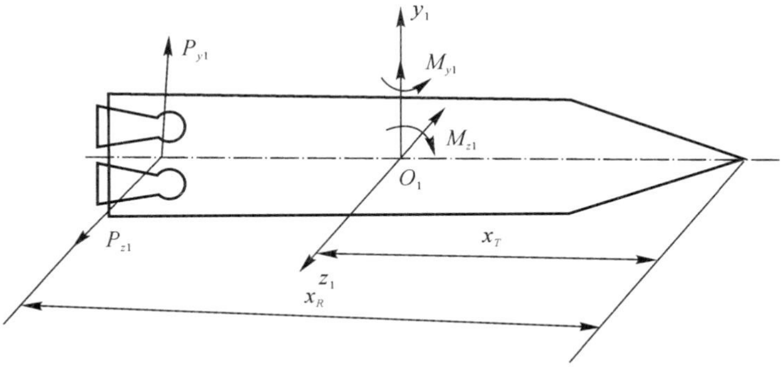

图 4－7　控制力相对于导弹质心形成的控制力矩

当发动机为"×"字形配置时，控制力矩为

$$\left.\begin{aligned}M_{z1} &= -P_{y1}(x_R-x_T)\approx -R'(x_R-x_T)\delta_{\varphi}\\ M_{y1} &= P_{z1}(x_R-x_T)\approx -R'(x_R-x_T)\delta_{\psi}\\ M_{x1} &= -Pz_{\mathrm{r}}\delta_{\mathrm{r}}\end{aligned}\right\}\tag{4-35}$$

当发动机为"+"字形配置时，控制力矩为

$$\left.\begin{aligned} M_{z1} &= -P_{y1}(x_R - x_T) \approx -R'_u(x_R - x_T)\delta_\varphi \\ M_{y1} &= P_{z1}(x_R - x_T) \approx -R'_u(x_R - x_T)\delta_\psi \\ M_{x1} &= -P_u z_r \delta_r \end{aligned}\right\} \tag{4-36}$$

式中，z_r 为发动机推力作用点到弹体纵轴的距离。

4.3 空气动力和空气动力矩

4.3.1 大气理论

包围地球的空气层(即大气)是导弹的飞行活动环境，大气层无明显的上限，它的各种特性在铅垂方向上的差异非常明显，例如空气密度和压强随高度增加而很快减小。在 10 km 高度，空气密度只相当于海平面的 1/3，压强约为海平面的 1/4；在 100 km 高度，空气密度只有海平面的 0.000 04%，压强只有海平面的 0.000 03%。大气层对导弹飞行有很大影响，恶劣的天气条件会危及飞行安全，大气属性(温度、压力、湿度、风向和风速等)对导弹飞行性能和飞行航迹也会产生不同程度的影响。

1. 大气空间划分

以大气中温度随高度的分布为主要依据，通常按高度自地面由低到高，可将大气层划分为五层：对流层(变温层)、同温层(平流层)、中间层、电离层(暖层或热层)和散逸层。大气层的空间划分如图 4-8 所示。

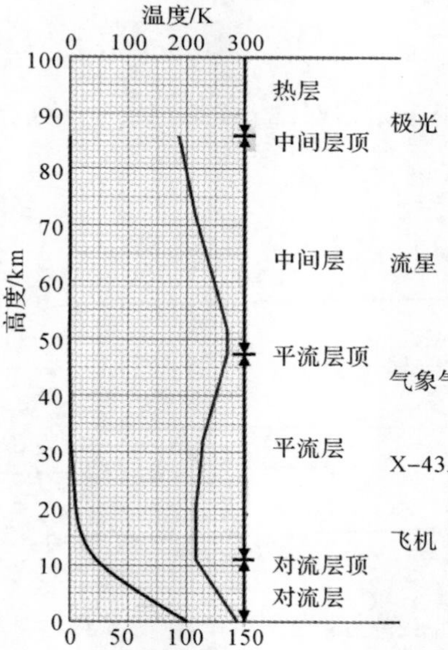

图 4-8　国际标准大气空间划分

(1)对流层。最贴近地面的对流层，离地面的平均高度(在地球中纬度地区)约为 11 km。对流层在地球赤道较高，约为 17 km；在两极较低，为 7～8 km。例如，北京地区对流层约为 11 km，广州地区对流层高度就增加到约 16 km，东北地区则下降到约 10 km。季节不同，对流层的高度也不同。例如，夏季就比冬季高，甚至同一地区同一天，对流层的高度也会随早、午、晚的变化而变化。导弹的发射段和攻击段飞行主要就在这一区域。

对流层的空气温度随高度的增加而降低，平均每增高 100 m，气温约降低 0.65℃，因此这层也叫作“变温层”。同时，在对流层中，气压也随高度的增加而降低。由于地球引力的影响，贴近地面 5 500 m 的高度之内，大约包含大气总质量的一半。在这之上直到 11 000 m，约包含大气总重的 1/4。因此在对流层内，几乎包含了全部大气质量的 3/4。

这层气温的变化，是因为空气很少吸收太阳直接照射的热能，而主要是靠地面吸收太阳的热能而被加热的。因此离地面越近，空气就越热，气温随高度的增加而逐渐降低。

对流层中含有大量的水蒸气及其他微粒，几乎全部水蒸气都集中在这一层大气内，又由于受地面加热和地面起伏不平的影响，会造成垂直方向和水平方向的风，即空气发生大量的对流，因而有雨、雪、云、雾、雹及风暴等气象变化现象。空气存在各个方向上的对流也使得对流层内空气的组成成分保持一致。

(2)同温层(平流层)。对流层之上，顶端到离地约 32 km，此层大气已经很稀薄，几乎没有自然对流，只有水平方向的流动。在这一层中，从离地 11～20 km 处，温度几乎不变，保持在 216.66 K(−56.5℃)左右；但却随着纬度的不同而变化(即两极地区和赤道地区上空的气温不同)，同时也随季节而变化。再往上延伸时，空气中出现臭氧的成分，它的吸热率高，使温度又升高，在 32 km 处达到 228.66 K。

同温层中几乎不存在水蒸气，因此没有云、雾、雨和雪等气象现象。这层空气没有上、下对流，只有水平方向的风，因此叫“平流层”。这种风的形成是由于高空中空气稀薄，摩擦力减小，当空气随着地球自转而运动时，上层空气落后于下层，就形成了与地球自转方向相反(即自东到西)、方向一定的水平风。

同温层包含了不到 1/4 的大气质量。在对流层和同温层之间有一个过渡层叫“变温休止层”，其厚度仅约 1 km。但在对流层和同温层之间并没有明显的边界。

(3)中间层。在同温层之上，30 km 到 80～100 km 为止；另一种分类法是将中间层包括在同温层之内，作为同温层的上层。这层大气的气温变化比较剧烈。温度先随高度增大而继续升高，在 47 km 处达到 270.65 K，而后保持到 51 km 处温度不变。随后又下降，在 71 km 处达到 214.65 K，在 80 km 处为 180.7 K。温度增加的原因是，在这层大气里有大量的臭氧存在，臭氧吸收太阳紫外线而被加热。

中间层也有水平方向的风，而且风速还相当大。从观察高空发光云的情况可知，在 60 km 的高度，风速约为 140 m/s。

这层大气中包含的空气质量很少，只有整个大气的 1/3 000。

(4)电离层(暖层或热层)。在中间层之上，电离层顶端大约达到 800 km。电离层空气稀薄，听不到声音；但含有大量的离子，有比上、下大气层更高的电离度，带有很强的导电性，能够吸收、反射或折射无线电波。

电离层大约从 100 km 开始，气温又开始增加，一直到很高的温度。例如，在 200 km，大气温度约增加到 400℃。因此有人把这层叫作“暖层”或“热层”。电离层的空气温度之所以升高，是由于其中包含很多宇宙尘能吸收太阳热量，而且空气电离时也能分解出很多的热量。

(5)散逸层。电离层顶端之上，也称为外层大气。大气的边缘和极其稀薄的星际气体并没有明显的分界。

散逸层又称逃逸层、外大气层，是地球大气的最外层，位于电离层之上。那里的空气极其稀薄，同时又远离地面，受地球的引力作用较小，因而大气分子不断地向星际空间逃逸。航天火箭脱离这一层后便进入太空飞行。

2. 气体的物理性质

(1)状态方程。压强、密度和温度是代表气体热力学状态的基本参量。它们并不是完全独立的，存在着联系这三个量的关系式，叫作气体状态方程。理想气体状态方程为

$$p = \rho RT \tag{4-37}$$

式中，p 为压强，Pa；ρ 为密度，kg/m^3；R 为气体常数，空气气体常数为 287.052 87 J/(kg·K)；T 为大气温度，指大气层内空气受热的程度，以绝对温度(K)表示。

大气压是指空气的压强。空气的压强一方面来自空气的重力，比如上层空气的重力对下层空气造成了压强；另一方面也来自空气分子的不规则热运动，比如空气分子彼此相互碰撞的力量，也是气压的一个来源。这说明大气压既受到高度的影响，也受到温度的影响；两个参数彼此也是相互关联的。

(2)伯努利方程。现代流体动力学中的伯努利原理表明：流动的不可压缩流体，速度增加，压强减小。伯努利原理的定量表述是伯努利方程，如果点 1 和点 2 是流体中不同的两点，则

$$p_1 + \frac{1}{2}\rho v_1^2 = p_2 + \frac{1}{2}\rho v_2^2 = \text{const} \tag{4-38}$$

伯努利方程可能也是流体动力学中最著名的方程，很明显在式(4.38)中，如果 $v_2 > v_1$，那么则有 $p_2 > p_1$，即 v 增加 p 减小。

伯努利方程中每一项的量纲都为压强(单位面积上的力)，$\rho v_2^2/2$ 也被定义为动压，量纲同样可以用单位面积的能量来表示，有时伯努利方程被视为不可压缩流动的一种能量方程。

式(4-38)说明，在流体密度不变的稳定流动中，不同截面处的流体的静压力 p 与速度 v 产生的动压力 $\rho v^2/2$ 的和(即总压)保持不变。

(3)内能与热焓。单位质量理想气体的内能为

$$e = C_V T = \frac{RT}{k-1} = \frac{p}{(k-1)\rho} \tag{4-39}$$

式中，e 为比内能，J/kg；C_V 为定容比热容，J/(kg·K)；k 为热容比，$k = C_p/C_V$；R 为气体常数；C_p 为定压比热容，J/(kg·K)。

对于理想气体有

$$R = C_p - C_V, \quad C_V = \frac{R}{k-1}, \quad C_p = \frac{kR}{k-1} \tag{4-40}$$

对于空气，当 $T < 450$ K 时

$$C_p = 1\,000\ \text{J/(kg·K)}, \quad C_V = 713\ \text{J/(kg·K)}$$
$$R = 287.052\,87\ \text{J/(kg·K)}, \quad k = 1.4$$

单位质量气体的热焓为

$$h = e + \frac{p}{\rho} = \frac{kRT}{k-1} = C_p T \tag{4-41}$$

(4)熵。气体在一个状态变化过程中，将与外界发生热量和机械功的交换。单位质量气体按温度平均得到的热量等于其熵的增量 $ds = \frac{dq}{T}$。

根据热力学第一定律，系统在状态变化过程中得到的热量，一部分转化为内能增量，另一部分用于对外界做功，总能量保持守恒。对于单位质量气体，热力学第一定律表示为

$$dq = de + p d\frac{1}{\rho} \text{ 或 } dq = dh - \frac{dp}{\rho}$$

将上式除以温度 T，经过变换和积分可得到比熵：

$$s = s_0 + C_V \ln\left(\frac{p}{\rho k}\right)$$

根据热力学第二定律，在一个绝热过程中，系统的总熵值或守恒，或增大，而不能减少。由于同外界没有热量的传递，这时热量唯一可能的来源是由内摩擦、涡流和冲击等引起的机械能损失转化成的热量。这时有 $ds \geqslant 0$。如果没有机械能损失，则 $ds = 0$，即系统的熵值不变，称为等熵过程或可逆绝热过程，这时气体的状态变化可沿同一路径而返回初始状态。

在等熵（绝热可逆）状态变化中，同周围没有热交换，并且不考虑摩擦产生的热。在这种情况下，压力和密度的关系由下式表示：

$$\frac{p}{\rho^k} = \text{const} \tag{4-42}$$

（5）可压缩性与弹性。当压强或温度发生变化时，气体的体积和密度也将随着变化，这种性质称为可压缩性。一旦外界条件复原，气体将向原来的状态变化，这种性质叫作弹性。弹性的大小可用弹性模量 E 来表示，它定义为压强变化量与密度（或体积）的相对变化率之比。

$$E = \rho \frac{dp}{d\rho} \tag{4-43}$$

当气流速度较大，流体的压缩效应（密度变化）较明显时，若该过程为绝热过程，则伯努利方程式（4－38）可写为

$$\frac{v_1^2}{2} + \frac{k}{k-1}\frac{p_1}{\rho_1} = \frac{v_2^2}{2} + \frac{k}{k-1}\frac{p_2}{\rho_2} \tag{4-44}$$

（6）声速和马赫数。

1）声速。声速是指当流体的物理状况在某一点处受到微弱扰动（无限小）时，扰动从这一点传播到整个流场去的速度，也就是说弱扰动在弹性介质中传播的速度即声速 a，而 $a^2 = \frac{dp}{d\rho}$，得到 $E = \rho a^2$。

对于不可压缩流体，$a = \infty$，弹性模量为无穷大。对于气体，可压缩性显著，弹性模量为有限值。气体在等熵流动中有式（4－43），代入式（4－44）有

$$\frac{dp}{d\rho} = \frac{kp}{\rho} \tag{4-45}$$

$$a = \sqrt{\frac{kp}{\rho}} = \sqrt{kRT} \tag{4-46}$$

由此看出，气体声速的大小与气体的性质和气体的温度有关，随介质的压强和密度而变化，并不存在一个固定的声速。

对于空气有 $a = 20.1\sqrt{T}$，空气的声速只取决于温度。在海平面上，空气的温度为 288.2 K，算出声速值为 $a = 340$ m/s；在 $H = 11\ 000 \sim 24\ 000$ m 的同温层高空，空气的温度为 216.7 K，算出声速值为 $a = 295$ m/s。

由于气体对压力和温度的变化比较敏感，所以，气体是比较容易压缩的。如果在相同的压

力变化 Δp 下，一种气体的密度变化 $\Delta\rho_1$ 较另一种气体的密度变化 $\Delta\rho_2$ 大，则前者的可压缩性比后者大，在前者中的声速较后者小。因此，声速可以作为比较各种气体或同一种气体在不同温度条件下的压缩性的标准。

可以这样来理解：对于一定种类的气体，当温度高时，相应的 $\mathrm{d}\rho/\mathrm{d}p$ 小，即气体的可压缩性小，则气体稍受运动压缩，压强就提高，很快就推动相邻的气体层，微弱扰动波就传播得快，声速就大。反之，当温度低时，相应的 $\mathrm{d}\rho/\mathrm{d}p$ 大，即气体的可压缩性大，则气体被运动推挤产生较大的压缩时，才会推动相邻的气体层，这样微弱扰动波就传播得慢，声速就小。因此，气体声速的大小与气体的可压缩性有密切的联系。

2)马赫数。对于流动的气体，就不能仅仅由声速的大小来表征气流的可压缩性程度了，这时需要用到气流的马赫数，即流场中任一点处的流速(v)与该点处(即当地)气体的声速(a)的比值，叫作该点处气流的马赫数，以符号 Ma 表示：

$$Ma = \frac{v}{a} = \frac{v}{\sqrt{kRT}} \text{或} Ma^2 = \frac{v^2}{a^2} = \frac{v^2}{kRT}$$

马赫数的物理意义可以从上式很容易地看出来，式中 v^2 是表示气体宏观运动的动能的大小；气体温度 T 则表示气体分子的平均移动动能的大小。因此，马赫数是表示气体宏观运动的动能与气体内部分子无规则运动的动能之比。

当飞行速度或气流速度较高时，在空气中将产生较大的动压 $\rho v^2/2$(或压力的相对变化 $\Delta p/p$ 较大)，同时也引起了空气密度的显著变化。但是，不同密度的气体，其密度的相对变化量 $\Delta\rho/\rho$ 是不同的。在相同的气流速度下，密度 ρ 较大的空气，其密度的相对变化小，压缩量也小(声速大)。因此，气流的速度 v 虽然可以在同一种密度的空气中反映出空气压缩量的大小，但是，它不能确切地反映在不同密度的两种空气中压缩量的大小。由于空气的压缩量与气流速度 v 成正比，与声速成反比，所以，用空速 v 与声速 a 的比值——马赫数 Ma 作为判断空气压缩效应的标准是比较确切的。

通过马赫数可以将流动分为 5 种：$Ma<0.3$ 的流动称为低速流动，$0.3<Ma<0.85$ 的流动称为亚声速流动，$0.85<Ma<1.3$ 的流动称为跨声速流动，$1.3<Ma<5$ 的流动称为超声速流动，$Ma>5$ 的流动称为高超声速流动。下面将会看到，超声速气流和亚声速气流所遵循的规律有本质的差别。

3)弱扰动的传播。设有一个不断作用的弱扰动点源位于点 O，在静止空气中，弱扰动以速度 a 向四面八方传播，形成一组以点 O 为中心的同心球面波，如图 4-9 所示。

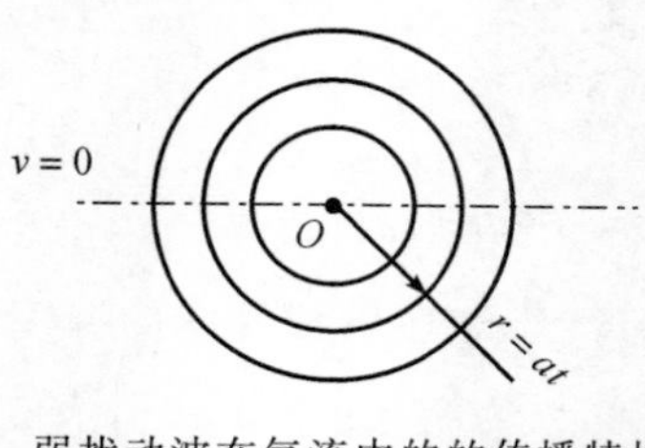

图 4-9 弱扰动波在气流中的的传播特性($v=0$)

在流动速度小于声速的亚声速气流中($0<v<a$，$0<Ma<1$)，弱扰动仍以球面波形式传播，如图 4-10(a)所示，但其中心则随流动移动。由于各道波发出的时间不同，形成的一组球面波对于点 O 不再是对称的。由于 $v<a$，扰动波仍能向四面八方传播，包括扰动点源 O 的前

方在内。

在流动速度等于声速的情况下($v=a$,$Ma=1$),如图 4-10(b)所示,不同时间发出的扰动波形成的一组球面波有一道公切面 AA,通过点 O,与来流垂直。这时扰动只能在该平面的下游一侧传播,再不能超越扰动点源 O 而传到前方。

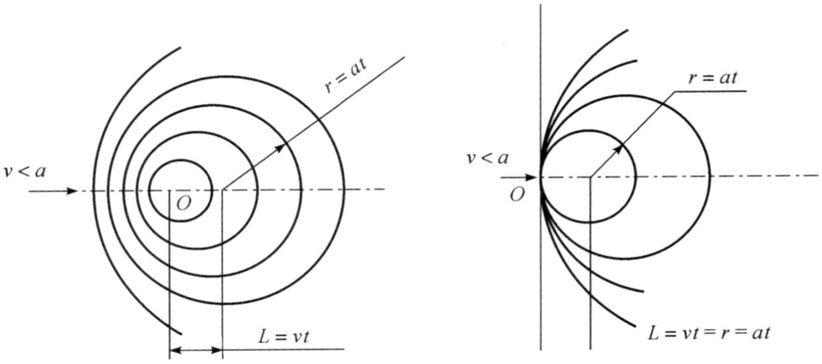

图 4-10　弱扰动波在气流中的传播特性

(a)$v<a$;(b)$v=a$

在流动速度大于声速的超声速气流中($v>a$,$Ma>1$),不同时间发出的扰动波形成的一组球面波被包笼在一个以点 O 为顶点,以来流方向为中轴线的圆锥区域内,如图 4-11 所示。这时扰动只能在该锥面内传播,也不能超越扰动点源 O 而传到前方。

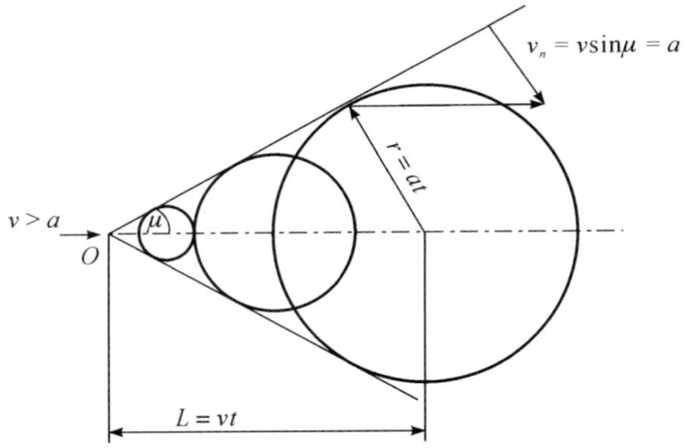

图 4-11　弱扰动波在气流中的的传播特性($v>a$)

该圆锥称为马赫锥,其母线称为马赫线,半顶角称为马赫角 μ,有

$$\sin\mu = \frac{a}{v} = \frac{1}{Ma}$$

马赫数 Ma 值越大,马赫角 μ 值越小,马赫锥越尖。

同理,飞行器上和气流接触的每一个点都是一个扰动源。因此,如果飞行器的飞行速度小于声速,它所引起的扰动可以传到飞行器的前面去;如果飞行速度等于或大于声速,则扰动就不能传到飞行器的前面去,而只能在飞行器后面的一定范围内传播。飞行速度比声速大得越多,这个范围就越狭小。低速飞机,它还没有飞到,就早已听到了它的轰鸣声;而超声速飞机,以超声速飞行时，飞过我们头顶很远，才听到它的啸叫声，道理就在这里。

可以看出，当流体流动中由压强变化而引起的容积变化，和由压强变化而引起的速度变化同数量级时，流体可压缩性必须考虑，而声速也就成为一个重要的因素。以上 4 种状态分析说明，可压缩性在流场中的影响则取决于流速与声速之比，即马赫数。

马赫数是可压缩流动中最重要的参数之一。它出现在许多流动关系式中，如果这些关系式中的其他参数可以测量，则从任何一个式子都可得出马赫数，其中最常用的是含有压力的关系式。

因为任何给定的流体质点的总能量在整个流动过程中维持不变，如果测点上的流体只经历过等熵变化，并设 p_0 和 ρ_0 分别表示等熵减速到速度为零时的压强和密度，则有

$$\frac{k}{k-1}\frac{p_0}{\rho_0}=\frac{k}{k-1}\frac{p}{\rho}+\frac{v^2}{2} \tag{4-47}$$

也可表示为

$$\frac{p_0}{\rho_0}=\frac{p}{\rho}\left(1+\frac{k-1}{2}Ma^2\right)$$

又因式(4-42)有

$$\frac{p_0}{\rho_0^k}=\frac{p}{\rho^k}=\text{const}$$

所以式(4-47)可表示为

$$\frac{k}{k-1}\frac{p}{\rho}\left[\left(\frac{p_0}{\rho_0}\right)^{k-1}-1\right]=-\frac{v^2}{2}$$

并且因 $a=\sqrt{k\frac{p}{\rho}}$，故上式又可写为

$$\left(\frac{p_0}{\rho_0}\right)^{k-1}=1+\frac{k-1}{2}\left(\frac{v}{a}\right)^2$$

可解得

$$v=a\sqrt{\frac{2}{k+1}\left[\left(\frac{p_0}{\rho_0}\right)^{\frac{k-1}{k}}-1\right]} \tag{4-48}$$

和

$$Ma=\sqrt{\frac{2}{k+1}\left[\left(\frac{p_0}{\rho_0}\right)^{\frac{k-1}{k}}-1\right]} \tag{4-49}$$

(7)超声速气动三原理。弱扰动在超声速气流中的传播区域受到局限，是超声速流动与亚声速流动的一个显著区别。著名空气动力学家冯·卡门(Von Karman)根据上述超声速下的扰动传播特性提出了超声速空气动力学三原理。

1)扰动禁信原理。以超声速运动的物体产生的压力扰动不能波及物体前方区域。扰动源不能向上游发出扰动信息。

2)扰动分区原理。在超声速气流中任一点的压力变化只能波及其下游马赫锥内的点(作用区)。同时该点只受其上游马赫锥内各点压力变化的影响(依赖区)。

3)集中作用原理。在超声速情况下，扰动集中在马赫锥内，压力变化发生在马赫线上，并向远后侧方延伸，强度不衰减。

3. 国际标准大气

由大气飞行环境可知，大气的密度、温度、压强等项参数随着地理位置、离地面的高度和季节等的变化而变化，因而使导弹上的空气动力和飞行性能随之变化。因此，同一枚导弹在不同的地点飞行，所显示的飞行性能是不一样的。就是同一枚导弹在同一地点飞行，只要季节或时间不同，所得的飞行性能也会不同。至于不同的导弹，所得的结果就更不同了。这就为比较导弹的飞行性能带来了困难。

为了适应导弹设计、试验和分析的需要，由国际权威性机构或组织颁布了一种“模式大气”，它依据实测资料，用简化方式近似地表示大气温度、压力和密度等参数的平均值，这就是国际标准大气。

国际标准大气主要是按照中纬度地方各季节中大气的平均值而定出，由《ISO2533 -标准大气》规定，国际上统一采用的一种假想大气，大气是静止的，空气为干燥清洁的理想气体，以平均海平面作零高度，在此条件下：

1)空气被看作完全气体。

2)大气的相对湿度为零。

3)以海平面作为高度计算的起点($H=0$)，在海平面处：

自由落体加速度 $g_0=9.806\ 65\ \mathrm{m/s^2}$；

标准空气温度 $t_0=15℃$或 $T_0=288.16\ \mathrm{K}$；

标准冰点温度 $t_n=0℃$或 $T_n=273.16\ \mathrm{K}$；

标准声速 $a_0=340.294\ \mathrm{m/s}$；

标准空气压力 $p_0=101.325\times10^3\ \mathrm{Pa}$；

标准空气密度 $\rho_0=1.225\ \mathrm{kg/m^3}$。

温度与高度的关系图如图 4 - 12 所示。

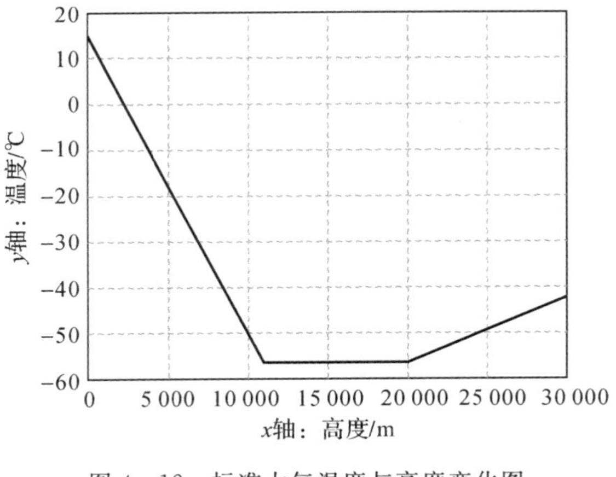

图 4 - 12　标准大气温度与高度变化图

由图 4 - 12 可以看出，温度也是高度的变量，可表达为分段函数：

$$T=T_0+\beta(H-H_0)\begin{cases}H\leqslant 11\ 000\ \mathrm{m}: T_0=288.16,\beta=-0.006\ 5,H_0=0\\ 11\ 000\ \mathrm{m}\leqslant H\leqslant 20\ 000\ \mathrm{m}: T_0=216.66,\beta=0,H_0=0\\ 20\ 000\ \mathrm{m}\leqslant H\leqslant 32\ 000\ \mathrm{m}: T_0=216.66,\beta=0.001,H_0=20\ 000\end{cases}$$

4)在高度 11 000 m 以下，气温随高度呈直线变化，每升高 1 m，气温下降 0.006 5℃，即

$$T = T_0 - 0.006\,5H = 288.16 - 0.006\,5H, H \leqslant 11\,000 \text{ m}$$

式中，T 为对流层中任一高度上的大气温度；H 为高度，m。

5)在 11 000 m$\leqslant H \leqslant$20 000 m，气温保持不变，此时，$T=216.66$ K。

6)在 20 000 m$\leqslant H \leqslant$32 000 m，$T=216.66+0.001(H-20\,000)$。

4.3.2 空气动力

1.空气动力产生的原因

当气流绕过不对称物体或气流以一个方位角绕过对称物体时，如图 4-13 所示，在物体前面或下表面因气体受阻而压强增强，在物体后面或上表面由于气流扩张而膨胀，其压强下降，因而上、下或前后的压力不对称，产生了压力差。此外，气体与物体之间因黏性而产生摩擦力以及高速飞行时出现的冲波形成的阻力，都是空气动力的组成部分，因此作用于物体表面的压力差的合力称为空气动力 $\boldsymbol{R}$。

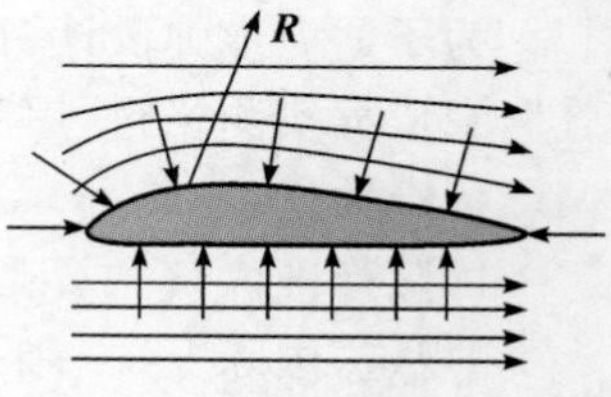

图 4-13 空气动力产生示意图

当导弹相对大气运动时，如何确定作用在导弹上的空气动力是一个颇为复杂的问题，很难通过理论计算准确确定。目前应用比较广泛的是用空气动力学理论进行计算与空气动力实验校正相结合的方法。空气动力实验是在可产生一定马赫数的均匀气流的风洞中进行的，马赫数 Ma 是气流的速度 v 与声速 a 之比值。在实验时，按比例缩小了的实物模型静止放在风洞内，然后使气流按一定的 Ma 吹过此模型，通过测量此模型所受的空气动力并进行适当的换算后，求得实物在此 Ma 下所受的空气动力。

2.空气动力的计算

空气动力的大小与物体表面上的压强分布有关，空气动力 $\boldsymbol{R}$ 的作用点称为压力中心，简称压心，以符号 O_Y 表示，通常为飞行速度 v、空气密度 ρ 以及物体特征面积 S_m 的函数，为方便计算，一般将空气动力 $\boldsymbol{R}$ 在速度坐标系中进行讨论。可将空气动力在速度坐标系内分解为阻力 $\boldsymbol{X}$、升力 $\boldsymbol{Y}$ 及侧力 $\boldsymbol{Z}$(见图 4-14)，即

$$\boldsymbol{R} = \boldsymbol{X} + \boldsymbol{Y} + \boldsymbol{Z} \tag{4-50}$$

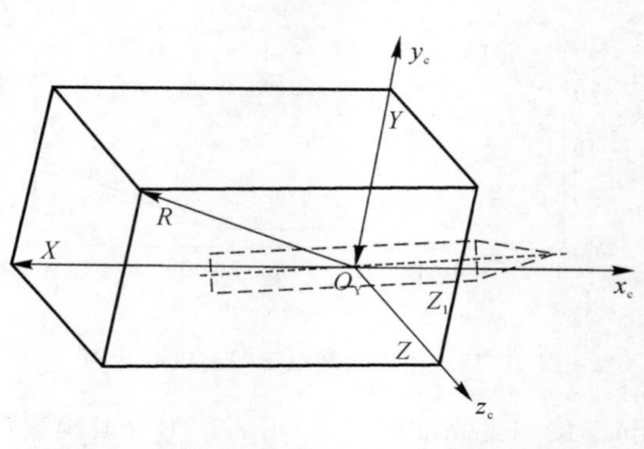

图 4-14 空气动力在速度坐标系内的分解

空气动力的各分量可按下式计算：

$$\left.\begin{aligned} X &= C_x \frac{1}{2}\rho v^2 S_m = C_x q S_m \\ Y &= C_y \frac{1}{2}\rho v^2 S_m = C_y q S_m \\ Z &= C_z \frac{1}{2}\rho v^2 S_m = C_z q S_m \end{aligned}\right\} \tag{4-51}$$

式中，v 为导弹相对于大气的速度；ρ 为大气密度，可查标准大气表或按近似公式计算；S_m 为导弹最大横截面积，亦称特征面积；C_x，C_y，C_z 依次为导弹的阻力系数、升力系数、侧力系数，它们均为无因次量；$q=\frac{1}{2}\rho v^2$ 为速度头（或称动压头）。

当为了计算空气动力矩时，却需要将空气动力 $\boldsymbol{R}$ 投影于弹体系标系的 3 轴上，并将其在 x_1 轴上的投影取负值，即

$$\left.\begin{aligned} X_1 &= C_{x1} q S_m \\ Y_1 &= C_{y1} q S_m \\ Z_1 &= C_{z1} q S_m \end{aligned}\right\} \tag{4-52}$$

式中，X_1，Y_1，Z_1 分别为轴向力、法向力、横向力；C_{x1}，C_{y1}，C_{z1} 分别为轴向力系数、法向力系数、横向力系数，其他符号意义同式(4-51)。

根据速度坐标系与弹体坐标系之间的方向余弦关系，合力 $\boldsymbol{R}$ 在此两个坐标系的分量有如下关系：

$$\begin{bmatrix} -X_1 \\ Y_1 \\ Z_1 \end{bmatrix} = \boldsymbol{B}_V \begin{bmatrix} -X \\ Y \\ Z \end{bmatrix} \tag{4-53}$$

式中

$$\boldsymbol{B}_V = \begin{bmatrix} \cos\beta\cos\alpha & \sin\alpha & -\sin\beta\cos\alpha \\ -\cos\beta\sin\alpha & \cos\alpha & \sin\beta\sin\alpha \\ \sin\beta & 0 & \cos\beta \end{bmatrix} \tag{4-54}$$

考虑到在导弹飞行过程中，α，β 值均较小，且升力和法向力、侧力和横向力各系数分别是 α，β 的线性函数，即

$$\left.\begin{aligned} C_y &= C_y^\alpha \alpha, C_z = C_z^\beta \beta \\ C_{y1} &= C_{y1}^\alpha \alpha, C_{z1} = C_{z1}^\beta \beta \end{aligned}\right\} \tag{4-55}$$

又因导弹是一轴对称体，按力的定义，有

$$C_{y1}^\alpha = -C_{z1}^\beta, \quad C_y^\alpha = -C_z^\beta \tag{4-56}$$

对于有翼导弹来说，全弹的升力可以看成弹翼、弹身、尾翼（或舵面）等各部件产生的升力之和加上各部件间的相互干扰的附加升力。因此，当研究完整的导弹的空气动力时，全弹总的空气动力并不等于各单独部件的空气动力的总合，这个现象的物理本质在于部件组合在一起的绕流情况发生了变化。计算有翼导弹全弹阻力与全弹升力方法类似，可以先求出弹翼、弹身和尾翼等各部件的阻力之和，然后加以适当修正。考虑到各部件阻力计算上的误差，以及弹体上零星突起物的影响，往往把各部件阻力之和乘以 1.1，作为全弹的阻力值。

4.3.3　空气动力矩

导弹相对于大气运动时，由于导弹的对称性，作用于导弹表面的气动力合力 $\boldsymbol{R}$ 的作用点

应位于弹体纵轴 x_1 上。该作用点称为压力中心，或简称压心，记为 O_Y，一般情况下，压心 O_Y 并不与导弹质心 O_1 重合。在研究导弹质心运动时，气动力合力 $\boldsymbol{R}$ 就会相对于导弹质心 O_1 产生空气动力矩，这种力矩称为气动力矩，记为 $\boldsymbol{M}_{st}$。另外，当导弹产生相对于大气的转动时，大气对其将产生阻尼作用，该作用力矩称为阻尼力矩，记为 $\boldsymbol{M}_d$。

1. 稳定力矩

由于通常以弹体坐标系来描述导弹的转动，因此，用空气动力对弹体坐标系 3 轴之矩来表示气动力矩。已知

$$\boldsymbol{R} = \boldsymbol{X}_1 + \boldsymbol{Y}_1 + \boldsymbol{Z}_1 \tag{4-57}$$

而质心与压心之距离矢量可表示为 $(x_Y - x_T)\boldsymbol{x}_1^0$，$x_Y$，$x_T$ 分别为压心、质心至导弹头部理论尖端的距离，均以正值表示。则气动力矩为

$$\boldsymbol{M}_{st} = \boldsymbol{R} \times (x_Y - x_T)\boldsymbol{x}_1^0 = Z_1(x_Y - x_T)\boldsymbol{y}_1^0 - Y_1(x_Y - x_T)\boldsymbol{z}_1^0 \tag{4-58}$$

记

$$\left.\begin{aligned} M_{y1st} &= Z_1(x_Y - x_T) = m_{y1st} q S_m L_K \\ M_{z1st} &= -Y_1(x_Y - x_T) = m_{z1st} q S_m L_K \end{aligned}\right\} \tag{4-59}$$

式中，M_{y1st}，M_{z1st} 分别为绕 y_1，z_1 轴的气动力矩；m_{y1st}，m_{z1st} 为相应的力矩系数；L_K 为导弹的长度。

由式(4-59)可得

$$\left.\begin{aligned} m_{y1st} &= \frac{Z_1(x_Y - x_T)}{qS_M L_K} = -C_{y1}^{\alpha}(\bar{x}_Y - \bar{x}_T)\beta \\ m_{z1st} &= \frac{-Y_1(x_Y - x_T)}{qS_M L_K} = -C_{y1}^{\alpha}(\bar{x}_Y - \bar{x}_T)\alpha \end{aligned}\right\} \tag{4-60}$$

其中

$$\bar{x}_T = \frac{x_T}{L_K}, \quad \bar{x}_Y = \frac{x_Y}{L_K} \tag{4-61}$$

又记

$$m_{y1}^{\beta} = C_{y1}^{\alpha}(\bar{x}_Y - \bar{x}_T) \tag{4-62}$$

显然有

$$m_{z1}^{\alpha} = m_{y1}^{\beta} \tag{4-63}$$

由以上讨论可得稳定力矩的最终计算公式为

$$\left.\begin{aligned} M_{y1st} &= -m_{y1}^{\beta} q S_m L_K \beta \\ M_{z1st} &= -m_{z1}^{\alpha} q S_m L_K \alpha \\ m_{y1}^{\beta} &= m_{z1}^{\alpha} = C_{y1}^{\alpha}(\bar{x}_Y - \bar{x}_T) \end{aligned}\right\} \tag{4-64}$$

显然，气动力矩的计算与质心和压心的位置有关。压心的位置是通过气动力计算和风洞实验确定的，而质心的位置可通过具体导弹的质量分布和剩余燃料的质量和位置计算得到。

由式(4-64)可知，若 $\bar{x}_Y > \bar{x}_T$，则当导弹在飞行中出现 α，β 时，力矩 $\boldsymbol{M}_{z1st}$，$\boldsymbol{M}_{y1st}$ 使得导弹分别绕 z_1 轴、y_1 轴旋转来消除 α，β。此时称导弹是静稳定的；若 $\bar{x}_Y < \bar{x}_T$，当出现 α，β 时，力矩 $\boldsymbol{M}_{z1st}$，$\boldsymbol{M}_{y1st}$ 将使导弹绕 z_1 轴、y_1 轴旋转造成 α，β 继续增大，此时称导弹是静不稳定的，$(\bar{x}_T - \bar{x}_Y)$ 的值为负且绝对值较大时，对导弹的稳定性有好处，但它也会导致结构上有较大的弯矩，这对于大型运载导弹是不允许的。需强调指出的是，静稳定性是指导弹在不加控制情况

下的一种空气动力特性。实际上，对于静不稳定的导弹而言，只要控制系统设计得当，导弹在控制力作用下，仍可稳定飞行。因此，不要将导弹的固有空气动力静稳定性与控制系统作用下的操纵稳定性相混淆。

2. 阻尼力矩

导弹在运动中有转动时，存在有大气的阻尼，表现为阻止转动的空气动力矩，这一力矩称为阻尼力矩。该力矩的方向总是与转动方向相反，对转动角速度起阻尼作用。

以导弹绕 z_1 轴旋转为例，若导弹在攻角为零状态下以速度 $\boldsymbol{v}$ 飞行，并以角速度 ω_{z1} 绕 z_1 轴旋转，则在距质心 $(x_T - x)$ 处的一个单元长度 dx 上有线速度 $\omega_{z1}(x_T - x)$，该线速度与导弹运动速度 $\boldsymbol{v}$ 组合成新的速度，这就造成局部迎角 $\Delta\alpha$，图 4－15 表示了 $\Delta\alpha<0(x<x_T)$ 及 $\Delta\alpha>0$ $(x>x_T)$ 两种情况。

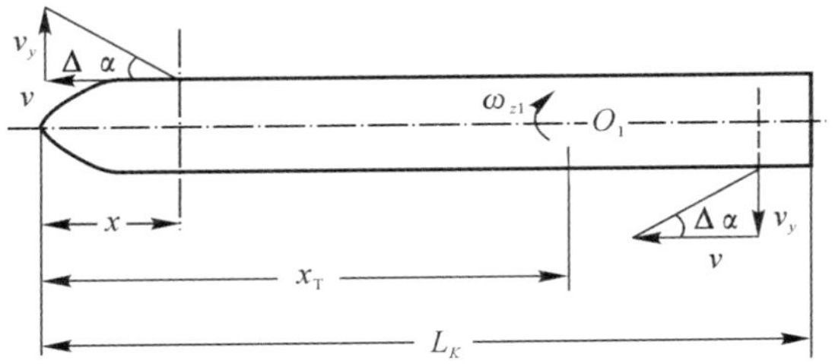

图 4－15　导弹阻尼力矩产生示意图

不难理解，有

$$\tan\Delta\alpha = \frac{\omega_{z1}(x - x_T)}{v} \tag{4-65}$$

因 $\Delta\alpha$ 很小，可近似为

$$\Delta\alpha = \frac{\omega_{z1}(x - x_T)}{v} \tag{4-66}$$

$\Delta\alpha$ 的出现则会造成对质心的附加力矩为

$$dM_{z1d} = -C_{y1\sec}^{\alpha}\Delta\alpha q S_m (x - x_T) dx \tag{4-67}$$

式中，$C_{y1\sec}^{\alpha}$ 为长度方向上某一单位长度上的法向力系数对 α 的导数。

将全弹各局部的空气动力矩总合起来，即可求得导弹的俯仰阻尼力矩为

$$M_{z1d} = -\int_0^{L_K} C_{y1\sec}^{\alpha}\Delta\alpha q S_m (x - x_T) dx \tag{4-68}$$

将式(4－66)代入式(4－68)，经过整理可得

$$M_{z1d} = m_{dz1} q S_m L_K \bar{\omega}_{z1} \tag{4-69}$$

式中，$\bar{\omega}_{z1} = \dfrac{L_K \omega_{z1}}{V}$ 称为无因次俯仰角速度；$m_{dz1} = \displaystyle\int_0^{L_K} C_{y1\sec}^{\alpha}\left(\frac{x_T - x}{L_K}\right)^2 dx$ 称为俯仰阻尼力矩系数导数。

同理可求得偏航阻尼力矩及滚动阻尼力矩，具体过程略。

一般而言，滚动阻尼力矩较俯仰和偏航阻尼力矩要小得多，它们相应的力矩系数的绝对值之比，对有的导弹而言约为 1∶100。

以上只研究了弹道导弹的空气动力矩，巡航导弹等有翼导弹的空气动力矩要复杂得多，其压力中心指的是总的气动力作用线与导弹纵轴的交点，在攻角不大的情况下，常近似地把总升

力在纵轴上的作用点作为全弹的压力中心。由攻角引起的那部分升力在纵轴上的作用点，称为导弹的焦点。舵偏转所引起的那部分升力就作用在舵面的压力中心上。俯仰力矩的大小不仅与飞行马赫数 Ma、飞行高度 H 有关，还与攻角 α、操纵面偏转角 δ_z、导弹绕 Oz_1 轴的旋转角速度 ω_z、攻角的变化率 $\dot{\alpha}$ 以及操纵面偏转角的变化率 $\dot{\delta}_z$ 等有关。当 $\alpha,\delta_z,\omega_z,\dot{\alpha},\dot{\delta}_z$ 较小时，俯仰力矩与这些量的关系是近似线性的，其一般表达式为

$$M_z = M_{z0} + M_z^{\alpha}\alpha + M_z^{\delta_z}\delta_z + M_z^{\omega_z}\omega_z + M_z^{\dot{\alpha}}\dot{\alpha} + M_z^{\dot{\delta}_z}\dot{\delta}_z \tag{4-70}$$

同理，偏航力矩是由侧向力产生的，其一般表达式为

$$M_y = M_{y0} + M_y^{\beta}\beta + M_y^{\delta_y}\delta_y + M_y^{\omega_y}\omega_y + M_y^{\dot{\beta}}\dot{\beta} + M_y^{\dot{\delta}_y}\dot{\delta}_y \tag{4-71}$$

与俯仰力矩不同的是，由于所有导弹相对于 Ox_1y_1 平面总是对称的，所以 M_{y0} 总是等于 0。

滚动力矩 M_x 是绕导弹纵轴 Ox_1 的空气动力矩，它是由于迎面气流不对称地绕流过导弹产生的。当导弹有侧滑角，某些操纵面偏转，导弹绕 Ox_1，Oy_1 转动时，均会使气流流动不对称，此外，生产中的误差，如弹翼安装角和尺寸误差，也会破坏气流流动的对称性，从而产生滚动力矩。因此滚动力矩的大小取决于导弹的几何外形，飞行速度和高度，侧滑角，舵面及副翼的偏转角 δ_x,δ_y，绕弹体的转动角速度 ω_x,ω_y 及制造误差等。其一般表达式为

$$M_x = M_{x0} + M_x^{\beta}\beta + M_x^{\delta_x}\delta_{xy} + M_x^{\delta_y}\delta_y + M_x^{\omega_x}\omega_x + M_x^{\omega_y}\omega_y \tag{4-72}$$

有翼导弹操纵时，操纵面偏转某一角度，在操纵面上产生空气动力，它除了产生相对导弹质心动力矩外，还产生相对于操纵面的转轴（即铰链轴）的力矩，称为铰链力矩，它对导弹的操纵起着很大的作用。推动操纵面的舵机的需用功率取决于铰链力矩的大小。

当导弹以某一攻角飞行时，且以一定的角速度 ω_x 绕自身纵轴 Ox_1 旋转时，由于旋转和来流横向分速的联合作用，在垂直于攻角平面的方向上将产生侧向力 Z_1，该力称为马格努斯力，该力对质心的力矩 M_{y1} 称为马格努斯力矩。马格努斯力一般不大，不超过相应法向力的 5%。但马格努斯力矩有时却很大，尤其是对有翼的旋转导弹。在旋转导弹的动稳定性分析中必须考虑马格努斯力矩的影响。

4.4 地球引力

在地球引力场内飞行的导弹，自始至终受到地球引力的作用。在导弹主动段，发动机产生的巨大推力主要用来克服地球引力作加速度飞行，在导弹被动段，弹头基本上只受地球引力的作用，故必须搞清楚地球引力的计算和描述。

4.4.1 地球引力的计算和描述

当设地球为圆球时，其引力势是 $u=\dfrac{fM}{r}$，其引力加速度为 $\boldsymbol{g}_{引}=\dfrac{\partial u}{\partial \boldsymbol{r}}=-\dfrac{fM}{\boldsymbol{r}^2}$，引力加速度的方向沿地心矢径指向地心。其中，$f$ 为万有引力常数；M 为地球质量；$\boldsymbol{r}$ 为矢径。

当地球为椭球体时，其引力势为

$$u = \frac{fM}{r}\left[1 + \frac{1}{2}J_2\left(\frac{a}{r}\right)^2(1 - 3\sin^2\varphi_d) + \frac{1}{2}J_3\left(\frac{a}{r}\right)^3(3\sin\varphi_d - 5\sin^2\varphi_d) + \cdots\right] \tag{4-73}$$

式中，a 为赤道半径(长半轴)；φ_d 为质点的地心纬度；r 为质点到地心的距离；J_2，J_3 为无因次常数，$J_2=1.091\times10^{-3}$，$J_3=-2.3\times10^{-6}$。

当略去微量的高阶项时，地球对一单位质量的引力势为

$$u=\frac{fM}{r}\left[1+\frac{1}{2}J_2\left(\frac{a}{r}\right)^2(1-3\sin^2\varphi_d)\right] \tag{4-74}$$

4.4.2　引力的分量

1. 引力加速度在矢径与子午线方向的分量

由于大地子午面将匀质的正常椭球体分成对称的两部分，因此地球外部任一点的引力加速度矢量 $\boldsymbol{g}_{引}$ 始终处于该点的子午面内，即垂直于子午面的引力加速度为零。

根据引力位对任一坐标轴之偏导数等于同一坐标轴上的投影的特性，将椭球引力加速度 $\boldsymbol{g}_{引}$ 在矢径 $\boldsymbol{r}$ 的方向和该点(点 P)子午线方向进行分解(见图 4－16)，则有

$$\left.\begin{aligned} g_r&=\frac{\partial u}{\partial r}=-\frac{fM}{r^2}\left[1+J\left(\frac{a}{r}\right)^2(1-3\sin^2\varphi_d)\right]\\ g_\varphi&=\frac{1}{r}\frac{\partial u}{\partial\varphi_d}=-\frac{fM}{r^2}J\left(\frac{a}{r}\right)^2\sin2\varphi_d \end{aligned}\right\} \tag{4-75}$$

式中，$J=\frac{3}{2}J_2=1.623\ 9\times10^{-3}$。

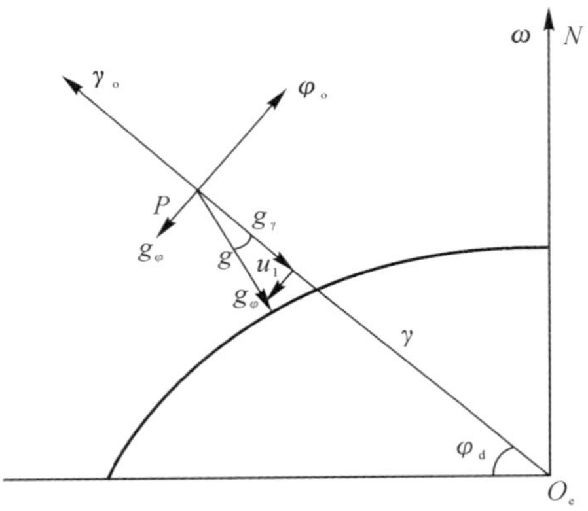

图 4－16　引力加速度在矢径与子午线方向的分量示意图

若以 μ_1 表示引力加速度矢量 $\boldsymbol{g}$ 在与该点矢径 $\boldsymbol{r}$ 间的夹角时，μ_1 及其分量的关系可表示成

$$\left.\begin{aligned} \mu_1&\approx\tan\mu_1\approx\frac{g_\varphi}{g_r}\approx J\left(\frac{a}{r}\right)^2\sin2\varphi_d\\ g&=\frac{g_r}{\cos\mu_1}\approx g_r=-\frac{fM}{r^2}\left[1-J\left(\frac{a}{r}\right)^2(3\sin^2\varphi_d-1)\right] \end{aligned}\right\} \tag{4-76}$$

由于 μ_1 值很小，式中 $\tan\mu_1\approx\mu_1$，$\cos\mu_1\approx1$。

从式(4－73)可以看出：

(1)引力加速度 $\boldsymbol{g}$ 不仅与质点到地心的距离 r 有关，而且也与质点所处的地心纬度 φ_d 有关。显然 φ_d 一定时，r 越大，$\boldsymbol{g}$ 和 μ_1 的绝对值就越小。

(2)一般情况下，引力加速度矢量 $\boldsymbol{g}$ 与地心矢径并不重合。只有当 $\varphi_d=0$(赤道上)或 $\varphi_d=$

±90°(南北极)时,由于 $\mu_1=0$,$\boldsymbol{g}$ 与 $\boldsymbol{r}$ 才重合,且指向地心;当 $\varphi_d=\pm 45°$ 时,$\boldsymbol{g}$ 与 $\boldsymbol{r}$ 之间的夹角 μ_1 为最大值,约为 5.6′。

(3)引力加速度矢量 $\boldsymbol{g}$ 位于质点所在的大地子午面内,且始终偏向赤道一边。这显然是由于地球赤道部分隆起、质量增大的缘故。

2. 引力加速度在矢径与地轴方向的分量

在建立导弹质心运动方程时,常把引力加速度矢量 $\boldsymbol{g}$ 在矢径 $\boldsymbol{r}$ 方向和地球自转轴 $\boldsymbol{\omega}$ 方向进行分解。

前面已得引力加速度的二分量 g_r 和 g_φ,因此只需将分量 g_φ 在 $\boldsymbol{r}$ 和 $\boldsymbol{\omega}$ 的方向上分解即可,如图 4-17 所示。

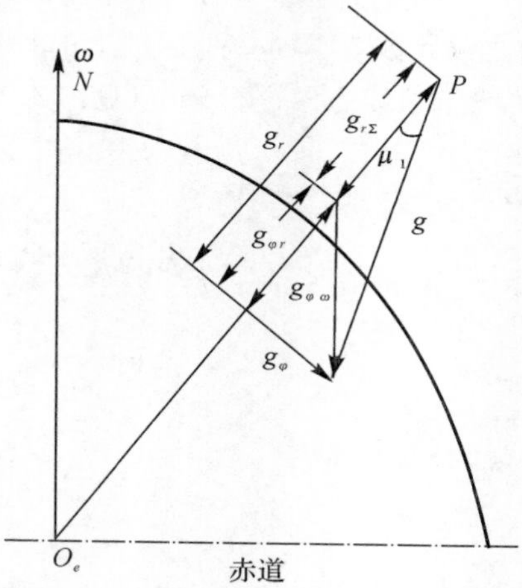

图 4-17　引力加速度在矢径与地轴方向的分量示意图

$$\left.\begin{aligned} g_{\varphi r} &= |g_\varphi|\tan\varphi_d \\ g_{\varphi\omega} &= |g_\varphi|/\cos\varphi_d \end{aligned}\right\} \tag{4-77}$$

于是,由矢量合成定理得 $\boldsymbol{g}$ 在 $\boldsymbol{r}$ 和 $\boldsymbol{\omega}$ 方向上的总分量 $g_{r\Sigma}$ 和 $g_{\omega\Sigma}$ 为

$$\left.\begin{aligned} g_{r\sum} &= g_r - g_{\varphi r} = -\frac{fM}{r^2} + \frac{fM}{r^2}J\left(\frac{a}{r}\right)^2(5\sin^2\varphi_d - 1) \\ g_{\omega\sum} &= g_{\varphi\omega} = -2\frac{fM}{r^2}J\left(\frac{a}{r}\right)^2\sin\varphi_d \end{aligned}\right\} \tag{4-78}$$

3. 引力加速度在发射坐标系的分量

根据 $\boldsymbol{r}$,$\boldsymbol{\omega}$ 与发射坐标系各轴间的关系,可以求得引力加速度二分量 $g_{r\Sigma}$ 和 $g_{\omega\Sigma}$ 在发射坐标系的投影为

$$\left.\begin{aligned} g_x &= g_{r\sum}\frac{x+R_{0X}}{r} + g_{\omega\sum}\frac{\omega_X}{\omega} \\ g_y &= g_{r\sum}\frac{y+R_{0Y}}{r} + g_{\omega\sum}\frac{\omega_Y}{\omega} \\ g_z &= g_{r\sum}\frac{z+R_{0Z}}{r} + g_{\omega\sum}\frac{\omega_Z}{\omega} \end{aligned}\right\} \tag{4-79}$$

式中,R_{0X},R_{0Y},、R_{0Z} 为发射点矢径 $\boldsymbol{R}_0$ 在发射坐标系各轴上的投影;ω_X,ω_Y,ω_Z 为地球自转角速

度矢 $\boldsymbol{\omega}$ 在发射坐标系各轴上的投影。

4.5 地球自转惯性力

相对惯性空间而言，发射坐标系是固连在自转地球上的动坐标系。因此，当以发射坐标系来研究导弹运动时，必须考虑因地球自转引起的牵连惯性力与科氏惯性力。

4.5.1 牵连惯性力

牵连惯性力(即离心惯性力)是导弹位置矢径 $\boldsymbol{r}$ 因地球自转引起的牵连加速度产生的，在上一节中已有推导：$\boldsymbol{F}_e=-m\dot{\boldsymbol{V}}_e=-m\boldsymbol{\omega}\times(\boldsymbol{\omega}\times\boldsymbol{r})$，它与 ω 的二次方成正比，而其方向始终垂直于地轴向外，故它总是抬高弹道，使射程偏远。牵连惯性力在发射坐标系的坐标矩阵式可表示为

$$\begin{bmatrix}F_{ex}\\F_{ey}\\F_{ez}\end{bmatrix}=-m\begin{bmatrix}\dot{v}_{ex}\\\dot{v}_{ey}\\\dot{v}_{ez}\end{bmatrix}=m\begin{bmatrix}a_{11}&a_{12}&a_{13}\\a_{21}&a_{22}&a_{23}\\a_{31}&a_{32}&a_{33}\end{bmatrix}\begin{bmatrix}R_{Ox}+x\\R_{Oy}+y\\R_{Oz}+z\end{bmatrix}\tag{4-80}$$

式中

$$\left.\begin{aligned}a_{11}&=\omega^2-\omega_x^2,\quad a_{12}=a_{21}=-\omega_y\omega_x\\a_{22}&=\omega^2-\omega_y^2,\quad a_{13}=a_{31}=-\omega_z\omega_x\\a_{33}&=\omega^2-\omega_z^2,\quad a_{23}=a_{32}=-\omega_y\omega_z\end{aligned}\right\}\tag{4-81}$$

对于给定的发射点大地纬度 B_0 和瞄准方位角 A_0 及 $\omega_x,\omega_y,\omega_z,R_{Ox},R_{0y},R_{0z}$，导弹飞行时的任一瞬间质量 m 和坐标 x,y,z，可求出任一瞬间作用在导弹上的牵连惯性力。可见牵连惯性力仅与瞬间质量和质心坐标有关，与飞行速度无关。

4.5.2 科氏惯性力

科氏惯性力是导弹相对(发射坐标系)速度矢量 $\boldsymbol{v}$ 随地球的定轴转动而引起的科氏加速度产生的。根据理论力学可知，作用在导弹质心上的科氏加速度为 $\dot{\boldsymbol{v}}_c=2\boldsymbol{\omega}\times\boldsymbol{v}$，故科氏惯性力为

$$\boldsymbol{F}_c=-m\dot{\boldsymbol{V}}_c=-2m\boldsymbol{\omega}\times\boldsymbol{V}\tag{4-82}$$

式中，$\boldsymbol{\omega}$ 为地球自转角速度。

引入在发射坐标系中 $\boldsymbol{F}_c,\boldsymbol{\omega},\boldsymbol{v}$ 及 $-\dot{\boldsymbol{v}}_c$ 之投影式

$$\left.\begin{aligned}\boldsymbol{F}_c&=F_{cX}\boldsymbol{x}^0+F_{cy}\boldsymbol{y}^0+F_{cZ}\boldsymbol{z}^0\\\boldsymbol{\omega}&=\omega_x\boldsymbol{x}^0+\omega_y\boldsymbol{y}^0+\omega_z\boldsymbol{z}^0\\\boldsymbol{v}&=v_x\boldsymbol{x}^0+v_y\boldsymbol{y}^0+v_z\boldsymbol{z}^0\\-\dot{\boldsymbol{v}}_c&=-\dot{v}_{cX}\boldsymbol{x}^0-\dot{v}_{cy}\boldsymbol{y}^0-\dot{v}_{cZ}\boldsymbol{z}^0\end{aligned}\right\}\tag{4-83}$$

则得科氏惯性力在发射坐标系的矩阵表达式为

$$\begin{bmatrix}F_{cX}\\F_{cy}\\F_{cZ}\end{bmatrix}=m\begin{bmatrix}-\dot{v}_{cX}\\-\dot{v}_{cy}\\-\dot{v}_{cZ}\end{bmatrix}=m\begin{bmatrix}0&2\omega_z&-2\omega_y\\-2\omega_z&0&2\omega_x\\2\omega_y&-2\omega_x&0\end{bmatrix}\begin{bmatrix}v_x\\v_y\\v_z\end{bmatrix}\tag{4-84}$$

由上可见，导弹所受的科氏惯性力不仅与地球自转角速度 ω 有关，而且与导弹相对地面

(发射坐标系)的飞行速度的大小、方向有关。显然，将地球上的某一点作为发射点向不同方向射击时，如按同一时间关机，其射程也不一样。例如，向东射击时射程最大，这是因为科氏惯心力向上，提高了弹道，所以使射程打远；反之，向西射击时射程最小，因为此时科氏惯性力向下，压低了弹道，所以使射程打近；若向南北方向射击时，由于 v 与 ω 在同一子午面内，科氏惯性力与射击平面垂直，虽不产生射程偏差，却产生横向偏差，其大小还与发射点的大地纬度 B_0 有关。具体说来，由赤道向北射击时，落点偏东；若在北极向南射击时，落点偏西。因此可以看出，科氏惯性力对导弹射程影响相当大，对于近程导弹来说将引起几十至几百千米的偏差，对于洲际导弹来说将引起上千千米的偏差，为了保证落点精度，此项需经过精确计算以得到补偿。

思 考 题

1. 利用变质量质点系动力学原理推导火箭发动机动推力方程。
2. 简述固体火箭发动机和液体火箭发动机分别有什么优、缺点。
3. 简述常用的控制力产生方式有哪些？通过查阅资料思考还有哪些控制力产生方法？
4. 试推导“＋”字形配置发动机控制力的大小。
5. 如何将速度系下测量到的空气动力转换到弹体系下？
6. 试分析导弹静稳定/静不稳定性。
7. 思考本书中为什么把简单的地球引力描述成这么复杂的形式？
8. 地球引力与重力的关系是什么？

第5章　导弹的几种特殊运动

导弹在飞行过程中，会受到很多干扰因素的影响，同时由于弹性弹体的弹性振动将产生作用在弹体上的弹性惯性力和弹性惯性力矩，液体推进剂的晃动还将产生作用在弹体上的晃动惯性力和晃动惯性力矩，以及由于发动机摆动惯性也将产生作用正在弹体上的惯性力和惯性力矩。本章将对作用在导弹上的干扰、弹体弹性振动、液体推进剂晃动和发动机摆动惯性进行分析。

5.1　导弹在飞行中所受的干扰

5.1.1　干扰因素

影响导弹运动的干扰因素很多，这些干扰一方面是导弹本身的因素，另一方面就是飞行环境的因素。在导弹控制系统分析设计中通常考虑以下干扰因素。

(1)结构干扰。结构干扰由弹体、发动机的制造和安装误差造成，通常包含发动机推力线偏斜、发动机推力线横移、导弹质心横移、导弹轴线偏斜等。

(2)风干扰。风的作用只考虑水平风，且将风分解为与射面平行的纵风及垂直于射面的横风，分别考虑风对导弹纵向运动和横向运动的影响。只考虑水平风是因为考虑导弹运动的特点，飞行垂直方向速度远大于飞行水平方向速度；飞行垂直方向迎风面积小于水平方向迎风面积；飞行经过对流层、平流层等，考虑平流层内飞行时间以及平流层大风区影响，认为水平风是主要因素。

风干扰的数据以风场来表示。风分为平稳风和切变风。平稳风风速取最小风包络，在整个飞行区间起作用，而切变风是只在一定高度出现的水平风，只在影响最严重的时刻考虑，其风速取最大风包络，如图5－1所示。

(3)导弹运动的初始偏差。导弹运动的初始偏差主要包括初始位置偏差和初始姿态偏差。初始位置可通过外部定位定向设备或测绘仪器获得，包括经度、纬度和高度；初始姿态可通过导弹发射前初始对准获得，包括水平姿态和方位。仪器设备硬件、定位定向/初始对准方法、环境条件等不可避免存在误差，从而使得初始位置和初始姿态同样存在偏差，引起导弹运动的初始偏差。

(4)控制系统仪器零位或零漂造成的虚假偏角。由控制系统敏感环节、中间变换装置、执行环节仪器的零位，以及惯性敏感元器件的零漂(如机械转子陀螺仪的固定漂移、质量不平衡或振动引起的瞬时性漂移等)造成的虚假角度。

(5)级间分离产生的干扰。

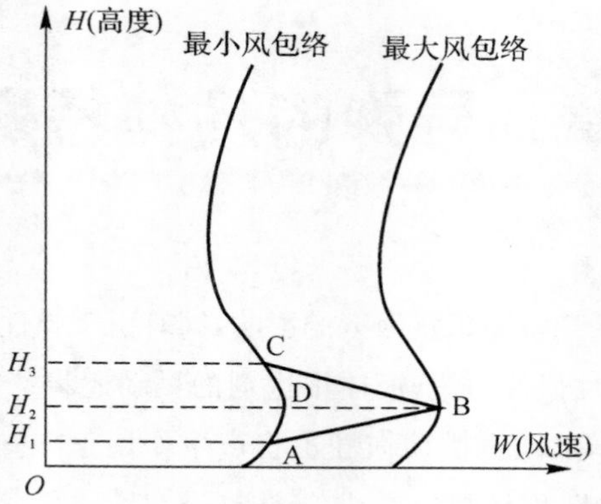

图 5-1 风场的剖面图

5.1.2 干扰的计算与合成

1. 结构干扰计算公式

如图 5-2 所示,推力偏斜 η_1 引起的干扰力和干扰力矩为

$$\left.\begin{aligned} F_{\eta 1} &= (P - X_P)\sin\eta_1 \approx (P - X_P)\eta_1 \\ M_{\eta 1} &= F_{\eta 1}(x_R - x_T) \approx (P - X_P)\eta_1(x_R - x_T) \end{aligned}\right\} \tag{5-1}$$

其中,X_P 为当用燃气舵时的推力损失。

如图 5-3 所示,弹体轴线偏斜引起的附加攻角 $\Delta\alpha_1$ 产生的干扰力和干扰力矩为

$$\left.\begin{aligned} F_{\Delta\alpha 1} &= 57.3 c_{y1}^{\alpha} q S_m \Delta\alpha_1 \\ M_{\Delta\alpha 1} &= 57.3 c_{y1}^{\alpha} q S_m \Delta\alpha_1 (x_y - x_T) = c_{\text{II}}^{\alpha} q S_m \Delta\alpha_1 (x_y - x_T) \end{aligned}\right\} \tag{5-2}$$

如图 5-4 和图 5-5 所示,弹体质心偏离弹轴距离 ΔZ_1 及发动机推力线横移 $\Delta\xi_1$ 引起的干扰力矩为

$$\left.\begin{aligned} M_{\Delta Z1} &= (P - X_P)\Delta Z_1 \\ M_{\Delta\xi 1} &= (P - X_P)\Delta\xi_1 \end{aligned}\right\} \tag{5-3}$$

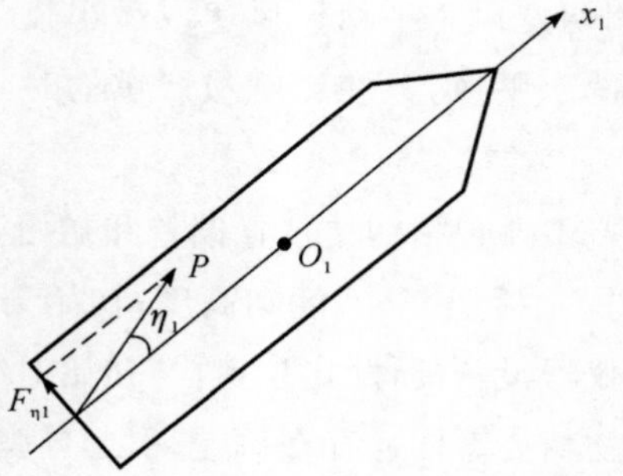

图 5-2 推力偏移

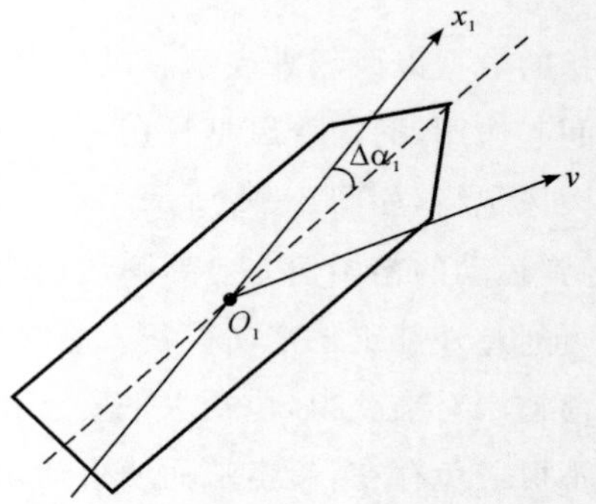

图 5-3 弹体轴线偏斜

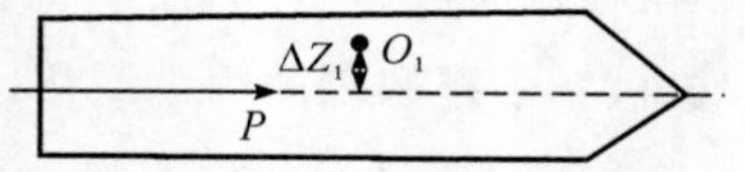

图 5-4 弹体质心偏离弹轴

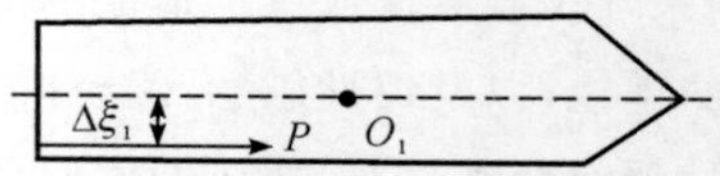

图 5-5 发动机推力横移

2. 风干扰的计算

对于风干扰，通常有两种处理方法。

(1)根据风与射面的夹角 A，将风速 W 分解为与射面平行的纵风 $W_x = W\cos A$ 及与射面垂直的横风 $W_z = W\sin A$。根据 $-W_x$，$-W_z$ 分别与导弹质心速度 v 的合成，求得导弹相对于空气的运动速度 v'，并求得风干扰引起的附加攻角 α_w 和附加侧滑角 β_w(见图 5-6)，有

$$\alpha_w = -\arctan \frac{W_x \sin\theta}{v - W_x \cos\theta} \tag{5-4}$$

逆风 α_w 为正，反之为负。

这样 α_w 引起的干扰力和干扰力矩为

$$\left.\begin{aligned} F_W &= 57.3 c_{y1}^{\alpha} q S_m \alpha_w \\ M_W &= 57.3 c_{y1}^{\alpha} q S_m \alpha_w (x_y - x_T) \end{aligned}\right\} \tag{5-5}$$

同理可得附加侧滑角 $\beta_w = \arctan \dfrac{W_z}{v}$ 及相应的干扰力和干扰力矩。

按照该方法考虑风干扰时，可在导弹运动方程中直接加入上述力和力矩。

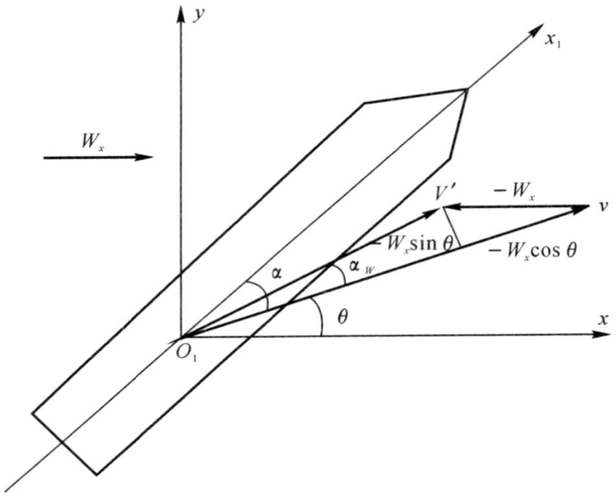

图 5-6　附加攻角 α_w 的计算

(2)将风折算为附加的气动力和气动力矩。对于平稳风，有

$$\left.\begin{aligned} F_{W平} &= \frac{1}{2} c_{\Pi} \rho (W_{平}^2 + v^2) S_m \\ M_{W平} &= \frac{1}{2} c_{\Pi} \rho (W_{平}^2 + v^2) S_m (x_{y1平} - x_T) \end{aligned}\right\} \tag{5-6}$$

式中，$x_{y1平}$，c_{Π} 为考虑平稳风影响的侧滑角下的气动压力中心和横向力系数。

对切变风也类似，有

$$\left.\begin{aligned} F_{W切} &= \frac{1}{2} c'_{\Pi} \rho (W_{切}^2 + v^2) S_m \\ M_{W切} &= \frac{1}{2} c'_{\Pi} \rho (W_{切}^2 + v^2) S_m (x'_{y1} - x_T) \end{aligned}\right\} \tag{5-7}$$

式中，x'_{y1}，c'_{Π} 为考虑切变风影响的大侧滑角下的气动压心和横向力系数。

3.考虑风干扰的弹体运动方程

按照上述考虑风干扰的前一种方法，可以在第6章列写的弹体运动方程的基础上，得出考虑风干扰时的弹体运动方程。

俯仰运动方程：

$$\left.\begin{aligned}&\Delta\dot{\theta}=c_1(\alpha_w+\Delta\alpha)+c_2\Delta\theta+c_3\Delta\delta_\varphi-\overline{F}_{yc}\\&\Delta\ddot{\varphi}+b_1\Delta\dot{\varphi}+b_2(\alpha_w+\Delta\alpha)+b_3\Delta\delta_\varphi=\overline{M}_{zc}\\&\Delta\varphi=\Delta\alpha+\Delta\theta\\&\ddot{q}_i+2\xi_i\omega_i\dot{q}_i=d_{1i}\Delta\dot{\varphi}+d_{2i}\Delta\alpha+d_{3i}\Delta\delta_\varphi-Q_{yi}\end{aligned}\right\}\tag{5-8}$$

偏航运动方程：

$$\left.\begin{aligned}&\dot{\sigma}=c_1(\beta_w+\beta)+c_2\sigma+c_3\delta_\psi-\overline{F}_{yc}\\&\ddot{\psi}+b_1\dot{\psi}+b_2(\beta_w+\beta)+b_3\delta_\psi=\overline{M}_{yc}\\&\psi=\beta+\sigma\\&\ddot{q}_i+2\xi_i\omega_i\dot{q}_i+\omega_i^2q_i=d_{1i}\dot{\psi}+d_{2i}\beta+d_{3i}\delta_\psi-Q_{yi}\end{aligned}\right\}\tag{5-9}$$

滚动运动方程：

$$\ddot{\gamma}+d_1\dot{\gamma}+d_3\delta_\gamma=\overline{M}_{xc}\tag{5-10}$$

4.干扰合成的原则

(1)结构干扰的各因素均是随机的，一般按均方根合成。

(2)结构干扰、发动机推力偏差和风干扰，三者也是随机的，为充分考虑干扰的影响，通常将这3个部分干扰按漂移最不利的符号组合，进行线性叠加。

5.2 弹体弹性振动

导弹在飞行过程中，在各种载荷作用下，弹体已不再是一个理想的刚体，而是一个弹性弹体。当随着导弹长细比的增加，弹性振动固有主振动频率越低，弹性振动对导弹运动(系统稳定性)的影响也越显著。

5.2.1 导弹弹性振动的数学模型

导弹弹性振动包括纵向振动、横向弯曲振动和扭转振动。纵向振动的影响一般不考虑，对稳定性影响最大的是横向(弹体坐标的 y_1 轴或 z_1 轴方向)振动，因此这里只推导横向振动方程。而扭转振动影响较小，其方程与横向振动类似。

1.弹体横向振动方程

弹体是一个梁式结构，其两端在飞行中无约束(自由的)，且其质量分布不均匀，各处刚度也不相同，因而是一个连续的非均匀弹性梁。由于导弹轴对称的特点，使其纵平面内的弯曲振动和偏航平面内的弯曲振动可以独立研究，因而仅以纵平面内的振动方程为例进行分析，而偏航及扭转(滚动)振动方程与纵平面内的振动方程类似。

沿弹体纵轴不同位置处的弹性振动振幅是不同的。当弹体受到外激励时，将以无穷个固有频率同时进行振动，但振动频率越高，其振幅越小，对导弹运动影响亦越小，因而高频振动通常可以忽略，而仅仅考虑最低的3～5阶主振动(即主振型阶次 n 取3～5)。图5-7所示为考虑3阶主振型时的振动情况。

由图 5－7 可看出，表示弹性振动的坐标是以未振动的弹体理论尖端为原点，x 轴沿弹体纵轴指向弹尾，即与弹体坐标系的 O_1x_1 轴方向相反。

在图 5－7 中，若以导弹尖端的弹性振动振幅为 1，则在不同位置（即 x 处）的振幅都不同，但它们都同时达到最大值，并同时恢复到零值。振动频率不同，各点的振幅值与 $x=0$ 处的振幅之比值亦不同。

弹体以任一固有频率的振动叫主振动，主振动是简谐振动。对应每个振动频率，各点（x 处）的振幅与 $x=0$ 处的振幅之比 $W_i(x)$ 叫作振动系统的主振型函数，简称主振型。弹体结构确定之后，各飞行特征秒的各次主振动的主振型函数是确定的，而系统稳定性分析与综合时，主要关心的是姿态测量元件（速率陀螺、陀螺、平台、惯性测量组合）和发动机（或燃气舵）所在位置的主振型参数。

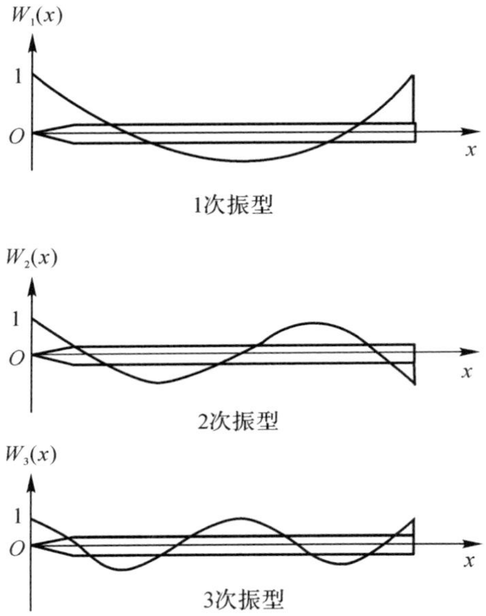

图 5－7　3 阶主振型的振动

弹性振动的自由振动方程是有阻尼的二阶微分方程，即

$$m_i[\ddot{q}_i(t)+2\xi_i\omega_i\dot{q}_i(t)+\omega_i^2q_i(t)]=Q_i \tag{5-11}$$

式中，$m_i=\int_0^{L_K}\rho(x)\,[W_i(x)]^2\,\mathrm{d}x$ 称为广义质量，$\rho(x)$ 为 x 位置的单位长度质量，L_K 为导弹理论长度；$q_i(t)$ 为振动方程的广义坐标，表示了导弹理论尖端以频率 $\omega_i(\mathrm{j}\omega)$ 随时间振动的规律；$Q_i=\int_0^{L_K}W_i(x)\sum f_y(x,t)\mathrm{d}x$ 为作用于弹体的第 i 阶振型的广义力，$f_y(x,t)$ 为作用于导弹弹体 $y_1(z_1)$ 轴方向的单位长度分布力，$W_i(x)$ 为第 i 阶主振型函数；ω_i 为第 i 阶主振型的固有频率。

式(5－11)两边再除以广义质量 m_i，则有

$$\ddot{q}_i(t)+2\xi_i\omega_i\dot{q}_i(t)+\omega_i^2q_i(t)=\frac{Q_i}{m_i} \tag{5-12}$$

引起弹性振动的外力是弹体坐标系 $y_1(z_1)$ 方向的力。由于力作用的位置不同，对弹性振动的影响也不同，因而要分析作用力是集中力还是分布力，重力不会引起弹性振动。由于外力

对各次振动频率的影响不同，且由主振型的正交性可知各次振型之间无能量传递关系，因而可以用广义力来区分不同频率时外力的作用。

2. 广义力 Q_i 的确定

引起弹性振动的外力 $\sum f_y(x,t)$ 主要包括控制力、气动力和导弹旋转角速度引起的阻尼力在弹体 $y_1(z_1)$ 轴上的投影，下面具体推导这 3 种外力所对应的广义力。

(1)控制力所引起的广义力。由第 4 章的分析可知，控制力在弹体 y_1 方向的分量(法向控制力)为 $R'\delta_\varphi$，它是一个集中力，因而其广义力为

$$Q_{y1\delta_\varphi} = R'\delta_\varphi W_i(x_R) \tag{5-13}$$

(2)气动力所引起的广义力。由第 4 章的分析可知，空气动力 R 在弹体 y_1 方向的分量(法向力)为

$$Y_1 = \int_0^{L_K} C_{y1}^\alpha(x) q S_m \alpha \mathrm{d}x = q S_m \alpha \int_0^{L_K} C_{y1}^\alpha(x) \mathrm{d}x \tag{5-14}$$

法向力 Y_1 是一个分布力，它所引起的广义力为

$$Q_{y1\omega_i}^\alpha = q s_m \alpha \int_0^{L_K} C_{y1}^\alpha(x) W_i(x) \mathrm{d}x \tag{5-15}$$

(3)弹体旋转角速度引起的阻尼力所对应的广义力。如图 5-8 所示，当有俯仰角速度 $\dot{\varphi}$ 时，坐标为 x 的任一点产生与导弹纵轴垂直的线速度 $(x_T - x)\dot{\varphi}$，从而在 x 点处产生一附加冲角 $\alpha' = -\frac{(x_T - x)}{v}\dot{\varphi}$。

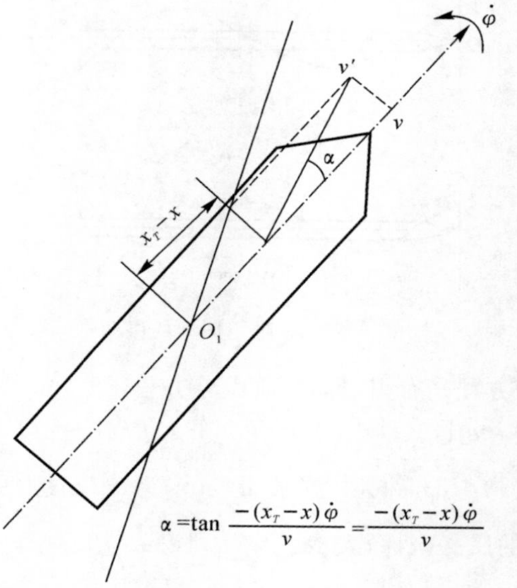

图 5-8　弹体旋转角速度引起的阻尼力

附加冲角 α' 在 $\mathrm{d}x$ 长度上引起的法向气动力为

$$\mathrm{d}F_{y\omega_i} = C_{y1}^\alpha q S_m \alpha' = C_{y1}^\alpha q S_m \left[(x - x_T) \frac{\dot{\varphi}}{v} \right] \tag{5-16}$$

从而对应的广义力为

$$Q_{y\omega i} = \int_0^{L_K} C_{y1}^\alpha(x) q S_m \left[(x - x_T) \frac{\dot{\varphi}}{v} \right] W_i(x) \mathrm{d}x = \int_0^{L_K} C_{y1}^\alpha(x)(x - x_T) W_i(x) \mathrm{d}x \frac{q S_m}{v} \dot{\varphi} \tag{5-17}$$

将式(5 - 13)、式(5 - 15)、式(5 - 17)代入式(5 - 12)的右端，并进行线性化，将各项广义力用不同的运动方程系数及弹体的运动参数表示，则有

$$\ddot{q}_i + 2\xi_i\omega_i\dot{q}_i + \omega_i^2 q_i = d_{1i}\Delta\dot{\varphi} + d_{2i}\Delta\alpha + d_{2i}\Delta\delta_\varphi - Q_{yi} \tag{5-18}$$

式中

$$d_{1i} = \frac{57.3qS_m}{m_i v}\int_0^{L_K} C_{y1}^\alpha(x)(x - x_T)W_i(x)\mathrm{d}x$$

$$d_{2i} = \frac{57.3qS_m}{m_i}\int_0^{L_K} C_{y1}^\alpha(x)W_i(x)\mathrm{d}x$$

$$d_{3i} = \frac{R'}{m_i}W_i(x_R)$$

Q_{yi} 为干扰力引起的广义力。

z_1 方向的弯曲振动方程形式与式(5 - 18)相同。

5.2.2　弹性振动对导弹运动的影响

弹性振动对导弹运动的影响可分为两个方面：其一是弹性振动本身会产生力和力矩作用于弹体，影响导弹的姿态运动；其二是弹性变形的角度及弹性变形的角速度将通过惯性测量(敏感)元件进入控制系统，即所测得的姿态角度和姿态角速度包含有弹性振动的成分，并经过发动机(或燃气舵)偏转产生力和力矩来影响姿态运动。

1. 弹性振动引起的作用于导弹上的力和力矩

(1)弹性振动速度 $\dot{q}_i$ 引起的阻尼力和阻尼力矩。$\dot{q}_i$ 将在 x 点引起振动速度 $W_i(x)\dot{q}_i(t)$，同时将产生附加冲角 $-\dfrac{W_i(x)\dot{q}_i}{v}$，因而产生附加空气动力，有

$$F_{y\omega} = -\sum_{i=1}^{n}\frac{qS_m}{v}\int_0^{L_K} C_{y1}^\alpha W_i(x)\mathrm{d}x \cdot \dot{q}_i(t) \tag{5-19}$$

其对应的力矩为

$$M_{z1}\dot{q}_i = -\sum_{i=1}^{n}\frac{qS_m}{v}\int_0^{L_K} C_{y1}^\alpha(x)(x_T - x)W_i(x)\mathrm{d}x \cdot \dot{q}_i(t) \tag{5-20}$$

(2)弹性振动使弹体变形而引起的力和力矩。弹性振动使弹体变形引起的力和力矩如图 5 - 9 所示。

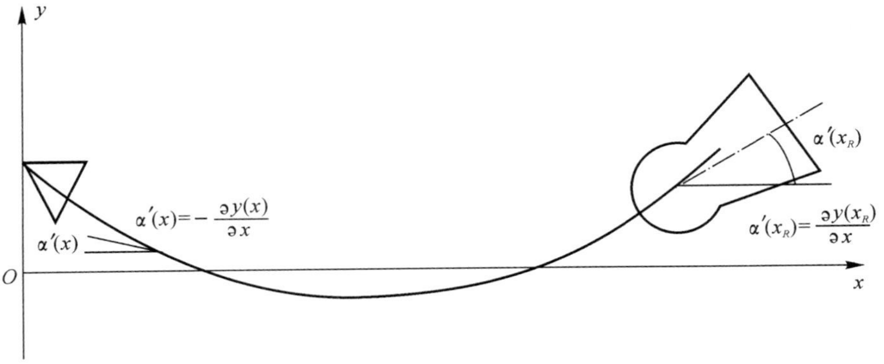

图 5 - 9　弹体弹性变形所引起的力和力矩

由于弹性变形使发动机推力方向产生一偏角，因而使推力产生与未振动弹轴垂直方向（y_1方向）的分量为

$$F_{yR}=P^*\sin\alpha'(x_R)\approx P^*\alpha'(x_R)=-P^*\frac{\partial y(x_R)}{\partial x}=-P^*\sum_{i=1}^{n}W'_i(x_R)q_i \quad (5-21)$$

式中，$W'_i(x)$称为第 i 阶振型斜率。

弹性振动引起发动机质心平移 $W_i(x)q_i(t)$，使推力形成力矩 $P^*W_i(x_R)q_i(t)$；由于发动机偏斜 $W'_i(x)q_i(t)$，将使推力偏斜产生力矩 $-P^*W_i(x_R-x_T)q_i(t)$。

上述由于弹性振动引起的作用于导弹上的力和力矩很小，对姿态运动的作用也较小，通常在近似设计和分析时予以忽略。

2. 弹性变形引起的角度和角速度

x 处由于弹性振动而引起的变形角度为$\dfrac{\partial y(x)}{\partial x}$。引入广义坐标 $q_i(t)$ 和主振型 $W_i(x)$ 之后，$y(x)=\sum\limits_{i=1}^{n}q_i(t)W_i(x)$，从而有

$$\frac{\partial y(x)}{\partial x}=\sum_{i=1}^{n}W'_i(x)q_i(t) \quad (5-22)$$

由式(5-22)也容易得到由于弹性振动而引起的变形角速度 $\sum\limits_{i=1}^{n}W'_i(x)\dot{q}_i(t)$ 。

实际上我们最关心的是惯性敏感元件安装位置弹性变形的角度和角速度，因为其要被敏感元件敏感到并进入控制系统中。这样，对敏感角位移的装置，如平台，它除了敏感导弹姿态角之外，其输入信号中还包含有平台安装位置 x_Γ 处的弹性变形角度，即有

$$\Delta\varphi_\Gamma=\Delta\varphi-\sum_{i=1}^{n}W'_i(x_\Gamma)q_i(t) \quad (5-23)$$

对敏感角速度的装置，如速率陀螺，其输入信号中也必定包含了速率陀螺安装位置 x_s 处的弹性变形角速度，即有

$$\Delta\dot{\varphi}_s=\Delta\dot{\varphi}-\sum_{i=1}^{n}W'_i(x_s)\dot{q}_i(t) \quad (5-24)$$

基于上述分析，针对弹性振动，导弹控制系统设计时应合理选择敏感装置的安装位置。

5.3 液体推进剂晃动与发动机摆动惯性

对于液体导弹而言，其飞行质量的很大一部分都是液体，液体质量可能占到起飞质量的90%左右。飞行时，弹体 $y_1(z_1)$ 轴方向有加速度时，贮箱内的液体将产生晃动，晃动液体的加速度和位移均将产生作用于弹体的惯性力和惯性力矩，从而影响导弹的运动。

在数学上要建立包括晃动在内的弹体运动方程是一项十分复杂的工作。只有假定液体是黏性的、不可压缩的、运动是无旋的理想液体，对于形状简单的贮箱，在导弹纵向加速度大于横向加速度的前提下，可用贝塞尔函数来描述晃动，建立流体力学方程，并借助计算机才可求解。而在工程中，广泛采用力学等效模型的方法，对晃动作直观、简明的分析，已获得满意的效果。

5.3.1 液体推进剂晃动的数学模型

为了简化液体晃动问题的讨论，通常引入一个描述贮箱内液体晃动的等效机械模型，圆柱

形贮箱晃动可以用弹簧-质量系统作为其等效机械模型，如图 5－10 所示。

液体的晃动可以分解为俯仰和偏航两个平面内的晃动，其物理坐标分别用 Y_P，Z_P 表示。在每一个平面晃动运动中，液体的一个晃动振型对应着一个单自由度的机械模型（即一个弹簧-质量系统），可以通过分析该等效模型的动力学特性来模拟真实液体晃动对弹体运动的影响。

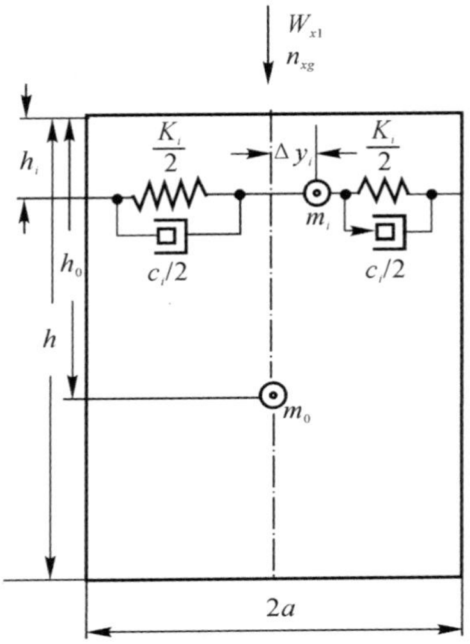

图 5－10　推进剂晃动的等效机械模型

图 5－10 中，m_i 为第 i 阶晃动质量；K_i 为第 i 等效弹簧的弹性系数；h_i 为晃动质量到液面的距离；c_i 为阻尼系数；m_0 为不晃动部分的质量；$\dot{W}_{x1}$ 为纵向视加速度。

液体晃动时，总有一部分质量 m_0 不参与晃动，分析晃动时就不考虑这部分质量。在晃动部分中，随着位置不同晃动的质量和频率都不同，越接近表面晃动频率越高，晃动质量越小，对导弹运动的影响也越小。因此，在分析晃动时，近似地只分析最低频率 Ω_1（称为一次主振动）的晃动质量 m_1，忽略 2 次主振动以上的晃动。

液体晃动可以分解为俯仰和横向两个平面内的晃动。俯仰平面晃动运动的方程为

$$m_p\ddot{Y}_p + 2m_p\xi_p\Omega_p\dot{Y}_p + K_pY_p = \sum F_{ip} \tag{5-25}$$

式中，p 为贮箱数；m_p 为晃动部分质量；ξ_p 为晃动阻尼系数；K_p 为弹簧弹性系数，反映使晃动质量恢复原位的能力；$\sum F_{ip}$ 为引起晃动的外力；Ω_p 为晃动频率，$\Omega_p=\sqrt{\frac{K_p}{m_p}}$。

式(5－25)表示的模型与贮箱内真实流体的晃动对导弹的作用要保持等效，模型代替真实流体后，必须保持流体的性质不变，即晃动质量及质心晃动位置保持不变、晃动频率 Ω_p 不变、阻尼系数 ξ_p 不变，从而保持作用于导弹的力和力矩不变。导弹设计定型后，m_p，ξ_p，K_p，Ω_p 就确定了。

引起晃动的外力是作用于弹体坐标系 $y_1(z_1)$ 轴的重力分量以及晃动质量质心位置受到 $y_1(z_1)$ 轴方向的加速度所产生的惯性力，如图 5－11 所示。

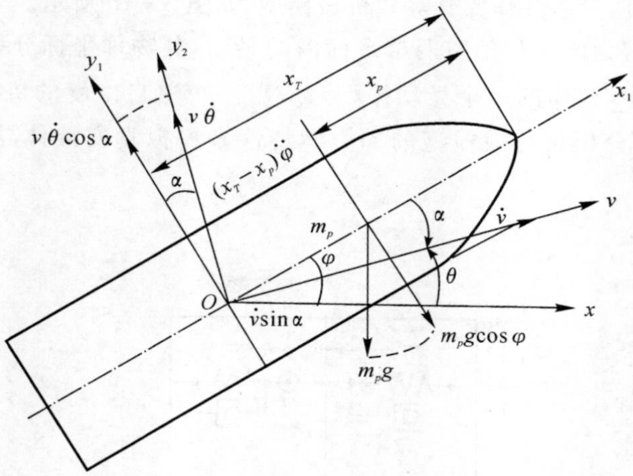

图 5-11　引起晃动的外力

$$\sum F_{ip} = -m_p v\dot{\theta}\cos\alpha + m_p\dot{v}\sin\alpha - m_p(x_T - x_p)\ddot{\varphi} - m_p g\cos\varphi \tag{5-26}$$

式中，$v\dot{\theta}$，$\dot{v}$ 分别代表导弹质心在轨迹坐标系 y_2，z_2 方向的加速度，将其投影到 y_1 轴则得到加速度 $v\dot{\theta}\cos\alpha - \dot{v}\sin\alpha$，惯性力为 $-m_p v\dot{\theta}\cos\alpha + m_p\dot{v}\sin\alpha$；由于晃动质心与导弹质心位置不一致（相差 $x_T - x_p$），当导弹有绕质心运动俯仰角加速度 $\ddot{\varphi}$ 时，将在晃动质心处产生加速度 $(x_T - x_p)\ddot{\varphi}$，从而产生惯性力 $-m_p(x_T - x_p)\ddot{\varphi}$；$-m_p g\cos\varphi$ 为重力分量在 y_1 轴的投影。

将式(5-26)代入式(5-25)，得

$$m_p\ddot{Y}_p + 2m_p\xi_p\Omega_p\dot{Y}_p + K_pY_p = -m_p v\dot{\theta}\cos\alpha + m_p\dot{v}\sin\alpha - m_p(x_T - x_p)\ddot{\varphi} - m_p g\cos\varphi \tag{5-27}$$

对式(5-27)进行线性化，即把运动变量及其三角函数在其理论值附近泰勒展开并忽略 2 阶以上微量，则有

$$\left.\begin{aligned}
Y_p &= \overline{Y}_p + \Delta Y_p \\
\dot{\theta} &= \bar{\dot{\theta}} + \Delta\dot{\theta} \\
\alpha &= \bar{\alpha} + \Delta\alpha \\
\ddot{\varphi} &= \bar{\ddot{\varphi}} + \Delta\ddot{\varphi} \\
\sin(\bar{\alpha} + \Delta\alpha) &= \sin\bar{\alpha} + \cos\bar{\alpha}\Delta\alpha = \sin\bar{\alpha} + \Delta\alpha \\
\cos(\bar{\varphi} + \Delta\varphi) &= \cos\bar{\varphi} - \sin\bar{\varphi}\Delta\varphi
\end{aligned}\right\} \tag{5-28}$$

将式(5-28)代入式(5-27)，且令 $\cos\alpha = 1$，$\sin\Delta\alpha = \Delta\alpha$，整理得

$$\Delta\ddot{Y}_p + 2\xi_p\Omega_p\Delta\dot{Y}_p + \Omega_p^2\Delta Y_p = -v\Delta\dot{\theta} + \dot{v}\Delta\alpha - (x_T - x_p)\Delta\ddot{\varphi} + g\sin\bar{\varphi}\Delta\varphi \tag{5-29}$$

式(5-29)则为俯仰通道晃动模型的扰动方程。

同理可以得到偏航平面晃动运动的模型为

$$\ddot{Z}_p + 2\xi_p\Omega_p\dot{Z}_p + \Omega_p^2 Z_p = -v\dot{\sigma}\cos\beta - \dot{v}\sin\beta + (x_T - x_p)\ddot{\psi} - g\sin\varphi\sin\psi \tag{5-30}$$

5.3.2　推进剂晃动产生的作用于导弹上的力和力矩

1. 晃动引起的作用在弹体上的惯性力

晃动质量受力产生晃动加速度 $\ddot{Y}_p$ 时，将有一反作用力（惯性力）$-m_p\ddot{Y}_p$ 作用于导弹。

2. 晃动引起的作用在弹体上的惯性力矩

(1)晃动惯性力引起的力矩为

$$M_{zk} = -\sum_{p=1}^{n}(x_T - x_p)m_p\Delta\ddot{Y}_p \tag{5-31}$$

(2)由于 m_p 偏离平衡位置，在纵向视加速度作用下产生的偏心力矩如图 5-12 所示。

$$M'_{zp} = \sum_{p=1}^{n} m_p\dot{W}_{x1}\Delta Y_p \tag{5-32}$$

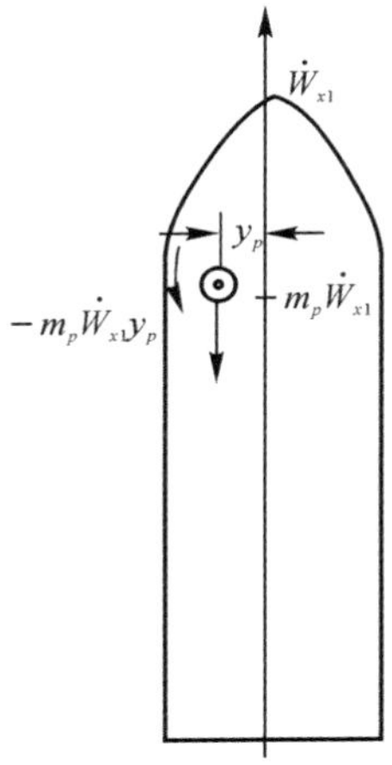

图 5-12　纵向视加速度作用下产生的偏心矩

绕 z_1 轴的总力矩为

$$M_{zp} = M_{zk} + M'_{zp} = -\sum_{p=1}^{n}(x_T - x_p)m_p\Delta\ddot{Y}_p + \sum_{p=1}^{n} m_p\dot{W}_{x1}\Delta Y_p \tag{5-33}$$

5.3.3　发动机摆动惯性

图 5-13 所示为由发动机摆动惯性产生作用于弹体上的力和力矩。

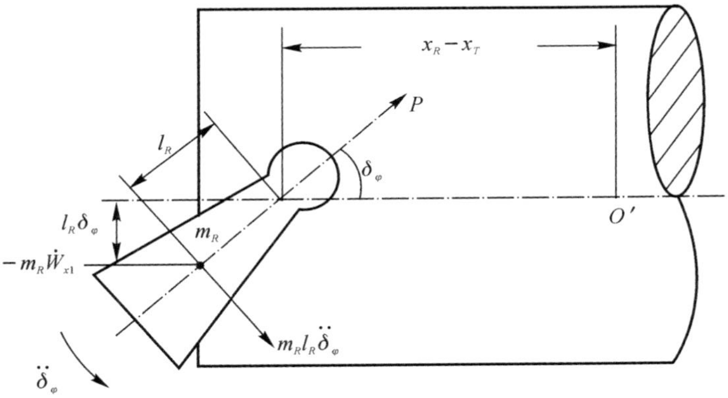

图 5-13　发动机摆动惯性产生的力和力矩

发动机的质量、转动惯量分别为 m_R，J_R，只考虑俯仰运动时，单个发动机产生转角 δ_φ 并具有角加速度 $\ddot{\delta}_\varphi$ 时，将产生发动机质心的切向加速度 $l_R\ddot{\delta}_\varphi$ 相应的惯性力 $-m_Rl_R\ddot{\delta}_\varphi$ 及惯性力矩－

$m_R l_R \ddot{\delta}_\varphi (x_R - x_T)$，还产生发动机绕摆轴的惯性力矩 $-J_R \ddot{\delta}_\varphi$。由于 δ_φ 使发动机质心偏离纵轴 x_1 的距离为 $l_R \delta_\varphi$，所以，在导弹纵向视加速度作用下，产生绕导弹质心的惯性力矩 $-m_R l_R \dot{W}_{x1} \delta_\varphi$。

思 考 题

1. 结构干扰由弹体、发动机的制造和安装误差造成，通常包括哪些情况？

2. 对于水平风干扰，通常有哪两种处理方法？

3. 根据水平风速与射面的夹角，分为纵风和横风研究时，平行于射面的纵风会使导弹产生附加侧滑角，对吗？为什么？

4. 试分析导弹飞行中垂直于射面的横风引起的附加侧滑角及相应的干扰力和干扰力矩。

5. 导弹飞行中所受干扰合成的主要原则有哪些？

6. 导弹弹性振动包括哪 3 种振动形式？

7. 弹性振动方程形式为有阻尼的二阶微分方程，引起弹性振动的外力主要包括哪 3 种？

8. 弹性振动对导弹运动的影响主要表现在哪些方面？

9. 工程中，液体推进剂晃动通常简化为力学等效模型加以研究，试分析偏航平面液体晃动运动的模型。

第6章 弹体运动方程及传递函数

为了获得导弹运动参数及其运动规律，进而进行性能分析，必须建立描述导弹运动规律的数学模型，即运动微分方程组，并在此基础上确定弹体传递函数。

6.1 在发射坐标系建立导弹运动方程

由于弹道式导弹的发射点和目标点均在地面，而且观测导弹飞行姿态、射击距离和落点精度等都是以地球为基准的，所以导弹运动微分方程组一般建立于发射坐标系。

6.1.1 质心运动方程

根据刚体的质心运动动力学方程，将作用于导弹上的各种力在发射坐标系的3个坐标轴上投影，可得其3个分量形式：

$$\left.\begin{aligned} m\frac{\mathrm{d}v_x}{\mathrm{d}t} &= P_x + P_{ix} + R_x + G_x + F_{ex} + F_{cx} \\ m\frac{\mathrm{d}v_y}{\mathrm{d}t} &= P_y + P_{iy} + R_y + G_y + F_{ey} + F_{cy} \\ m\frac{\mathrm{d}v_z}{\mathrm{d}t} &= P_z + P_{iz} + R_z + G_z + F_{ez} + F_{cz} \end{aligned}\right\} \tag{6-1}$$

式中，m 为导弹质量；v_x, v_y, v_z 为导弹速度 $\boldsymbol{v}$ 在发射坐标系3轴上的分量；P_x, P_y, P_z 为有效推力 $\boldsymbol{P}^*$ 在发射坐标系3轴上的分量；P_{ix}, P_{iy}, P_{iz} 为控制力 $\boldsymbol{P}_i$ 在发射坐标系3轴上的分量；R_x，R_y, R_z 为空气动力 $\boldsymbol{R}$ 在发射坐标系3轴上的分量；G_x, G_y, G_z 为引力 $\boldsymbol{G}$ 在发射坐标系3轴上的分量；F_{ex}, F_{ey}, F_{ez} 为牵连惯性力 $\boldsymbol{F}_e$ 在发射坐标系3轴上的分量；F_{cx}, F_{cy}, F_{cz} 为科氏惯性力 $\boldsymbol{F}_c$ 在发射坐标系3轴上的分量。

1. 推力分量 P_x, P_y, P_z

为了将发动机有效推力 $\boldsymbol{P}^*$ 分解至发射坐标系的3轴上，利用弹体坐标系与发射坐标系的转换矩阵 $\boldsymbol{G}_B$，可得

$$\begin{bmatrix} P_x \\ P_y \\ P_z \end{bmatrix} = \boldsymbol{G}_B \begin{bmatrix} P^* \\ 0 \\ 0 \end{bmatrix} \tag{6-2}$$

代入矩阵 $\boldsymbol{G}_B$，并将式(6-2)展开，则有

$$\left.\begin{aligned} P_x &= P^* \cos\varphi\cos\psi \approx P^* \cos\varphi \\ P_y &= P^* \sin\varphi\cos\psi \approx P^* \sin\varphi \\ P_z &= -P^* \sin\psi \approx -P^* \psi \end{aligned}\right\} \tag{6-3}$$

2. 控制力分量 P_{ix}, P_{iy}, P_{iz}

如第4章推导，以“×”字形配置的发动机或喷管为例，控制力在弹体坐标系上的分量为

$$P_{y1} = R'\delta_\varphi$$
$$P_{z1} = -R'\delta_\psi$$

同样，利用转换矩阵 $\boldsymbol{G}_B$ ，便可以得到控制力在发射坐标系 3 轴上的投影：

$$\left.\begin{aligned} P_{ix} &= R'\delta_\varphi(-\sin\varphi\cos\gamma + \cos\varphi\sin\psi\sin\gamma) - R'\delta_\psi(\sin\varphi\sin\gamma + \cos\varphi\sin\psi\cos\gamma) \\ P_{iy} &= R'\delta_\varphi(\cos\varphi\cos\gamma + \sin\varphi\sin\psi\sin\gamma) - R'\delta_\psi(-\cos\varphi\sin\gamma + \sin\varphi\sin\psi\cos\gamma) \\ P_{iz} &= R'\delta_\varphi\cos\psi\sin\gamma - R'\delta_\psi\cos\psi\cos\gamma \end{aligned}\right\} \quad (6-4)$$

3. 空气动力分量 R_x, R_y, R_z

空气动力 $\boldsymbol{R}$ 在速度坐标系的分量（阻力、升力、侧力）为

$$\begin{cases} \boldsymbol{X} = C_x q S_m \\ \boldsymbol{Y} = C_y^\alpha q S_m \alpha \\ \boldsymbol{Z} = -C_y^\alpha q S_m \beta \end{cases}$$

可以利用发射坐标系与速度坐标系的转换矩阵 $\boldsymbol{G}_V$ ，求得发射坐标系 3 轴上的空气动力分量：

$$\left.\begin{aligned} R_x &= -C_x q S_m\cos\theta\cos\sigma + C_y^\alpha q S_m \alpha(-\sin\theta\cos\gamma_C + \cos\theta\sin\sigma\sin\gamma_C) \\ &\quad - C_y^\alpha q S_m \beta(\sin\theta\sin\gamma_C + \cos\theta\sin\sigma\cos\gamma_C) \\ R_y &= -C_x q S_m\sin\theta\cos\sigma + C_y^\alpha q S_m \alpha(\cos\theta\cos\gamma_C + \sin\theta\sin\sigma\sin\gamma_C) \\ &\quad - C_y^\alpha q S_m \beta(-\cos\theta\sin\gamma_C + \sin\theta\sin\sigma\cos\gamma_C) \\ R_z &= C_x q S_m\sin\sigma + C_y^\alpha q S_m \alpha\cos\alpha\sin\gamma_C \\ &\quad - C_y^\alpha q S_m \beta\cos\sigma\cos\gamma_C \end{aligned}\right\} \quad (6-5)$$

作上述转换时，应注意阻力 $\boldsymbol{X}$ 与 O_1x_c 轴方向相反。

4. 引力分量 G_x, G_y, G_z

引力加速度 $\boldsymbol{g}$ 在发射坐标系 3 轴上的分量为 g_x, g_y, g_z，从而引力在发射坐标系的 3 个分量为

$$\left.\begin{aligned} G_x &= mg_x \\ G_y &= mg_y \\ G_z &= mg_z \end{aligned}\right\} \quad (6-6)$$

5. 牵连惯性力分量 F_{ex}, F_{ey}, F_{ez}

牵连惯性力 $\boldsymbol{F}_e$ 在发射坐标系的 3 个分量为

$$\left.\begin{aligned} F_{ex} &= m\dot{v}_{ex} \\ F_{ey} &= m\dot{v}_{ey} \\ F_{ez} &= m\dot{v}_{ez} \end{aligned}\right\} \quad (6-7)$$

式中，$\dot{v}_{ex}, \dot{v}_{ey}, \dot{v}_{ez}$ 为牵连加速度在发射系的 3 个分量。

6. 科氏惯性力 $\boldsymbol{F}_{cx}, F_{cy}, F_{cz}$

科氏惯性力 $\boldsymbol{F}_c$ 在发射坐标系中的 3 个分量为

$$\left.\begin{aligned} F_{cx} &= m\dot{v}_{cx} \\ F_{cy} &= m\dot{v}_{cy} \\ F_{cz} &= m\dot{v}_{cz} \end{aligned}\right\} \quad (6-8)$$

式中，$\dot{v}_{cx}, \dot{v}_{cy}, \dot{v}_{cz}$ 为科氏加速度在发射系中的 3 个分量。

将式(6－3)～式(6－8)依次代入式(6－1)，且由于在控制系统作用下，$\psi, \gamma, \sigma, r_C$ 值均较小，从而有

$$\sin\psi \approx \psi, \quad \sin\gamma \approx \gamma, \quad \sin\gamma_C \approx \gamma_C, \quad \sin\sigma \approx \sigma$$
$$\cos\psi \approx \cos\gamma \approx \cos\gamma_C \approx \cos\sigma \approx 1$$

并且略去 2 阶以上微量，则可得到简化后的质心运动方程，有

$$\left.\begin{aligned}
m\frac{\mathrm{d}v_x}{\mathrm{d}t} &= P^*\cos\varphi - R'\delta_\varphi\sin\varphi - C_x qS_m\cos\theta - C_y^\alpha qS_m\alpha\sin\theta + \\
&\quad mg_x + m\dot{v}_{ex} + m\dot{v}_{cx} \\
m\frac{\mathrm{d}v_y}{\mathrm{d}t} &= P^*\sin\varphi + R'\delta_\varphi\cos\varphi - C_x qS_m\sin\theta + C_y^\alpha qS_m\alpha\cos\theta + \\
&\quad mg_y + m\dot{v}_{ey} + m\dot{v}_{cy} \\
m\frac{\mathrm{d}v_x}{\mathrm{d}t} &= -P^*\psi - R'\delta_\psi + C_x qS_m\sigma - C_y^\alpha qS_m\beta + \\
&\quad mg_z + m\dot{v}_{ez} + m\dot{v}_{cz}
\end{aligned}\right\} \tag{6-9}$$

6.1.2　绕质心运动方程

导弹的绕质心运动方程通常建立于弹体坐标系之中。这样，根据表示刚体相对于质心转动的动量矩定理，其在弹体坐标系的 3 个分量形式近似为

$$\left.\begin{aligned}
J_{x1}\frac{\mathrm{d}\omega_{x1}}{\mathrm{d}t} &= \sum M_{x1} \\
J_{y1}\frac{\mathrm{d}\omega_{y1}}{\mathrm{d}t} &= \sum M_{y1} \\
J_{z1}\frac{\mathrm{d}\omega_{z1}}{\mathrm{d}t} &= \sum M_{z1}
\end{aligned}\right\} \tag{6-10}$$

式中，J_{x1}，J_{x2}，J_{z1} 分别为绕弹体坐标系 3 轴（惯性主轴）转动惯量；ω_{x1}，ω_{y1}，ω_{z1} 分别为弹体坐标系相对于发射坐标系的转动角速度在弹体坐标系 3 轴上的分量；$\sum M_{x1}$，$\sum M_{y1}$，$\sum M_{z1}$ 分别为作用于导弹上的外力对质心的力矩在弹体坐标系 3 轴上的分量之和。

在导弹所受的所有外力之中，由于推力与导弹纵轴重合（通过导弹质心），重力也通过导弹质心，因此作用于导弹上的外力矩只有控制力矩、气动力矩和阻尼力矩。

将第 4 章推导的表示这 3 种力矩的表达式依次代入式（6－10），则可以得到绕质心运动方程组：

$$\left.\begin{aligned}
J_{x1}\frac{\mathrm{d}\omega_{x1}}{\mathrm{d}t} &= -Pz_r\delta_\gamma - m_{dx1}qS_mL_K^2\frac{\omega_{x1}}{v} \\
J_{y1}\frac{\mathrm{d}\omega_{y1}}{\mathrm{d}t} &= -R'(x_R - x_T)\delta_\psi - m_{dy1}qS_mL_K^2\frac{\omega_{y1}}{v} - m_{z1}^\alpha qS_mL_K\beta \\
J_{z1}\frac{\mathrm{d}\omega_{z1}}{\mathrm{d}t} &= -R'(x_R - x_T)\delta_\varphi - m_{dz1}qS_mL_K^2\frac{\omega_{z1}}{v} - m_{z1}^\alpha qS_mL_K\alpha
\end{aligned}\right\} \tag{6-11}$$

上面表示质心运动方程的式（6－9）和绕质心运动方程程的式（6－11）是描述导弹运动的基本微分方程组，两者合称为导弹的动力学方程组。由于这 6 个方程所包含的变量数目远远大于方程数目，所以还必须补充一些方程组，方能求解。

6.1.3　运动学方程

运动学方程包含描述导弹质心运动和绕质心运动的两组方程。

质心运动学方程可由质心动力学方程的积分获得，则有

$$\left.\begin{aligned}\frac{\mathrm{d}x}{\mathrm{d}t}&=v_x\\\frac{\mathrm{d}y}{\mathrm{d}t}&=v_y\\\frac{\mathrm{d}z}{\mathrm{d}t}&=v_z\\v&=\sqrt{v_x^2+v_y^2+v_z^2}\end{aligned}\right\}\tag{6-12}$$

姿态运动方程则可以直接用导弹转动角速度 $\boldsymbol{\omega}_1$ 在弹体坐标系的投影求得(见图 6-1)，则有

$$\left.\begin{aligned}\omega_{x1}&=\dot{\gamma}-\dot{\varphi}\sin\psi\\\omega_{y1}&=\dot{\psi}\cos\gamma+\dot{\varphi}\cos\psi\sin\gamma\\\omega_{z1}&=\dot{\varphi}\cos\psi\cos\gamma-\dot{\psi}\sin\gamma\end{aligned}\right\}\tag{6-13}$$

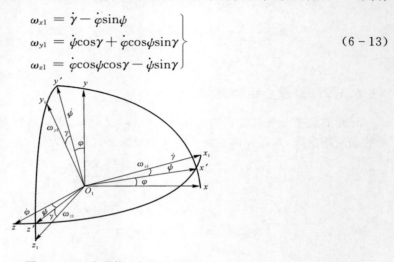

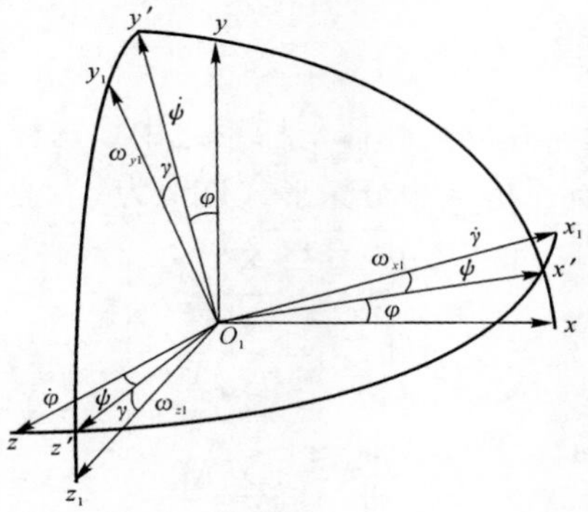

图 6-1　$\boldsymbol{\omega}$ 在弹体坐标系的分量

由于在有控情况下，ψ,γ 皆为小量，从而近似有 $\sin\psi\approx\psi,\sin\gamma\approx\gamma,\cos\psi\approx\cos\gamma\approx1$，这样，式(6-12)和式(6-13)可以归并为

$$\left.\begin{aligned}\frac{\mathrm{d}x}{\mathrm{d}t}&=v_x\\\frac{\mathrm{d}y}{\mathrm{d}t}&=v_y\\\frac{\mathrm{d}z}{\mathrm{d}t}&=v_z\\v&=\sqrt{v_x^2+v_y^2+v_z^2}\\\frac{\mathrm{d}\gamma}{\mathrm{d}t}&=\omega_{x1}+\omega_{z1}\psi\approx\omega_{x1}\\\frac{\mathrm{d}\psi}{\mathrm{d}t}&=\omega_{y1}-\omega_{z1}\gamma\approx\omega_{y1}\\\frac{\mathrm{d}\varphi}{\mathrm{d}t}&=\omega_{z1}+\omega_{y1}\gamma\approx\omega_{z1}\end{aligned}\right\}\tag{6-14}$$

6.1.4　姿态控制方程

姿态控制方程与导弹的飞行程序和控制系统的具体结构有关，在此仅给出导弹滚动、偏航和俯仰控制方程的一般形式：

$$\left.\begin{aligned} F_1(\delta_\gamma, x, y, z, \dot{x}, \dot{y}, \dot{z}, \gamma, \dot{\gamma}, \ddot{\gamma}, \cdots) &= 0 \\ F_2(\delta_\psi, x, y, z, \dot{x}, \dot{y}, \dot{z}, \psi, \dot{\psi}, \ddot{\psi}, \cdots) &= 0 \\ F_3(\delta_\varphi, x, y, z, \dot{x}, \dot{y}, \dot{z}, \varphi, \dot{\varphi}, \ddot{\varphi}, \cdots) &= 0 \end{aligned}\right\} \tag{6-15}$$

式中，F_1，F_2，F_3 表示发动机等效偏角 δ_γ，δ_ψ，δ_φ 与 x，y，z，$\dot{x}$，$\dot{y}$，$\dot{z}$，φ，ψ，γ，…之间的函数关系。

6.1.5　联系方程

如第 3 章所述，在描述导弹运动的 8 个欧拉角 $\varphi,\psi,\gamma,\theta,\sigma,\gamma_C,\alpha,\beta$ 中，实际上仅有 5 个是相互独立的，它们之间的关系可通过一个坐标系各轴上的分量按不同途径向另一坐标系投影的比较中获得。

在有控情况下，$\psi,\gamma,\gamma_C,\sigma,\beta$ 均较小，可认为：

$$\sin\psi \approx \psi,\quad \sin\sigma \approx \sigma,\quad \sin\beta \approx \beta,\quad \sin\gamma \approx \gamma,\quad \sin\gamma_C \approx \gamma_C$$

$$\cos\psi \approx \cos\sigma \approx \cos\beta \approx \cos\gamma \approx \cos\gamma_C \approx 1$$

此时通过转换矩阵，可得出欧拉角之间的简化关系式为

$$\left.\begin{aligned} \gamma_C &\approx \gamma\cos\alpha - \psi\sin\alpha \\ \theta &\approx \varphi - \alpha \\ \sigma &\approx \psi\cos\alpha + \gamma\sin\alpha - \beta \end{aligned}\right\} \tag{6-16}$$

若进一步考虑到弹道导弹在实际飞行中冲角 α 也不很大的情况时，则欧拉角之间的联系方程可进一步简化为

$$\left.\begin{aligned} \varphi &\approx \theta + \alpha \\ \psi &\approx \sigma + \beta \\ \gamma &\approx \gamma_C \end{aligned}\right\} \tag{6-17}$$

式(6-17)也可由图 6-2 得出。

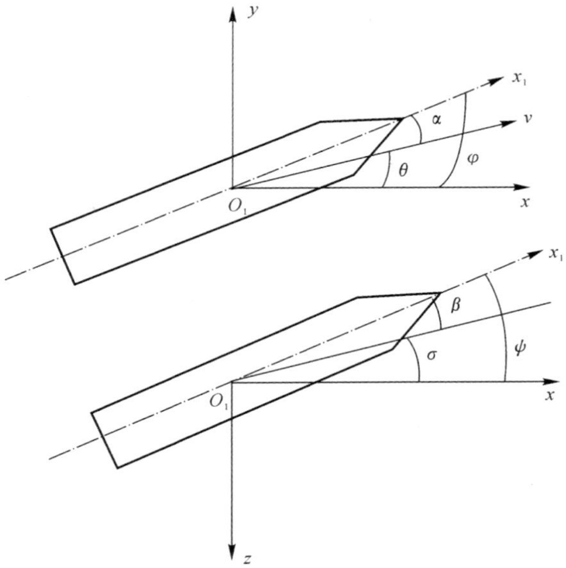

图 6-2　欧拉角之间的关系

根据图 6-3，可以得到弹道倾角 θ 和弹道偏角 σ 与速度的关系为

$$\left.\begin{aligned}
\sin\theta &= \frac{v_y}{\sqrt{v_x^2 + v_y^2}} \\
\sin\sigma &= -\frac{v_z}{v} \\
\theta &= \arcsin\frac{v_y}{\sqrt{v_x^2 + v_y^2}} \\
\sigma &= -\arcsin\frac{v_z}{v} \approx -\frac{v_z}{v}
\end{aligned}\right\} \tag{6-18}$$

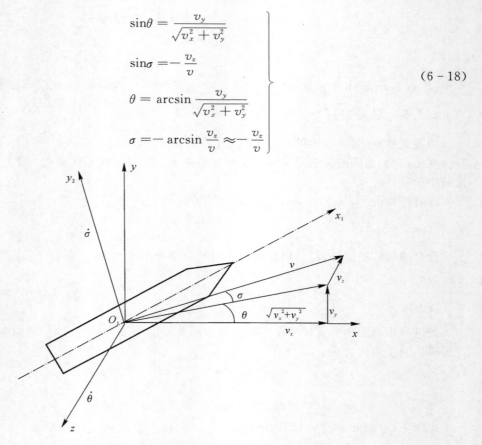

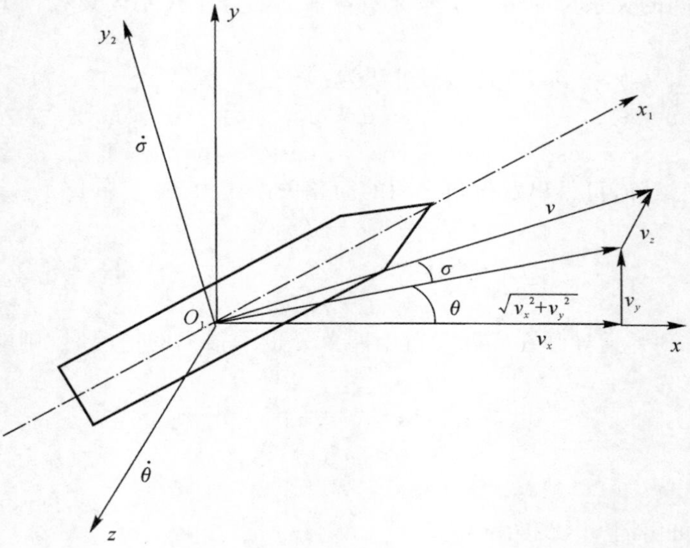

图 6-3　θ,σ 与速度之间的关系

6.1.6　其他附加方程

在方程计算中所用到的大气压力、密度、温度等都与导弹离地面的高度有关，为此要增加计算弹道高度 $h(t)$ 的辅助方程：

$$h = r - R = \sqrt{(x + R_{0x})^2 + (y + R_{0y})^2 + (z + R_{0z})^2} - R \tag{6-19a}$$

或近似方程

$$h = \sqrt{x^2 + (y + R)^2 + z^2} - R \tag{6-19b}$$

当推进剂秒耗量 $\dot{m}$ 为常值时，计算导弹任一时刻的质量 $m(t)$ 的方程为

$$m = m_0 - \dot{m}t \tag{6-20}$$

另外，为求解关机点参数，还需要给出关机方程。

以上导弹运动微分方程组共计 6 大类 23 个方程，在给定初始条件下对该方程组积分，就可以求得唯一的解，若再给出关机方程，则可以求得满足关机条件的主动段终点的运动参数。

为了便于分析导弹的纵向、侧向运动，在有控情况下，可以近似认为侧向运动参数对纵向运动无影响，这样导弹运动方程组就可以完全分为纵向、侧向两组运动方程。

在纵向运动方程组中，认为 $\psi,\gamma,\gamma_C,\sigma,\beta$ 近似为零，即认为导弹在射面内飞行，则有

$$
\left.\begin{aligned}
& m\frac{\mathrm{d}v_x}{\mathrm{d}t}=P^*\cos\varphi-R'\delta_\varphi\sin\varphi-C_xqS_m\cos\theta- \\
& \qquad C_y^\alpha qS_m\alpha\sin\theta+mg_x+m\dot{v}_{\mathrm{ex}}+m\dot{v}_{\mathrm{cx}} \\
& m\frac{\mathrm{d}v_y}{\mathrm{d}t}=P^*\sin\varphi+R'\delta_\varphi\cos\varphi-C_xqS_m\sin\theta+ \\
& \qquad C_y^\alpha qS_m\alpha\cos\theta+mg_y+m\dot{v}_{\mathrm{ey}}+m\dot{v}_{\mathrm{cy}} \\
& J_{z1}\frac{d\omega_{z1}}{\mathrm{d}t}=-R'(x_R-x_T)\delta_\varphi-m_{\mathrm{dz1}}qS_mL_{\mathrm{K}}^2\omega_{z1}/v-m_{z1}^\alpha qS_mL_{\mathrm{K}}\alpha \\
& \frac{\mathrm{d}x}{\mathrm{d}t}=v_x \\
& \frac{\mathrm{d}y}{\mathrm{d}t}=v_y \\
& v=\sqrt{v_x^2+v_y^2} \\
& \frac{\mathrm{d}\varphi}{\mathrm{d}t}=\omega_{z1}+\omega_{y1}\dot{\gamma}\approx\omega_{z1} \\
& \theta=\arcsin\frac{v_y}{v} \\
& \alpha=\varphi-\theta \\
& F_3(\delta_\varphi,x,y,z,\dot{x},\dot{y},\dot{z},\varphi,\dot{\varphi},\ddot{\varphi}\cdots)=0 \\
& h=\sqrt{x^2+(y+R)^2+z^2}-R\approx\sqrt{x^2+(y+R)^2}-R \\
& m=m_0-\dot{m}t
\end{aligned}\right\}\tag{6-21}
$$

侧向运动方程组中，认为导弹纵向运动是标准的，则有

$$
\left.\begin{aligned}
& m\frac{\mathrm{d}v_z}{\mathrm{d}t}=-P^*\psi-R'\delta_\psi+C_xqS_m\sigma-C_y^\alpha qS_m\beta+ \\
& \qquad mg_z+m\dot{v}_{\mathrm{ez}}+m\dot{v}_{\mathrm{cz}} \\
& J_{x1}\frac{\mathrm{d}\omega_{x1}}{\mathrm{d}t}=-PZ_\gamma\delta_r-m_{\mathrm{dx1}}qS_mL_{\mathrm{K}}^2\omega_{x1}/v \\
& J_{y1}\frac{\mathrm{d}\omega_{y1}}{\mathrm{d}t}=-R'(x_R-x_T)\delta_\psi-m_{\mathrm{dy1}}qS_mL_{\mathrm{K}}^2\omega_{y1}/v-m_{y1}^\beta qS_mL_{\mathrm{K}}\beta \\
& \frac{\mathrm{d}z}{\mathrm{d}t}=v_z \\
& \frac{\mathrm{d}\gamma}{\mathrm{d}t}=\omega_{x1}+\omega_{z1}\psi\approx\omega_{x1} \\
& \frac{\mathrm{d}\psi}{\mathrm{d}t}=\omega_{y1}-\omega_{z1}\gamma\approx\omega_{y1} \\
& \sigma=-\arcsin\frac{v_z}{v} \\
& \beta=\psi-\sigma \\
& \gamma=\gamma_{\mathrm{C}} \\
& F_1(\delta_\gamma,x,y,z,\dot{x},\dot{y},\dot{z},\gamma,\dot{\gamma},\ddot{\gamma},\cdots)=0 \\
& F_2(\delta_\psi,x,y,z,\dot{x},\dot{y},\dot{z},\psi,\dot{\psi},\ddot{\psi},\cdots)=0
\end{aligned}\right\}\tag{6-22}
$$

6.2 在轨迹坐标系建立导弹纵向、侧向运动方程

6.1 节所述在发射坐标系里建立导弹运动微分方程组，此方程组主要用于弹道计算。为研究导弹质心的运动特性和速度矢量，并对姿态控制系统进行综合设计和稳定性分析，通常需要在轨迹坐标系建立导弹运动方程。

在轨迹坐标系建立导弹运动方程时，暂且忽略地球自转的影响，视发射坐标系为静止坐标系，即忽略由于地球自转而带来的科氏惯性力的牵连惯性力。

由轨迹坐标系与发射坐标系之间的转换关系可知，轨迹坐标系相对于发射坐标系的旋转角速度为

$$\boldsymbol{\omega}_2 = \dot{\boldsymbol{\theta}} + \dot{\boldsymbol{\sigma}} \tag{6-23}$$

$\boldsymbol{\omega}$ 在轨迹坐标系 3 轴上的投影为

$$\left.\begin{aligned} \omega_{x2} &= -\dot{\theta}\sin\sigma \\ \omega_{y2} &= \dot{\sigma} \\ \omega_{z2} &= \dot{\theta}\cos\sigma \end{aligned}\right\} \tag{6-24}$$

导弹质心速度矢量 $\boldsymbol{v}$ 在轨迹坐标系的 O_1x_2 方向，即

$$\boldsymbol{v} = v\boldsymbol{X}_2^0 \tag{6-25}$$

由于轨迹坐标系相对于发射坐标系有角速度矢量的旋转，因此对速度 $\boldsymbol{v}$ 的微分为

$$\frac{\mathrm{d}\boldsymbol{v}}{\mathrm{d}t} = \dot{\boldsymbol{v}} + \boldsymbol{\omega}_2 \times \boldsymbol{v} \tag{6-26}$$

$$\boldsymbol{\omega}_2 \times \boldsymbol{v} = \begin{vmatrix} \boldsymbol{X}_2^0 & \boldsymbol{Y}_2^0 & \boldsymbol{Z}_2^0 \\ \omega_{x2} & \omega_{y2} & \omega_{z2} \\ v_{x2} & v_{y2} & v_{z2} \end{vmatrix} = \begin{vmatrix} \boldsymbol{X}_2^0 & \boldsymbol{Y}_2^0 & \boldsymbol{Z}_2^0 \\ -\dot{\theta}\sin\sigma & \dot{\sigma} & \dot{\theta}\cos\sigma \\ v & 0 & 0 \end{vmatrix} = v\dot{\theta}\cos\sigma\boldsymbol{Y}_2^0 - v\dot{\sigma}\boldsymbol{Z}_2^0 \tag{6-27}$$

将式(6-27)代入式(6-26)，则有

$$\frac{\mathrm{d}\boldsymbol{v}}{\mathrm{d}t} = \dot{v}\boldsymbol{X}_2^0 + v\dot{\theta}\cos\sigma\boldsymbol{Y}_2^0 - \boldsymbol{v}\,\dot{\sigma}\,Z_2^0 \tag{6-28}$$

根据牛顿第二定律 $m\dfrac{\mathrm{d}\boldsymbol{v}}{\mathrm{d}t} = \sum \boldsymbol{F}$，其在轨迹坐标系 3 轴上的分量形式为

$$\left.\begin{aligned} m\frac{\mathrm{d}v}{\mathrm{d}t} &= \sum F_{x2} \\ mv\dot{\theta}\cos\sigma &= \sum F_{y2} \\ -mv\dot{\sigma} &= \sum F_{z2} \end{aligned}\right\} \tag{6-29}$$

而绕质心运动方程仍在弹体坐标系建立：

$$\left.\begin{aligned} J_{x1}\dot{\omega}_{x1} &= \sum M_{x1} \\ J_{y1}\dot{\omega}_{y1} &= \sum M_{y1} \\ J_{z1}\dot{\omega}_{z1} &= \sum M_{z1} \end{aligned}\right\} \tag{6-30}$$

为分析方便，将上面两组方程分为纵向和侧向两组方程，则有

$$\left.\begin{aligned} m\dot{v} &= \sum F_{x2} \\ mv\dot{\theta} &= \sum F_{y2} \\ J_{z1}\dot{\omega}_{z1} &= \sum M_{z1} \end{aligned}\right\} \tag{6-31}$$

$$\left.\begin{aligned} -mv\dot{\sigma} &= \sum F_{z2} \\ J_{x1}\dot{\omega}_{x1} &= \sum M_{x1} \\ J_{y1}\dot{\omega}_{y1} &= \sum M_{y1} \end{aligned}\right\} \tag{6-32}$$

现在分别来确定 $\sum F_{x2}, \sum F_{y2}, \sum F_{z2}$ 。

由于忽略了地球自转,作用于导弹上的外力只有推力、重力、空气动力和控制力,且重力与引力一致。其中有效推力 P^* 、控制力 $R'\delta_\varphi, -R'\delta_\psi$ 均定义在弹体坐标系,为此,可利用弹体坐标系与轨迹坐标系的转换矩阵,求得轨迹坐标的相应分量。

$$\begin{bmatrix} P_{x2} \\ P_{y2} \\ P_{z2} \end{bmatrix} = \boldsymbol{Z}_B \begin{bmatrix} P^* \\ R'\delta_\varphi \\ -R'\delta_\psi \end{bmatrix} \tag{6-33}$$

式(6-33)展开后,则有

$$\left.\begin{aligned} P_{x2} &= P^*\cos\alpha\cos\beta - R'\delta_\varphi\sin\alpha\cos\beta - R'\delta_\psi\sin\beta \\ P_{y2} &= P^*(\cos\gamma_C\sin\alpha - \sin\beta\cos\alpha\sin\gamma_C) + \\ &\quad R'\delta_\varphi(\cos\alpha\cos\gamma_C - \sin\gamma_C\sin\alpha\sin\beta) + R'\delta_\psi\sin\gamma_C\cos\beta \\ P_{z2} &= P^*(\sin\gamma_C\sin\alpha - \cos\gamma_C\cos\alpha\sin\beta) + \\ &\quad R'\delta_\varphi(\cos\alpha\sin\gamma_C + \cos\gamma_C\sin\alpha\sin\beta) - R'\delta_\psi\cos\gamma_C\cos\beta \end{aligned}\right\} \tag{6-34}$$

根据发射坐标系与轨迹坐标系的转换矩阵 $\boldsymbol{Z}_G$,可将重力在轨迹坐标系上投影:

$$\begin{bmatrix} G_{x2} \\ G_{y2} \\ G_{z2} \end{bmatrix} = \boldsymbol{Z}_G \begin{bmatrix} 0 \\ -mg \\ 0 \end{bmatrix} = \begin{bmatrix} -mg\sin\theta\cos\sigma \\ -mg\cos\theta \\ -mg\sin\theta\sin\sigma \end{bmatrix} \tag{6-35}$$

根据速度坐标与轨迹坐标系的转换矩阵 $\boldsymbol{Z}_v$,可将空气动力在轨迹坐标系上投影:

$$\begin{bmatrix} R_{x2} \\ R_{y2} \\ R_{z2} \end{bmatrix} = \boldsymbol{Z}_V \begin{bmatrix} -C_x qS_m \\ C_y^\alpha qS_m\alpha \\ -C_y^\alpha qS_m\beta \end{bmatrix} = \begin{bmatrix} -C_x qS_m \\ C_y^\alpha qS_m\alpha\cos\gamma_C + C_y^\alpha qS_m\beta\sin\gamma_C \\ C_y^\alpha qS_m\alpha\sin\gamma_C - C_y^\alpha qS_m\beta\cos\gamma_C \end{bmatrix} \tag{6-36}$$

在近似计算中仍认为

$\sin\beta \approx \beta$, $\sin\gamma_C \approx \gamma_C$, $\sin\alpha \approx \alpha$, $\sin\sigma \approx \sigma$, $\cos\beta \approx \cos\gamma_C \approx \cos\alpha \approx \cos\sigma \approx 1$

并略去二阶以上乘积微量,上面几式可以简化为

$$\left.\begin{aligned} P_{x2} &= P^*\cos\alpha - R'\delta_\varphi\sin\alpha \\ P_{y2} &= P^*\sin\alpha + R'\delta_\varphi\cos\alpha \\ P_{z2} &= -P^*\beta\cos\alpha - R'\delta_\psi \end{aligned}\right\} \tag{6-37}$$

$$\left.\begin{aligned} G_{x2} &= -mg\sin\theta \\ G_{y2} &= -mg\cos\theta \\ G_{z2} &= -mg\sin\theta\cdot\sigma \end{aligned}\right\} \tag{6-38}$$

$$\left.\begin{aligned} R_{x2} &= -C_x q S_m \\ R_{y2} &= C_y^\alpha q S_m \alpha \\ R_{z2} &= -C_y^\alpha q S_m \beta \end{aligned}\right\} \tag{6-39}$$

将式(6-37)～式(6-39)依次代入式(6-31)、式(6-32)则可得纵向和侧向运动方程组。

纵向运动方程组为

$$\left.\begin{aligned} m\dot{v} &= P^* \cos\alpha - R'\delta_\varphi \sin\alpha - mg\sin\theta - C_x q S_m - F_{xc} \\ mv\dot{\theta} &= P^* \sin\alpha + R'\delta_\varphi \cos\alpha - mg\cos\theta + C_y^\alpha q S_{m\alpha} - F_{yc} \\ J_{z1}\dot{\omega}_{z1} &= -R'(x_R - x_T)\delta_\varphi - m_{dz1} q S_M \omega_{z1} \frac{L_K^2}{v} - m_{z1}^\alpha q S_m L_K \alpha + M_{zc} \end{aligned}\right\} \tag{6-40}$$

侧向运动方程为

$$\left.\begin{aligned} -mv\dot{\sigma} &= -P^* \beta\cos\alpha - C_y^\alpha q S_m \beta - R'\delta_\psi - mg\sigma\sin\theta + F_{zc} \\ J_{x1}\dot{\omega}_{x1} &= -PZ_\gamma \delta_\gamma - m_{dx1} q S_m \omega_{x1} \frac{L_K^2}{v} + M_{xc} \\ J_{y1}\dot{\omega}_{y1} &= -R'(x_R - x_T)\delta_\psi - m_{dy1} q S_m \omega_{y1} \frac{L_K^2}{v} - m_{y1}^\beta q S_m L_K \beta + M_{yc} \end{aligned}\right\} \tag{6-41}$$

式中，F_{xc}, F_{yc}, F_{zc} 为作用于导弹上的干扰力；M_{xc}, M_{yc}, M_{zc} 为作用于导弹上的干扰力矩。

以上仅推导了在轨迹坐标系上建立的 6 个主要方程。其相应的质心运动学方程为

$$\left.\begin{aligned} \dot{x} &= v\cos\theta \\ \dot{y} &= v\sin\theta \\ \dot{z} &= -v\sigma \end{aligned}\right\} \tag{6-42}$$

而其他的姿态控制方程、欧拉角联系方程及附加方程等与 6.1 节所述类似。

根据不同类型导弹的特点和研究目的，分析导弹质心运动除了向发射坐标系、轨迹坐标系投影外，还可以投影到其他坐标系。如弹道坐标系（原点 O 取为导弹质心，Ox 轴与导弹速度矢量重合，Oy 轴位于包含导弹速度矢量的铅垂面内垂直于 Ox 轴，Oz 轴与其他两轴构成右手坐标系），形成不同的运动方程形式，但研究方法和思路与本章第一节和第二节类似：推导导弹质心运动的动力学方程、导弹绕质心运动的动力学方程在目标坐标系的分量形式，补充建立运动学方程、姿态控制方程、联系方程和其他附加方程等，组成描述导弹的空间运动方程组。其中，针对于不同气动外形的导弹，空气动力和空气动力矩具体形式会有所不同，需要了解这些力和力矩与哪些因素有关，包括升力、阻力、侧向力，俯仰力矩、偏航力矩、滚动力矩，以及铰链力矩、马格努斯力和力矩等。

6.3　刚体运动方程组及传递函数

6.3.1　刚体运动方程简化

在 6.2 节中我们已经在轨迹坐标系建立了导弹的纵向和侧向运动方程组，即式(6-40)和式(6-41)。但以上推导的方程组对于计算弹体传递函数，进而分析系统稳定性还不适用，需要进一步简化。

由于式(6-40)和式(6-41)中的各种力和力矩既是飞行时间的函数，又是导弹运动参数

$\alpha,\beta,\sigma,\theta$ 等的函数，而 C_y^α,C_z^β 等是 α,β,M 等参数的非线性函数，V^2，$\sin\theta$，$\cos\theta$ 等也是 V,θ 等参数的非线性函数，即上述方程组是多维的、时变的和非线性的，也就是说以导弹为被控对象的系统是多维的、时变的和非线性的。

为了应用成熟的线性系统控制理论来解决实际存在的各类工程问题，在允许的近似条件下，可对上述方程组进行简化。简化的必要条件是导弹运动可以分解为沿程序弹道的理想运动和相对于理想运动的干扰运动，即每一实际运动参数都可以用其理想值和相对于理想值的偏差扰动值之和来表示。而不受任何干扰的理想条件下，理想的运动参数可以事先计算出来，作为已知值。由于控制系统功能良好，当导弹受到实际存在的各类干扰作用时，将在理想运附近产生小量的扰动运动，从而可以将运动方程简化为小扰动运动方程。

对上述多维、非线性、变系数微分方程简化的基本方法如下：

(1)把空间运动分解为独立的纵向平面运动和侧向平面运动。

(2)将运动方程简化为线性的扰动运动方程。

(3)采用“固化系统数法”，把变系数微分方程当作常系数看待。

基于小扰动的假设，对于具有轴对称外形的弹道导弹可将其空间运动分解为纵向运动和侧向运动两组独立的方程。纵向运动是假定侧向运动的扰动为零，即导弹质心始终在射面内运动，且只有绕 O_1z_1 轴的转动运动，即导弹主对称面始终与射面重合。在研究侧向运动时，将纵向各运动参数都假设为无扰动的理想的已知时间函数。

现在以纵向运动方程为例来说明简化的过程。对纵向运动线性化的方法如下：

令 $\alpha=\bar{\alpha}+\Delta\alpha,\theta=\bar{\theta}+\Delta\theta,\delta_\varphi=\bar{\delta}_\varphi+\Delta\delta_\varphi,\varphi=\bar{\varphi}+\Delta\varphi$，其中 $\bar{\alpha},\bar{\theta},\bar{\delta}_\varphi,\bar{\varphi}$ 为该点参数各瞬时的理论值，$\Delta\alpha,\Delta\theta,\Delta\delta_\varphi,\Delta\varphi$ 为该参数各瞬时相对其理论值的扰动量。将这些关系式代入式(6-40)的第二式，则有

$$mv(\dot{\bar{\theta}}+\Delta\dot{\theta})=P^*\sin(\bar{\alpha}+\Delta\alpha)+R'(\bar{\delta}_\varphi+\Delta\delta_\varphi)\cos(\bar{\alpha}+\Delta\alpha)$$
$$-mg\cos(\bar{\theta}+\Delta\theta)+C_y^\alpha qS_m(\bar{\alpha}+\Delta\alpha)-F_{yc} \tag{6-43}$$

而

$$\sin(\bar{\alpha}+\Delta\alpha)=\sin\bar{\alpha}\cos\Delta\alpha+\cos\bar{\alpha}\sin\Delta\alpha\approx\sin\bar{\alpha}+\cos\bar{\alpha}\Delta\alpha \tag{6-44}$$

$$\cos(\bar{\theta}+\Delta\theta)=\cos\bar{\theta}\cos\Delta\theta-\sin\bar{\theta}\sin\Delta\theta\approx\cos\bar{\theta}-\sin\bar{\theta}\Delta\theta \tag{6-45}$$

$$\cos(\bar{\alpha}+\Delta\alpha)=\cos\bar{\alpha}\cos\Delta\alpha-\sin\bar{\alpha}\sin\Delta\alpha\approx\cos\bar{\alpha}-\sin\bar{\alpha}\Delta\alpha \tag{6-46}$$

将式(6-44)～式(6-46)代入式(6-43)，并考虑到对弹道式导弹来说，$\bar{\alpha}$ 很小，经整理则有

$$mv\Delta\dot{\theta}=(P^*+C_y^\alpha qS_m)\Delta\alpha+mg\sin\bar{\theta}\Delta\theta+R'\Delta\delta_\varphi-F_{yc} \tag{6-47}$$

两边同除以 mv，有

$$\Delta\dot{\theta}=(P^*+C_y^\alpha qS_m)\Delta\alpha/mv+g\sin\bar{\theta}\cdot\Delta\theta/v+R'\Delta\delta_\varphi/mv-F_{yc}/mv \tag{6-48}$$

分别引入系数 c_1,c_2,c_3，则有

$$\Delta\dot{\theta}=c_1\Delta\alpha+c_2\Delta\theta+c_3\Delta\delta_\varphi-\overline{F}_{yc} \tag{6-49}$$

式中，$c_1=(P^*+57.3C_y^\alpha qS_m)/mv$，1/s，表示单位冲角偏差将通过推力和升力引起弹道倾角角速度的增量 $\Delta\dot{\theta}$；$c_2=g\sin\bar{\theta}/v$，1/s，表示弹道倾角变化单位值通过重力引起弹道倾角角速度的增量 $\Delta\dot{\theta}$；$c_3=R'/mv$，1/s，表示发动机偏转单位值通过控制力引起弹道倾角角速度的增量

$\Delta\dot{\theta}$；$\overline{F}_{yc} = F_{yc}/mv$ ，1/s，为作用于导弹纵向运动的标称干扰力。

按照相同方法可将式(6－40)的第三式线性化，有

$$J_{z1}\Delta\ddot{\varphi} = -m_{z1}^{\alpha}qS_mL_K\Delta\alpha - m_{dz1}qS_m\frac{L_K^2}{v}\Delta\dot{\varphi} - R'(x_R - x_T)\Delta\delta_\varphi - M_{zc} \tag{6-50}$$

两边同除以 J_{z1}，并引入系数 b_1,b_2,b_3，则有

$$\Delta\ddot{\varphi} + b_1\Delta\dot{\varphi} + b_2\Delta\alpha + b_3\Delta\delta_\varphi = \overline{M}_{zc} \tag{6-51}$$

式中，$b_1 = m_{dz1}qS_mL_K^2/(J_{z1}v)(= m_{dy1}qS_mL_K^2/(J_{y1}v))$，1/s，表示单位俯仰(偏航)角速度产生的阻尼力矩引起的俯仰(偏航)角速度的增量；$b_2 = 57.3m_{z1}^{\alpha}qS_mL_K/J_{z1}$，$1/s^2$，表示单位冲角 α(侧滑角 β)产生的气动力矩所引起的俯仰(偏航)角速度增量，b_2 的正负取决于导弹的静稳定性，即 $b_2 > 0$ 时为静稳定弹，$b_2 < 0$ 时为静不稳定弹；$b_3 = R'(x_R - x_T)/J_{z1}$，$1/s^2$，表示单位发动机偏转角产生的控制力矩引起俯仰(偏航)角速度的增量；$\overline{M}_{zc} = M_{zc}/J_{z1}$，单位：$1/s^2$，为作用于导弹 O_1z_1 轴的标称干扰力矩。

合并式(6－49)和式(6－51)，并考虑欧拉角关系 $\Delta\varphi = \Delta\theta + \Delta\alpha$，则可得线性化的纵向运动方程，即俯仰运动方程为

$$\left.\begin{aligned} &\Delta\dot{\theta} = c_1\Delta\alpha + c_2\Delta\theta + c_3\Delta\delta_\varphi - \overline{F}_{yc} \\ &\Delta\ddot{\varphi} + b_1\Delta\dot{\varphi} + b_2\Delta\alpha + b_3\Delta\delta_\varphi = \overline{M}_{zc} \\ &\Delta\varphi = \Delta\theta + \Delta\alpha \end{aligned}\right\} \tag{6-52}$$

按照上述同样的方法，可以完成侧向运动方程的线性化。而侧向运动又可分为独立的偏航运动与滚动运动。由于导弹的轴对称特性，偏航运动方程形式与俯仰运动一样，只是理论值 $\overline{\psi},\overline{\sigma},\overline{\beta},\overline{\delta}_\psi$ 均为零，$\psi,\sigma,\beta,\delta_\psi$ 即为扰动值。

偏航运动方程为

$$\left.\begin{aligned} &\dot{\sigma} = c_1\beta + c_2\sigma + c_3\delta_\psi - \overline{F}_{zc} \\ &\ddot{\psi} + b_1\dot{\psi} + b_2\beta + b_3\delta_\psi = \overline{M}_{yc} \\ &\psi = \beta + \sigma \end{aligned}\right\} \tag{6-53}$$

滚动运动方程为

$$\ddot{\gamma} + d_1\dot{\gamma} + d_3\delta_\gamma = \overline{M}_{xc} \tag{6-54}$$

式中

$$d_1 = m_{dx1}qS_mL_K^2/(J_{x1}v)$$
$$d_2 = 4R'Z_r/J_{x1}$$

6.3.2 刚性弹体传递函数及结构图

方程组(6－52)，(6－53)，(6－54)的各系数均是随时间变化的，属于变系数微分方程组。但由于导弹的绕质心运动的暂态过程与质心运动相比快得多，所以可近似认为在暂态过程中方程系数固定不变，即将弹体方程看作某一相应时刻的常系数微分方程，这就是对变系数进行近似处理的“固化系数法”。当初始条件为零时，对固化系数的弹体方程进行拉氏变换，即可求

得弹体传递函数。

现在以俯仰通道为例，推导其传递函数。

将方程组(6－52)的第三式分别代入一、二式，并取拉氏变换，可得

$$\left.\begin{aligned}[s+(c_1-c_2)]\Delta\theta(s) &= c_1\Delta\varphi(s)+c_3\Delta\delta_\varphi(s)-\overline{F}_{yc}(s)\\(s^2+b_1s+b_2)\Delta\varphi(s) &= b_2\Delta\theta(s)-b_3\Delta\delta_\varphi(s)+\overline{M}_{zc}(s)\end{aligned}\right\}\tag{6-55}$$

由式(6－55)的第二式，可得

$$\Delta\theta(s)=\frac{(s^2+b_1s+b_2)\Delta\varphi(s)+b_3\Delta\delta_\varphi(s)-\overline{M}_{zc}(s)}{b_2}\tag{6-56}$$

将式(6－56)代入式(6－55)的第一式，有

$$\{s^3+(b_1+c_1-c_2)s^2+[b_2+b_1(c_1-c_2)]s-b_2c_2\}\Delta\varphi(s)+b_3\left(s+c_1-c_2-\frac{b_2c_3}{b_3}\right)\Delta\delta_\varphi(s)=$$

$$(s+c_1-c_2)\overline{M}_{zc}(s)-b_2\overline{F}_{yc}(s)\tag{6-57}$$

由式(6－57)可看出，把弹体俯仰扰动运动作为受控对象，舵偏角 $\Delta\delta_\varphi$ 作为控制输入，俯仰角 $\Delta\varphi$ 作为被调量(或输出量)时，刚性弹体的传递函数为

$$K_\delta^\varphi W_\delta^\varphi=\frac{\Delta\varphi(s)}{\Delta\delta_\varphi(s)}=\frac{-b_3\left(s+c_1-c_2-\dfrac{b_2c_3}{b_3}\right)}{s^3+(b_1+c_1-c_2)s^2+[b_2+b_1(c_1-c_2)]s-b_2c_2}\tag{6-58}$$

刚性弹体以干扰为输入，$\Delta\varphi(s)$为输出的表达式为

$$\Delta\varphi(s)=\frac{(s+c_1-c_2)\overline{M}_{zc}(s)-b_2\overline{F}_{yc}(s)}{s^3+(b_1+c_1-c_2)s^2+[b_2+b_1(c_1-c_2)]s-b_2c_2}\tag{6-59}$$

上述传递函数也可以通过结构图的变换得到。式(6－55)所表示的信号传递关系可表示为图 6－4 所示的结构图。

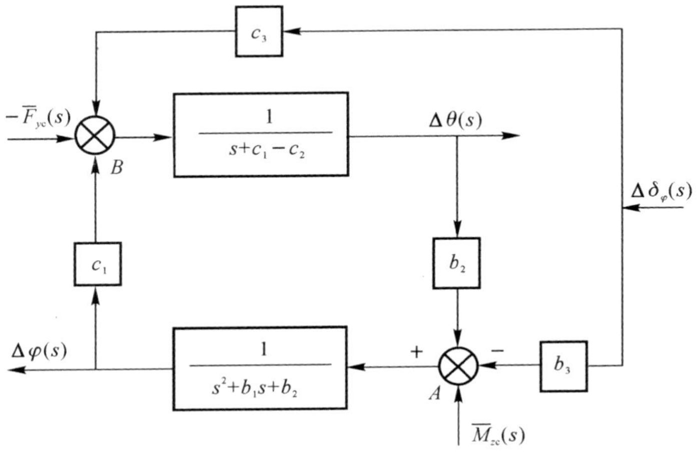

图 6－4　俯仰扰动运动结构图

由图 6－4 可见，俯仰扰动运动是刚体绕质心运动($\Delta\varphi$)和质心法向运动($\Delta\theta$)的复合。将图 6－4 中力的综合点 B 处的 $c_3\Delta\delta_\varphi$ 分支移到力矩综合点 A 上，则可得图 6－5。

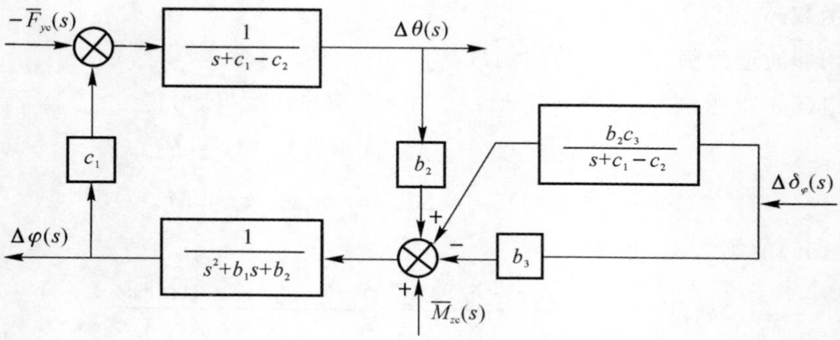

图 6－5　俯仰扰动运动结构图简化

图 6－5 左边小回路对超调量 $\Delta\varphi$ 来说是一个正反馈回路，右边是两条并联支路。

由图 6－5 可以得到以 $\Delta\varphi(s)$ 作为输出，以 $\Delta\delta_{\varphi}$ 作为输入的传递函数为

$$K_0^{\varphi}W_0^{\varphi}=\frac{\Delta\varphi(s)}{\Delta\delta_{\varphi}(s)}=\frac{\dfrac{1}{s^2+b_1s+b_2}\left(\dfrac{b_2c_3}{s+c_1-c_2}-b_3\right)}{1-\dfrac{1}{s^2+b_1s+b_2}\dfrac{b_2c_1}{s+c_1-c_2}}=$$

$$\frac{-b_3\left(s+c_1-c_2-\dfrac{b_2c_3}{b_3}\right)}{s^3+(b_1+c_1-c_2)s^2+[b_2+b_1(c_1-c_2)]s-b_2c_2} \tag{6-60}$$

可以看出式(6－60)与式(6－58)是完全相同的。

在图 6－4 中，将 $\overline{F}_{yc}$ 的作用点由 B 移到 A，可得以干扰 $\overline{F}_{yc}$ 为输入、$\Delta\varphi(s)$ 为输出的传递函数为

$$\Delta\varphi(s)=\frac{\left[\overline{M}_{zc}(s)-\dfrac{b_2}{s+c_1-c_2}\overline{F}_{yc}(s)\right](s+c_1-c_2)}{s^3+(b_1+c_1-c_2)s^2+[b_2+b_1(c_1-c_2)]s-b_2c_2}=$$

$$\frac{(s+c_1-c_2)\overline{M}_{zc}(s)-b_2\overline{F}_{yc}(s)}{s^3+(b_1+c_1-c_2)s^2+[b_2+b_1(c_1-c_2)]s-b_2c_2} \tag{6-61}$$

可以看出式(6－61)与式(6－59)是完全相同的。

按照上述方法，也可确定出偏航角 ψ 对等效舵偏角 δ_{ψ} 的传递函数为

$$K_0^{\psi}W_0^{\psi}=\frac{\psi(s)}{\delta_{\psi}(s)}=\frac{-b_3\left(s+c_1-c_2-\dfrac{b_2c_3}{b_3}\right)}{s^3+(b_1+c_1-c_2)s^2+[b_2+b_1(c_1-c_2)]s-b_2c_2} \tag{6-62}$$

由于导弹具有轴对称特性，偏航运动方程与俯仰运动方程形式一致，从而式(6－62)与式(6－58)所表示的传递函数完全相同。

以滚动角 γ 为输出，等效偏角 δ_{γ} 为输入的传递函数为

$$K_0^{\gamma}W_0^{\gamma}=-\frac{d_3}{s(s+d_1)} \tag{6-63}$$

6.3.3　刚性弹体稳定性的简要分析

刚性弹体的运动是整个导弹运动的基础，因此，刚体运动的稳定性是极其重要的，必须首先给以保证。

由上面求得的刚性弹体传递函数可知，其特征方程为

$$D(s)=s^3+(b_1+c_1-c_2)s^2+[b_2+b_1(c_1-c_2)]s-b_2c_2 \tag{6-64}$$

现在以几个特征时刻分析其稳定性。

1. 起飞时刻

导弹起飞时，由于 v 很小，因而力平衡方程中的 c 系数很大，而力矩平衡方程的 b 系数很小，且阻尼项 b_1 更小，为简单起见，略去 b_1 项，式(6-64)则近似为

$$D(s)\approx s^3+(c_1-c_2)s^2+b_2s-b_2c_2\approx(s+c_1-c_2)\left[s^2+\frac{b_2c_1}{(c_1-c_2)^2}s-\frac{b_2c_2}{c_1-c_2}\right] \tag{6-65}$$

其中，$c_1-c_2>0$。

(1)当 $b_2<0$(静不稳定弹)时，式(6-65)可写为

$$D(s)\approx(s+c_1-c_2)(s^2+2\xi\omega s+\omega^2) \tag{6-66}$$

其中

$$\omega=\sqrt{-\frac{b_2c_2}{c_1-c_2}},\quad \xi\omega=\frac{b_2c_1}{2(c_1-c_2)^2}<0$$

可见 $D(s)=0$ 有一个实根在 s 平面的左半平面，一对复根在 s 平面的右半平面，如图 6-6(a)所示。由此可见起飞时刻无控时是振荡发散的。

(2)当 $b_2>0$(静稳定弹)时，式(6-65)可写为

$$D(s)\approx(s+c_1-c_2)\left[s+\frac{b_2c_1}{2(c_1-c_2)^2}+\sqrt{\frac{b_2c_2}{c_1-c_2}}\right]\left[s+\frac{b_2c_1}{2(c_1-c_2)^2}-\sqrt{\frac{b_2c_2}{c_1-c_2}}\right] \tag{6-67}$$

其中

$$\frac{b_2c_1}{2(c_1-c_2)^2}-\sqrt{\frac{b_2c_2}{c_1-c_2}}<0$$

可见 $D(s)=0$ 有一个根在 s 平面的右半面，此根与 c_2 有关，说明此时弹体在重力分量的影响下单调发散。

2. 气动力矩系数最大的时刻

此时 $|b_2|$ 最大，且由于 v 已经很大，因而 c 系数很小，此时 $D(s)$ 可近似分解为

$$D(s)\approx(s-c_2)(s^2+b_1s+b_2) \tag{6-68}$$

(1)当 $b_2<0$ 时，式(6-68)可分解为

$$D(s)\approx(s-c_2)\left(s+\frac{b_1}{2}-\sqrt{|b_2|}\right)\left(s+\frac{b_1}{2}+\sqrt{|b_2|}\right)\approx$$

$$(s-c_2)(s-\sqrt{|b_2|})(s+\sqrt{|b_2|}) \tag{6-69}$$

此时 $D(s)=0$ 有两个实根在 s 平面的右半面，如图 6-6(b)所示，且由于 $\sqrt{|b_2|}\gg c_2$，所以导弹将在静不稳定力矩作用下迅速单调发散。

(2)当 $b_2>0$ 时，$D(s)$ 可写为

$$D(s)\approx(s-c_2)(s^2+2\xi\omega s+\omega^2) \tag{6-70}$$

其中

$$\omega=\sqrt{b_2},\quad \xi\omega=\frac{b_1}{2}>0$$

这样 $D(s)=0$ 有一个实根(c_2)在 s 平面的右半平面，有一对复根在左半平面，且由于 b_1 很小而接近虚轴。这表明导弹的角运动将在重力分量的作用下单调发散，且由于 c_2 值很小，发散速度很慢。此外，在初始扰动条件下其角运动还将呈现振荡特性，振荡幅度取决于初始扰动的大小，振荡频率为 $\sqrt{b_2}$，振荡衰减的快慢取决于气动阻尼项 b_1 的大小，通常 b_1 值很小，因而衰减很慢。由于 b_2 值远大于 c_2 值，所以振荡运动的周期远小于单调发散运动的时间常数。

3. 关机时刻

此时气动力矩系数 b_1，b_2 接近于零值，从而

$$D(s) \approx s^3 + (c_1 - c_2)s^2 = s^2(s_1 + c_1 - c_2) \tag{6-71}$$

$D(s)=0$ 有两个根在原点，一个根在 s 平面的左半平面，如图 6-6(c)所示，因此导弹的运动属于结构不稳定状态，一有外干扰，角运动就迅速发散。

通过上述对刚体运动各特征秒的特征方程根分布情况的分析可以看出：不管弹体气动特性是静稳定的还是静不稳定的，无控弹体的运动都是不稳定的；当为静不稳定时，在干扰作用下，弹体运动的发散最快。因此，要使弹体按预定弹道稳定飞行，必须对弹体的平面运动加以控制，即必须具有良好的控制系统。

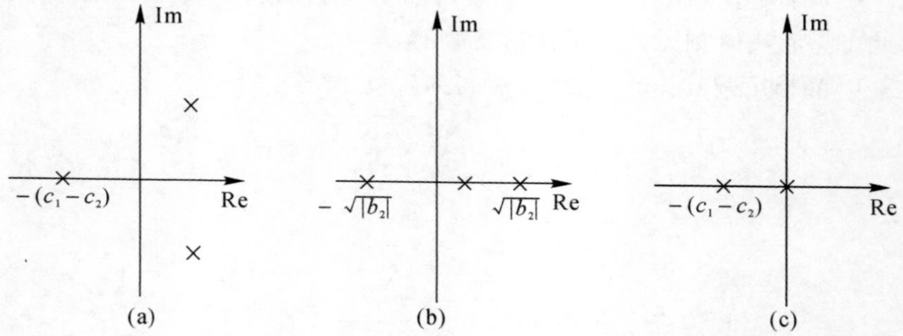

图 6-6　$D(s)$根的分布情况($b_2<0$)

(a)起飞时刻；(b)气动力矩系数最大时刻；(c)关机时刻

6.4　弹性弹体运动方程及传递函数

将弹性振动引起的作用在弹上的力和力矩，代入导弹动力学方程组中的力平衡方程、力矩平衡方程，并对其进行线性化，然后与 n 个弹性振动方程联立，即可得到弹性弹体的运动方程。

1. 弹性弹体俯仰通道运动方程

$$\left.\begin{aligned}
&\Delta\dot{\theta} = c_1\Delta\alpha + c_2\Delta\theta + c_3\Delta\delta_\varphi + \sum_{i=1}^{n} c_{1i}\dot{q}_i + \sum_{i=1}^{n} c_{2i}q_i - \overline{F}_{yc} \\
&\Delta\ddot{\varphi} + b_1\Delta\dot{\varphi} + b_2\Delta\alpha + b_3\Delta\delta_\varphi + \sum_{i=1}^{n} b_{1i}\dot{q}_i + \sum_{i=1}^{n} b_{2i}q_i = \overline{M}_{zc} \\
&\Delta\varphi = \Delta\theta + \Delta\alpha \\
&\ddot{q}_i + 2\xi_i\omega_i\dot{q}_i + \omega_i^2 q_i = d_{1i}\Delta\dot{\varphi} + d_{2i}\Delta\alpha + d_{3i}\Delta\delta_\varphi - Q_{yi} \quad (i = 1,2,\cdots,n)
\end{aligned}\right\} \tag{6-72}$$

2. 弹性弹体偏航通道运动方程

$$\left.\begin{aligned}&\dot{\sigma}=c_1\beta+c_2\sigma+c_3\delta_\psi+\sum_{i=1}^{n}c_{1i}\dot{q}_i+\sum_{i=1}^{n}c_{2i}q_i-\overline{F}_{zc}\\&\ddot{\psi}+b_1\dot{\psi}+b_2\beta+b_3\delta_\psi+\sum_{i=1}^{n}b_{1i}\dot{q}_i+\sum_{i=1}^{n}b_{2i}q_i=\overline{M}_{yc}\\&\psi=\beta+\sigma\\&\ddot{q}_i+2\xi_i\omega_i\dot{q}_i+\omega_i^2q_i=d_{1i}\dot{\psi}+d_{2i}\beta+d_{3i}\delta_\psi-Q_{yi}\quad(i=1,2,\cdots,n)\end{aligned}\right\}\tag{6-73}$$

3. 弹性弹体滚动通道运动方程

考虑扭转振动的滚动通道运动方程为

$$\left.\begin{aligned}&\ddot{\gamma}+d_1\dot{\gamma}+d_3\delta_\gamma=\overline{M}_{xc}\\&\ddot{q}_{\gamma i}+2\xi_{\gamma i}\omega_i\dot{q}_{\gamma i}+\omega_i^2q_{\gamma i}=d_{3i}\delta_\gamma\end{aligned}\right\}\tag{6-74}$$

式中，$c_{1i}=\dfrac{Y\dot{q}_i}{mv}$；

$c_{2i}=\dfrac{Yq_i-P^*W_i'(x)}{mv}$；

$b_{1i}=\dfrac{M_{z1}^{q_i}}{J_{z1}}$；

$b_{2i}=\dfrac{P^*W_1(x_R)-P^*(x_R-x_T)W'_i(x_R)-M_{z1}^{q_i}}{J_{z1}}$；

$d_{3i}=\dfrac{\sqrt{2}}{2m_i}P^*Z_rQ_i(x_R)$，$Q_i(x_R)$ 为 x_R 处第 i 次扭转振型。

按照上述弹性弹体运动方程，就很容易确定弹性弹体的传递函数：$K_{T\varphi}W_{T\varphi}(s)$，$K_{T\psi}W_{T\psi}(s)$，$K_{T\gamma}W_{T\gamma}(s)$，具体过程这里不再重复。

6.5　考虑推进剂晃动的弹体运动方程及弹体传递函数

将晃动引起的作用在弹体上的惯性力，代入刚性弹体法向力平衡方程，线性化后则有

$$\Delta\dot{\theta}=c_1\Delta\alpha+c_2\Delta\theta+c_3\Delta\delta_\varphi-\sum_{p=1}^{n}c_{4p}\Delta\ddot{Y}_p-\overline{F}_{yc}\tag{6-75}$$

式中，$c_{4p}=\dfrac{m_p}{mV}$；n 为贮箱数。

将晃动引起的作用在弹体上的俯仰惯性力矩 M_{zp}，代入刚性弹体俯仰力矩平衡方程，得

$$\Delta\ddot{\varphi}+b_1\Delta\dot{\varphi}+b_2\Delta\alpha+b_3\Delta\delta_\varphi+\sum_{p=1}^{n}b_{4p}\Delta\ddot{Y}_p-\sum_{p=1}^{n}b_{5p}\Delta Y_p=\overline{M}_{zc}\tag{6-76}$$

式中

$$b_{41}=\frac{(x_T-x_1)}{J_{z1}}m_1,b_{42}=\frac{(x_T-x_2)}{J_{z1}}m_2,b_{51}=\frac{\dot{W}_{x1}}{J_{z1}}m_1,b_{52}=\frac{\dot{W}_{x1}}{J_{z1}}m_2$$

由以上分析，可以得到晃动时导弹俯仰运动方程为

$$
\left.\begin{aligned}
&\Delta\dot{\theta} = c_1\Delta\alpha + c_2\Delta\theta + c_3\Delta\delta_\varphi - \sum_{p=1}^{n} c_{4p}\Delta\ddot{Y}_p - \overline{F}_{yc} \\
&\Delta\ddot{\varphi} + b_1\Delta\dot{\varphi} + b_2\Delta\alpha + b_3\Delta\delta_\varphi + \sum_{p=1}^{n} b_{4p}\Delta\ddot{Y}_p - \sum_{p=1}^{n} b_{5p}\Delta Y_p = \overline{M}_{zc} \\
&\Delta\varphi = \Delta\theta + \Delta\alpha \\
&\Delta\ddot{Y}_p + 2\xi_p\Omega_p\Delta\dot{Y}_p + \Omega_p^2\Delta Y_p = -v\Delta\dot{\theta} + \dot{v}\Delta\alpha - (x_T - x_p)\Delta\ddot{\varphi} + g\sin\overline{\varphi}\Delta\varphi
\end{aligned}\right\} \tag{6-77}
$$

同理可以得到偏航-横偏运动方程为

$$
\left.\begin{aligned}
&\dot{\sigma} = c_1\beta + c_2\sigma + c_3\delta_\psi - \sum_{p=1}^{n} c_{4p}\ddot{Z}_p - \overline{F}_{zc} \\
&\ddot{\psi} + b_1\dot{\psi} + b_2\beta + b_3\delta_\psi + \sum_{p=1}^{n} b_{4p}\ddot{Z}_p - \sum_{p=1}^{n} b_{5p}Z_p = \overline{M}_{yc} \\
&\psi = \beta + \sigma \\
&\ddot{Z}_p + 2\xi_p\Omega_p\dot{Z}_p + \Omega_p^2 Z_p = -v\dot{\sigma} + \dot{v}\beta - (x_T - x_p)\ddot{\psi} + g\sin\varphi\psi
\end{aligned}\right\} \tag{6-78}
$$

则晃动弹体传递函数为

$$
\left.\begin{aligned}
&K_0^\theta W_0^\theta(s) = \frac{\Delta\theta(s)}{\Delta\delta_\varphi(s)} \\
&K_0^\varphi W_0^\varphi(s) = \frac{\Delta\varphi(s)}{\Delta\delta_\varphi(s)} \\
&K_0^{yp} W_0^{yp}(s) = \frac{\Delta Y_p(s)}{\Delta\delta_\varphi(s)}
\end{aligned}\right\} \tag{6-79}
$$

通过分析计算考虑晃动的弹体传递函数，可以得出以下特点：

(1)两个贮箱的弹体传递函数分子、分母各增加了两对复数零点和复数极点，如有 4 个贮箱将增加 4 对复数零点和复数极点。

(2)晃动弹体零、极点都与液体晃动固有频率 Ω_1，Ω_2 十分接近。

(3)晃动弹体零、极点和液体晃动固有频率都已接近或进入导弹控制系统的通频带，因此对导弹运动的稳定性有较大影响。

6.6 考虑发动机摆动惯性的弹体运动方程

考虑发动机摆动惯性力和惯性力矩后，可以得到俯仰、偏航、滚动通道的运动方程为

$$
\left.\begin{aligned}
&\Delta\dot{\theta} = c_1\Delta\alpha + c_2\Delta\theta + c_3\Delta\delta_\varphi + c''_3\Delta\ddot{\delta}_\varphi - \overline{F}_{yc} \\
&\Delta\ddot{\varphi} + b_1\Delta\dot{\varphi} + b_2\Delta\alpha + b_3\Delta\delta_\varphi + b''_3\Delta\ddot{\delta}_\varphi = \overline{M}_{zc} \\
&\Delta\varphi = \Delta\theta + \Delta\alpha
\end{aligned}\right\} \tag{6-80}
$$

$$
\left.\begin{aligned}
&\dot{\sigma} = c_1\beta + c_2\sigma + c_3\delta_\psi + c''_3\ddot{\delta}_\psi - \overline{F}_{zc} \\
&\ddot{\psi} + b_1\dot{\psi} + b_2\beta + b_3\delta_\psi + b''_3\ddot{\delta}_\psi = \overline{M}_{yc} \\
&\psi = \beta + \sigma
\end{aligned}\right\} \tag{6-81}
$$

$$
\ddot{\gamma} + d_1\dot{\gamma} + d_3\delta_\gamma + d''_3\ddot{\delta}_\gamma = \overline{M}_{xc} \tag{6-82}
$$

式中，$c''_3 = \dfrac{2\sqrt{2}m_R l_R}{mV}$；

$$b_3 = \frac{R'_1}{J_{x1}}(x_R - x_T) + \frac{2\sqrt{2}}{J_{x1}} m_R l_R \dot{W}_{x1};$$

$$b''_3 = \frac{2\sqrt{2}}{J_{x1}}[m_R l_R (x_R - x_T) + J_R];$$

$$d''_3 = \frac{4 m_R l_R z_\gamma}{J_{x1}}。$$

以上将导弹刚体、弹性振动、液体推进剂晃动、发动机摆动惯性 4 种运动形态视为独立运动，分别得到了各自的运动方程和传递函数。对有些导弹，这几种运动形态之间耦合较小，在分析系统稳定性时，可以在刚体稳定的基础上，再在 Ω_P 及 ω_i 附近分别分析晃动和弹性振动的稳定性。但对有些导弹，几种形态耦合较紧，分析系统稳定性时，必须考虑相互之间的耦合，建立几种运动并存的运动方程，此处不再做详细推导。

思　考　题

1. 在发射坐标系建立的导弹主动段运动方程组主要包括哪些方程？
2. 试说明导弹质心运动动力学方程的建立方法。
3. 导弹绕质心运动动力学方程是如何建立的？
4. 在轨迹系建立导弹纵、侧向运动方程，与在发射系建立有什么区别？
5. 当考虑导弹所受干扰时，应如何建立导弹主动段动力学方程？
6. 说明导弹运动方程组简化的条件和基本方法。
7. 刚性弹体运动是整个导弹运动的基础，已知刚性弹体传递函数，如何简要分析刚性弹体稳定性？

参考文献

[1] 和兴锁. 理论力学[M]. 北京:科学出版社,2005.

[2] 郭应征,周志红. 理论力学[M]. 北京:清华大学出版社,2005.

[3] 哈尔滨工业大学理论力学教研室. 理论力学:上册、下册[M]. 6 版. 北京:高等教育出版社,2002.

[4] 邹建奇,董云峰. 工程力学[M]. 大连:大连理工大学出版社,2009.

[5] 纳尔逊,贝斯特,麦克莱恩. 工程力学:静力学与动力学:原第五版[M]. 贾启芬,郝淑英,译. 北京:科学出版社,2002.

[6] 马格努斯,缪勒. 工程力学基础[M]. 张维,等译. 北京:北京理工大学出版社,1997.

[7] 潘锦珊. 气体动力学基础[M]. 西安:西北工业大学出版社,1995.

[8] 钱杏芳,林瑞雄,赵亚男. 导弹飞行力学[M]. 北京:北京理工大学出版社,2008.

[9] 张毅,肖龙旭,王顺宏. 弹道导弹弹道学[M]. 长沙:国防科技大学出版,2005.

[10] 贾沛然,陈克俊,何力. 远程火箭弹道学[M]. 长沙:国防科技大学出版,1993.

[11] 赵汉元. 飞行器再入动力学与制导[M]. 长沙:国防科技大学出版,1997.

[12] 肖龙旭,王顺宏,魏诗卉. 地地弹道导弹制导精度与命中精度[M]. 北京:国防工业出版社,2009.

[13] 梁立孚,刘石泉,王振清,等. 飞行器结构动力学中的几个问题[M]. 西安:西北工业大学出版社,2010.